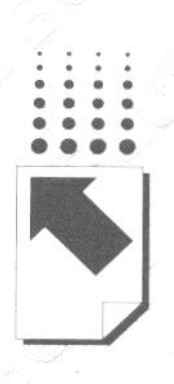

权威 · 前沿 · 原创

皮书系列为

“十二五”“十三五”“十四五”时期国家重点出版物出版专项规划项目

智库成果出版与传播平台

中国大洋湾生态保护与治理发展报告（2024）

REPORT ON THE DEVELOPMENT OF ECOLOGICAL PROTECTION AND GOVERNANCE OF CHINA'S DAYANG BAY (2024)

组织编写／21世纪马克思主义研究院经济社会文化发展战略研究中心
主　编／王伟光

社会科学文献出版社
SOCIAL SCIENCES ACADEMIC PRESS (CHINA)

图书在版编目(CIP)数据

中国大洋湾生态保护与治理发展报告. 2024 / 21 世纪马克思主义研究院经济社会文化发展战略研究中心组织编写；王伟光主编. --北京：社会科学文献出版社，2024. 12. --（生态治理蓝皮书）. --ISBN 978-7-5228-4346-9

Ⅰ. X321. 253. 3

中国国家版本馆 CIP 数据核字第 2024XQ5077 号

生态治理蓝皮书
中国大洋湾生态保护与治理发展报告（2024）

组织编写 / 21 世纪马克思主义研究院经济社会文化发展战略研究中心
主　　编 / 王伟光

出 版 人 / 冀祥德
组稿编辑 / 任文武
责任编辑 / 张丽丽
文稿编辑 / 郭文慧
责任印制 / 王京美

出　　版 / 社会科学文献出版社 · 生态文明分社（010）59367143
地址：北京市北三环中路甲 29 号院华龙大厦　邮编：100029
网址：www. ssap. com. cn
发　　行 / 社会科学文献出版社（010）59367028
印　　装 / 三河市东方印刷有限公司

规　　格 / 开 本：787mm × 1092mm　1/16
印 张：19. 25　字 数：288 千字
版　　次 / 2024 年 12 月第 1 版　2024 年 12 月第 1 次印刷
书　　号 / ISBN 978-7-5228-4346-9
定　　价 / 138. 00 元

读者服务电话：4008918866

《中国大洋湾生态保护与治理发展报告（2024）》
编　委　会

主要撰稿者简介

李传章　21世纪马克思主义研究院经济社会文化发展战略研究中心主任，中国社会科学评价研究院原党委书记、研究员，1992年起享受国务院政府特殊津贴，主要研究方向为世界经济学和经济社会发展等，著有《世界经济发展趋势与对策》等，2021~2023年《高质量发展研究报告》编委会主任。

张　群　21世纪马克思主义研究院经济社会文化发展战略研究中心副主任，主要研究方向为经济社会文化发展等，《盐渎古镇》一书编写工作主要参与者。

张　筱　21世纪马克思主义研究院经济社会文化发展战略研究中心主任助理，主要研究方向为人工智能等，参与撰写2021~2023年《高质量发展研究报告》等著作。

张晓萌　中国人民大学应用经济学院产业经济学专业、德国波鸿鲁尔大学联合培养博士，供职于国家发展和改革委员会营商环境发展促进中心，主要研究方向为能源经济与碳经济等，参与国家自然科学基金重大项目等多个项目。

代序：学习和掌握贯穿习近平新时代中国特色社会主义思想的立场、观点和方法

王伟光*

学习习近平新时代中国特色社会主义思想，最重要、最根本的是掌握贯穿其中的马克思主义世界观、方法论，也就是马克思主义立场、观点和方法。

在一般意义上，马克思主义包括三个层次：一是马克思主义世界观、方法论，即马克思主义立场、观点和方法，也就是马克思主义哲学，即辩证唯物主义和历史唯物主义；二是运用马克思主义世界观、方法论观察分析自然、社会和人的思维的一般规律而得出的理论观点，即马克思主义基本原理；三是运用马克思主义世界观、方法论及马克思主义基本原理分析具体问题而得出的具体结论。马克思主义作为科学的思想理论体系，主要是就前两个层次内容而言的，当然也包括仍然有效的具体结论。科学的世界观和方法论是我们研究问题、分析问题、解决问题的“总钥匙”。马克思主义是科学真理，马克思主义最基础、最实质、最根本、最具普遍指导意义的是它的科学世界观和方法论，也就是贯穿马克思主义理论体系的立场、观点和方法。它是贯穿马克思主义理论体系始终的一条主线，是马克思主义的精髓、实质

* 王伟光，21世纪马克思主义研究院院长，中国社会科学院原党组书记、院长，中国社会科学院学部委员，南开大学终身教授，主要研究方向为马克思主义哲学中国特色社会主义理论体系、习近平新时代中国特色社会主义思想等。

和灵魂。学习和掌握马克思主义最重要、最根本的是学会运用马克思主义立场、观点和方法认识问题、分析问题和解决问题。

党的十八大以来，中国特色社会主义进入新时代。世界百年未有之大变局加速演进，时代变化和我国发展的广度、深度，把掌握和运用马克思主义立场、观点和方法的要求提到新高度。习近平总书记始终倡导全党以科学的态度对待科学、以真理的精神追求真理，努力提高运用马克思主义立场、观点和方法解决实际问题的能力。2013 年 12 月 3 日，在十八届中央政治局第十一次集体学习时，习近平总书记指出："全党都要加强对马克思主义哲学的学习和运用，提高运用马克思主义立场、观点、方法分析和解决问题的能力。学习不是背教条、背语录，而是要用以解决实际问题。"① 2015 年 1 月 23 日，在十八届中央政治局第二十次集体学习时，习近平总书记要求"更加自觉地坚持和运用辩证唯物主义世界观和方法论"②。2018 年 5 月 4 日，在纪念马克思诞辰 200 周年大会上，习近平总书记强调，"我们要坚持和运用辩证唯物主义和历史唯物主义的世界观和方法论，坚持和运用马克思主义立场、观点、方法"③。党的二十大报告进一步阐明，"我们坚持以马克思主义为指导，是要运用其科学的世界观和方法论解决中国的问题，而不是要背诵和重复其具体结论和词句，更不能把马克思主义当成一成不变的教条"④。正因为我们党采取了对待马克思主义的科学态度，既坚决抵制马克思主义"过时论"等否定马克思主义的错误思想，又不被针对具体情况、具体条件的个别词句、个别结论所束缚，反对主观唯心主义，重视学好用好马克思主义哲学，坚持运用马克思主义立场、观点和方法，紧密结合新时代理论

① 《习近平：坚持历史唯物主义不断开辟当代中国马克思主义发展新境界》，人民网，2020 年 1 月 15 日，http：//jhsjk. people. cn/article/31550063。

② 《习近平：坚持运用辩证唯物主义世界观方法论提高解决我国改革发展基本问题本领》，人民网，2015 年 1 月 25 日，http：cpc. people. com. cn/n/2015/D125/c64094-26445123. html。

③ 《习近平：在纪念马克思诞辰 200 周年大会上的讲话》，新华网，2018 年 5 月 4 日，http：//www. xinhuanet. com/politics/leaders/2018-05/04/c_ 1122783997. htm。

④ 《习近平：高举中国特色社会主义伟大旗帜为全面建设社会主义现代化国家而团结奋斗——在中国共产党第二十次全国代表大会上的报告》，求是网，2022 年 10 月 25 日，http：//www. qstheory. cn/yaowen/2022-10/25/c_ 1129079926. htm。

和实践要求，以全新的视野深化对共产党执政规律、社会主义建设规律、人类社会发展规律的认识，抓住时代特征、定标历史方位、揭示主要矛盾、提升实践经验，努力实现“两个结合”，不断推进马克思主义中国化时代化。

习近平新时代中国特色社会主义思想贯穿了一条一脉相承、一以贯之的主线，即马克思主义的立场、观点和方法，这是全党思想统一、行动一致的最根本的思想基础，也是中国共产党人认识世界、把握规律、追求真理、改造世界的政治上的“望远镜”和“显微镜”，是中国共产党人克敌制胜的看家本领。习近平总书记指出：“我们党自成立起就高度重视在思想上建党，其中十分重要的一条就是坚持用马克思主义哲学教育和武装全党。学哲学、用哲学，是我们党的一个好传统。”① 深入学习贯彻习近平新时代中国特色社会主义思想，最根本的是把握这一思想的精神实质，像习近平总书记那样，学好用好马克思主义哲学，学会用马克思主义的立场、观点和方法认识问题、分析问题和解决问题。

立场、观点和方法是马克思主义科学思想体系活的灵魂。习近平总书记指出：“马克思主义理论的科学性和革命性源于辩证唯物主义和历史唯物主义的科学世界观和方法论，为我们认识世界、改造世界提供了强大思想武器，为世界社会主义指明了正确前进方向。”② 马克思主义所具有的真理力量，不是源自马克思主义经典作家提出的某个具体结论，而是马克思主义所提供的科学世界观和方法论，是贯穿其中的立场、观点和方法。学习和掌握马克思主义，最基本的前提是澄清在立场、观点和方法上的模糊认识，最根本的要求是用立场、观点和方法研究解决实际问题，最正确的态度是从马克思主义中找立场、找观点、找方法，学会运用马克思主义立场、观点和方法分析具体问题，从中找出规律，以指导我们的实践。立场、观点和方法是马

① 《习近平：坚持历史唯物主义不断开辟当代中国马克思主义发展新境界》，中华人民共和国中央人民政府网站，2020 年 1 月 15 日，https：//www. gov. cn/xinwen/2020-01/15/content_5469442. htm。

② 《习近平：学习马克思主义基本理论是共产党人的必修课》，中华人民共和国中央人民政府网站，2019 年 11 月 15 日，https：//www. gov. cn/xinwen/2019-11/15/content_ 5452424. htm。

克思主义的精髓与灵魂，贯穿于当代中国马克思主义、21世纪马克思主义——习近平新时代中国特色社会主义思想的全部理论体系之中。所谓立场，是人们观察问题、认识问题和处理问题的立足点。这个立足点，从根本上讲是由人们经济政治社会利益和阶级地位决定的。马克思主义的立场就是工人阶级和广大人民的立场，用马克思主义看问题首先要站在工人阶级和广大人民的立场上，从工人阶级和广大人民的立场出发。以人民为中心、坚持人民至上，是习近平新时代中国特色社会主义思想的出发点和落脚点，是其根本的政治立场。所谓观点，就是人们对事物的看法。马克思主义观点就是马克思主义对世界的基本看法，是马克思主义的科学世界观，是马克思主义关于自然、社会和人类思维一般规律的科学概括，体现在马克思主义哲学、马克思主义政治经济学和科学社会主义这三个组成部分中，内容博大、思想精深。习近平新时代中国特色社会主义思想的全部理论体系包括一系列基本观点，这些基本观点对丰富和发展马克思主义哲学、马克思主义政治经济学和科学社会主义作出了原创性贡献，这些基本观点体现在习近平经济思想、习近平文化思想、习近平法治思想、习近平外交思想、习近平生态文明思想、习近平强军思想等一系列重大思想中，构成了完整科学的理论体系，是我们观察、认识和处理一切矛盾和问题的根本遵循。

习近平新时代中国特色社会主义思想所蕴含的马克思主义立场、观点和方法是我们分析和解决现实问题的思想灯塔和行动指南。在新时代的伟大实践中，习近平总书记在马克思主义立场、观点和方法的阐发和运用上，为全党树立了榜样。比如，丰富发展了马克思主义的唯物史观，提出必须坚持以人民为中心的科学论断；丰富发展了马克思主义历史辩证法，提出必须坚持和发展中国特色社会主义的时代任务；丰富发展了马克思主义实践认识论，提出必须坚持守正创新的基本原则；丰富发展了马克思主义矛盾分析法，提出必须坚持问题导向的重要理念；丰富发展了马克思主义普遍联系观点，提出必须坚持系统观念的辩证思维方式；丰富发展了马克思主义世界历史理论，提出必须坚持构建人类命运共同体的战略构想……这一系列关于马克思主义基本立场、观点和方法的论述，既讲清楚了马克思主义立场、观点和方法是什么、为什么，又讲清楚了怎么看、怎么办；既部署“过河”的任务，又解决“桥或船”的问题，构成了相互联系、内在统一的马克思主义立场、观点和方法的有机整体，集中体现了习近平新时代中国特色社会主义思想的根本立场、基本观点和科学方法。习近平新时代中国特色社会主义思想为运用马克思主义立场、观点和方法解决中国特色社会主义重大问题提供了理论指南和行动遵循。

学习和掌握习近平新时代中国特色社会主义思想就要学习和掌握贯穿其中的立场、观点和方法。立场、观点和方法凝练了习近平新时代中国特色社会主义思想的精髓要义。学深悟透习近平新时代中国特色社会主义思想，既要真学真懂真信真用这一理论体系的基本内容，也要把握这一思想的世界观、方法论和贯穿其中的立场、观点和方法。正如习近平总书记强调的那样：“首先要把握好新时代中国特色社会主义思想的世界观和方法论，坚持好、运用好贯穿其中的立场观点方法。”① 要始终坚定习近平新时代中国特色社会主义思想贯穿的马克思主义立场。习近平总书记强调：“人民性是马克思主义的本质属性，党的理论是来自人民、为了人民、造福人民的理论。”② 习近平新时代中国特色社会主义思想坚持人民至上的根本立场，学习和掌握习近平新时代中国特色社会主义思想，要始终把人民放在第一位，积极践行全心全意为人民服务的根本宗旨，坚持尊重社会发展规律和尊重人民历史主体地位相一致、为崇高理想奋斗和为最广大人民谋利益相一致、完成党的各项工作和实现人民利益相一致，把人民对美好生活的向往作为奋斗目标，把党的群众路线贯彻到治国理政的具体实践中，努力实现好、维护好、发展好最广大人民根本利益，依靠人民创造中国特色社会主义的历史伟业。

习近平总书记强调：“我们中国共产党人干革命、搞建设、抓改革，从

---

① 《习近平：高举中国特色社会主义伟大旗帜　为全面建设社会主义现代化国家而团结奋斗——在中国共产党第二十次全国代表大会上的报告》，求是网，2022 年 10 月 25 日，http：//www. qstheory. cn/yaowen/2022-10/25/c_ 1129079926. htm。

② 《习近平：高举中国特色社会主义伟大旗帜　为全面建设社会主义现代化国家而团结奋斗——在中国共产党第二十次全国代表大会上的报告》，求是网，2022 年 10 月 25 日，http：//www. qstheory. cn/yaowen/2022-10/25/c_ 1129079926. htm。

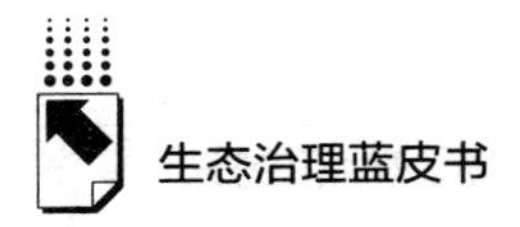

来都是为了解决中国的现实问题。”① 一定要努力提高运用马克思主义立场、观点和方法解决实际问题的能力，积极回应新时代中国特色社会主义所面临的实际问题，科学解答中国特色社会主义出现的发展难题，不断提出解决问题的新理念新思路新办法，让人民切实感受到解决问题的实际成效，通过实际问题的解决切实增强人民群众对习近平新时代中国特色社会主义思想的政治认同、思想认同、理论认同、情感认同。

（本文原载于《红旗文稿》2024 年第 1 期）

① 习近平：《关于〈中共中央关于全面深化改革若干重大问题的决定〉的说明》，《求是》2013 年第 22 期。

摘　要

本书采取宏观与微观相结合、理论与实践相结合的叙事逻辑，对大洋湾生态保护与治理进行了综合研究，包括5个部分12篇报告。总报告介绍了大洋湾生态旅游景区的总体状况，分析了景区的自然与人文资源特点及价值，概述了景区生态保护与治理措施和成效。评价篇，构建了大洋湾生态保护与治理评价指标体系，评价结果显示，大洋湾生态旅游景区采取科学有效的措施保护生态环境，维护生态系统的稳定性和完整性，生态环境质量整体优良。综合篇，分析了中国对全球生态治理的贡献，概述了美丽中国建设和美丽江苏建设的壮阔实践。创新实践篇，介绍了盐城市在打造美丽中国建设样本、推动绿色低碳发展和通过高水平举办全球滨海论坛会议促进全球滨海湿地保护与可持续发展方面的创新实践做法。文旅专题篇，论述了大洋湾生态旅游景区推进高水平保护的实践，总结了景区的点面结合协同治理模式；梳理了盐渎古镇活用古建筑促进中华传统文化传承与发展的实践做法，以及大洋湾生态旅游景区以高品质生态环境支撑文化高质量发展的举措；最后阐述了盐城市黄尖镇推动生态文明建设的措施，为沿海乡镇促进乡村文旅事业高质量发展提供了路径参考。

大洋湾生态保护与治理实践创新具有重要的现实意义。大洋湾生态旅游景区注重生态治理、生态保护与文旅发展的有机结合，以“水、绿、古、文、秀”为特色，通过科学规划和精细管理，在长江三角洲地区打造了一个集城市观光、游乐观赏、文化熏陶、健康养生等于一体的文化旅游集聚区。未来，景区要深化生态修复与保护策略、强化环保教育、提升公

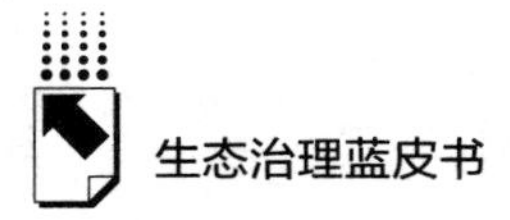

众环保意识、构建政策激励与经济支撑体系等，形成一套科学系统的生态保护与治理机制，为推进新征程上的生态环境保护和生态治理工作提供更多借鉴。

关键词： 生态保护　生态治理　美丽中国建设　生态文明建设

目 录

Ⅰ 总报告

Ⅱ 评价篇

Ⅲ 综合篇

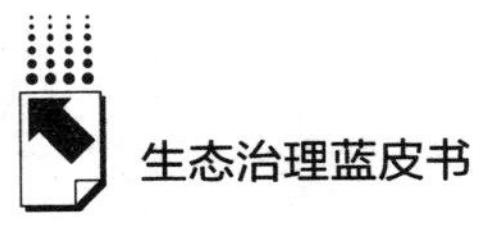

Ⅳ 创新实践篇

Ⅴ 文旅专题篇

皮书数据库阅读**使用指南**

总报告

B.1
加强生态保护与治理，促进大洋湾生态旅游景区可持续发展

21世纪马克思主义研究院生态保护与治理课题组*

摘　要： 大洋湾生态旅游景区不仅是盐城市不可多得的生态休闲旅游胜地，而且在盐城市现代服务业和旅游业的发展中扮演着重要角色。本文介绍了大洋湾生态旅游景区的总体状况；详细分析了大洋湾生态旅游景区的自然

* 21世纪马克思主义研究院生态保护与治理课题组组长：李传章，21世纪马克思主义研究院经济社会文化发展战略研究中心主任，主要研究方向为世界经济学和经济社会发展等；李群，中国社会科学院数量经济与技术经济研究所二级研究员，主要研究方向为生态文明等。课题组成员：张群，21世纪马克思主义研究院经济社会文化发展战略研究中心副主任，主要研究方向为经济社会文化发展等；马平，21世纪马克思主义研究院经济社会文化发展战略研究中心副主任，国务院发展研究中心研究员，主要研究方向为经济社会发展等；马兆余，21世纪马克思主义研究院经济社会文化发展战略研究中心副主任，主要研究方向为文化建设等；李海峰，21世纪马克思主义研究院经济社会文化发展战略研究中心副主任，主要研究方向为公共政策等；毕雪峰，21世纪马克思主义研究院经济社会文化发展战略研究中心副主任，主要研究方向为文化建设等；蔡金霖，21世纪马克思主义研究院经济社会文化发展战略研究中心特邀研究员，主要研究方向为全球治理体系建设等；张立伟，21世纪马克思主义研究院经济社会文化发展战略研究中心副主任，主要研究方向为金融等；张筱，21世纪马克思主义研究院经济社会文化发展战略研究中心主任助理，主要研究方向为人工智能等；张晓萌，供职于国家发展和改革委员会营商环境发展促进中心，主要研究方向为能源经济与碳经济等。

与人文资源特点及价值；从环境保护政策的制定与实施、自然资源的可持续利用与管理、生态修复与保护等方面展示了大洋湾生态旅游景区生态保护与治理的措施及特色；论述了大洋湾生态旅游景区生态保护与治理所取得的成效；总结了大洋湾生态旅游景区面临的挑战，并从可持续旅游模式探索、调整和优化生态修复与保护计划、加大生态环境保护宣传力度方面提出未来发展的政策建议。

关键词： 大洋湾生态旅游景区　生态保护　生态治理

大洋湾生态旅游景区位于江苏省盐城市区东北部的亭湖区境内。景区紧靠盐城南洋国际机场、五星车站、火车站，交通十分便捷，区位优势明显。大洋湾生态旅游景区的核心景区创建了国家城市湿地公园，于 2020 年被评为国家 4A 级旅游景区，是盐城市内不可多得的生态休闲旅游胜地，更是推动盐城市现代服务业与旅游业蓬勃发展的重要平台和宝贵财富。

一　大洋湾生态旅游景区概述

（一）大洋湾简述

大洋湾得名于它所依偎的“大洋湾河”，“大洋湾河”原名“洋河”，是一条远在唐代就已形成的天然入海河道。历经海洋、陆地演变和千百年水流冲击，大洋湾河走出盐城城东，自然形成了一条带有两个三道湾即两个“W”形湾的河道。因大洋湾河直通大海，既可通江达洋，亦有“洋人（外国人）”从此河道出入，故名洋河。20 世纪 30 年代，为了疏浚航道和泄洪，减少淤积量，人们对大洋湾河进行了人工裁弯取直，直的部分取名新洋港，而弯的部分则取名大洋湾。

（二）大洋湾生态旅游景区发展历程

大洋湾生态旅游景区的前身是大洋湾生态运动公园，由盐城市亭湖区政府建设并运作。大洋湾城市湿地公园是大洋湾生态旅游景区的核心板块之一。随着大洋湾成为旅游开发的热点，大洋湾周边地区城市化程度越来越高。为保留新洋港围海造田、鱼米之乡的场地记忆，再现昔日碧波荡漾、垂钓泛舟的农田湿地风光，盐城市政府对大洋湾城市湿地公园进行了生态保护性管理。2015 年，盐城市大洋湾城市湿地公园立项申报国家城市湿地公园，成为盐城市近郊肩负生态环境保育、文化遗产保护和综合科普教育职责的生态核心，开展了一系列规划建设。2017 年 1 月，大洋湾城市湿地公园通过了国家城市湿地公园审批。

2015 年，盐城市政府明确由盐城市城投集团和盐城市亭湖区政府以股份合作的方式成立项目公司，项目公司具体负责实施大洋湾生态旅游景区的建设、后期开发和项目招商等经营管理工作。2016 年 9 月，盐城市第七次党代会提出实施“五个一”战略工程，推进“五大组团”建设，大洋湾组团开发建设工作正式启动。2017 年 2 月 12 日，盐城市规划委员会审议通过大洋湾生态旅游景区规划方案。2017 年 6 月，盐城市政府批复设立大洋湾生态旅游景区，明确景区规划总面积约 13 平方公里。2018 年，根据盐城市政府相关要求，小 W 湾以南至机场路区域，以及新洋港以北、北环路南、通榆河以东至新界河区域一并被纳入大洋湾组团即大洋湾生态旅游景区进行统筹规划，大洋湾生态旅游景区规划面积扩大至约 16 平方公里。2021 年 11 月，大洋湾生态旅游景区运营管理等相关工作整体划归燕舞集团。

（三）大洋湾生态旅游景区（大洋湾组团）详细规划

2017 年 6 月，《盐城市大洋湾生态旅游景区规划》获批。2023 年 11 月，《盐城市大洋湾组团详细规划》获盐城市政府批复。大洋湾组团东至青墩连接线，南至新洋港和机场路，西至通榆河，北至北环线东延（规划），规划总面积 16. 53 平方公里。大洋湾组团规划具体情况如下。

1. 规划设计理念

大洋湾组团注重生态保护与可持续发展的平衡。在规划设计上，强调尊重自然、保护生态、传承文化，并将游客体验与生态环境保护有机融合，以生态文明建设为核心，提倡生态保护、资源可持续利用、环境友好型旅游。在设计思路上，倡导生态修复与保护，注重生物多样性保护和栖息地恢复，鼓励采用节能环保技术与绿色建筑材料，强调自然景观与人文景观的融合，打造绿色低碳的生态旅游景区。同时，景区注重与当地社区和居民合作，促进旅游业与当地经济、社会和环境的和谐发展，构建开放共生、绿色可持续的生态旅游区。

大洋湾组团以“长三角知名文化旅游休闲集聚区”为定位，依托优美的自然环境和超高的旅游人气，通过“理水”“织绿”“营城”，致力于推动盐城市成为具有生态宜居、旅游休闲、康养度假等功能的国际健康城市。同时注重与组团周边联动协调，以人民利益为中心，打造产城融合的示范区，努力构建集生活区、休闲娱乐区、产业功能区于一体的产镇融合新格局，推动乡村振兴，为“四新盐城”建设注入新活力、增添新动能。

2. 规划重点

落实区域要求，促进产城融合。积极参与区域分工、呼应市域联动需求，为盐城市提供生态社区、休闲游憩、旅游度假等功能空间，打造功能融合、宜居宜业宜游的功能集聚区。

发挥生态优势，引水入城显景。依托新洋港生态廊道，梳理水系及沿线绿化公共空间，引水入城，沿核心水体布局主要公共服务设施，强化廊道的公共敞开属性，并通过亲水休闲绿道，充分展现水绿空间与景观特色。打造复合功能空间，激发滨水公共活力；通过水绿廊道串联各个功能组团，促进多元功能联系互动。

提升空间品质，建设宜居组团。补齐片区内高端生活服务短板。充分利用良好的生态环境，考虑居住用地布局，结合水系绿地布局社区级公共服务功能，布置商业、社区公共服务设施，提升居住空间品质，提供便捷生活服务。利用新洋港培育水岸经济新业态，增加商业娱乐和公共服务空间，融入主城发展。

3. 规划设计亮点

（1）一廊两湾，一核三心

根据水绿交织、生态优先的原则，规划形成“一廊两湾，一核三心”的空间布局结构。“一廊”即新洋港生态景观廊道。依托新洋港两岸防护绿地放大新洋港生态价值，提供防护、游憩功能空间。“两湾”即大洋湾、小W湾。通过闸站设计，优化以两湾为主的河流体系，满足湿地公园建设、片区景观理水需求。“一核”即大洋湾生态游憩核心，该核心集中涵盖了景区游览、娱乐休闲、餐饮消费、酒店度假、生态游憩等功能。“三心”包括生态城生活中心、北部康养中心和小W湾文化中心。其中，生态城生活中心具备社区中心、展览馆、教育设施等社区服务设施；北部康养中心以提供高端康养、商业休闲、医疗等服务为主，力求满足游客多元、全龄、全时段康养需求；小W湾文化中心是以提供商业休闲空间、旅游体验服务、社区服务为主要功能的文化中心。

（2）五大板块

大洋湾组团可划分为五大板块，分别是大洋湾景区板块、小W湾康体休闲板块、田园民宿休闲板块、河北康养生活板块、生态城居住板块。五大板块各有侧重。大洋湾景区板块，以盐渎地域文化为核心，打造盐渎古镇、唐渎里、金丝楠木四合院等文化体验功能组团。小W湾康体休闲板块，依托新洋港、迷洋河、轮窑河等重要生态资源，在发展康养休闲主体功能的基础上，延伸康养运动及康养服务类功能，如建设康养住宅邻里中心、康养运动综合体、高端疗养服务中心等。田园民宿休闲板块采用生态细胞布局模式打造功能复合簇状聚落，建设具有地域特色的民宿风情体验区。河北康养生活板块，采取圈层布局理念，由中心临湖向外逐步展开，提供多样化的高端康养住宅，创造休闲放松的都市生活氛围。生态城居住板块，集休闲娱乐、公共服务、滨水文化于一体，设置生态公园、休闲广场，植入创意雕塑、休憩游乐设施等“城市家具”，创建多元化消费生态街区。

（3）特色廊道

盐城市选定新洋港建设具有标志性的生态景观廊道，构建以绿色生态为基底、融合多重功能的现代城市风景线。这条廊道不仅承载着防洪护岸、维护水域生态平衡与保护生物多样性的功能，还巧妙融入了文化康养与休闲娱乐元素，旨在实现人与自然、河流与城市之间的和谐共生。其中，生态观光廊道位于大洋湾新城居住板块西侧，结合通榆河郊野绿带建设生态观光型水岸空间。创意休闲廊道位于大洋湾新城居住板块南侧，结合创意工坊，营造滨水创意休闲场所。康体运动廊道位于河北康养生活板块南侧，规划建设康养运动俱乐部、康养文化中心、康养酒店等，方便居民开展晨练、慢跑、竞走等户外运动。乐享生活廊道位于大洋湾生态旅游景区北侧，依托仿古商业街区、游乐场所等拓展乐享生活绿带空间，提供户外交流、休憩游乐等空间。田园郊野廊道位于田园民宿休闲板块南侧，规划依托良好的田园生态资源，营造原汁原味的郊野乡村休闲绿廊。康体休闲廊道位于小 W 湾康体休闲板块北侧，依托新洋港，为高品质生态康养住宅住户提供户外休闲空间。

二　大洋湾生态旅游景区自然与人文资源特点及价值

（一）景区自然与人文资源特点

1. 景区气候宜人，也为动植物提供了理想的栖息地

在气候方面，景区所在的盐城市亭湖区地处北亚热带季风气候区北缘，属于北亚热带与暖温带过渡季风气候，适宜多种农作物的生长。由于临海，气候受海洋影响较大，春季气温低且回升迟；夏季受太平洋副热带高压影响，盛行偏南风且多炎热天气，空气温暖而湿润，雨水丰沛；秋季气温下降缓慢且高于春温；冬季受欧亚大陆冷气团影响，盛行偏北风且多寒冷天气。这样的气候条件为大洋湾生态旅游景区营造了较为宜人的环境，游客可以在不同季节欣赏到不同的自然风光。盛夏时节，茂密的绿荫和清凉的海风使景区成为游客避暑的理想去处，而秋季的清爽和冬季的宁静也吸引众多游客前来体验大洋湾生态旅游景区独特的气候魅力。

在地貌方面，湿地地貌是大洋湾地区的特色地貌之一，湿地地貌对于维护地区生态平衡和保护珍稀野生动植物起到至关重要的作用。大洋湾水域广阔，是许多水生生物的栖息地，同时也是候鸟迁徙的重要通道。大洋湾水体主要包括湖泊、河流等，湖泊和河流相互交错，形成了丰富的湿地生态系统，为众多濒危物种提供了重要的栖息地。另外，大洋湾还具有水文地质活动频繁、水域生态系统动态稳定等特点，这些特点不仅为景区生物多样性的保护和生态平衡提供了重要支撑，也为景区开展旅游观赏活动提供了丰富的资源。景区生物多样性丰富，陆生和水生动植物资源种类繁多。[①]

（1）植物资源

据初步调查和统计，景区共有高等植物 80 科 256 属 318 种，12 个变种。其中裸子植物 6 科 10 属 14 种，被子植物 74 科 246 属 304 种。被子植物中有单子叶植物 21 科 78 属 85 种，双子叶植物 53 科 168 属 219 种。

景区内禾本科植物最多，有 34 种；其次为菊科和豆科，分别有 28 种和 15 种；单种科如苏铁科、银杏科、胡桃科、荨麻科等共 39 科，多为引种或栽培种。

景区的植物生活型包括乔木、灌木、藤本植物、草本植物。其中，乔木 73 种，景区内常见的乔木有悬铃木、落羽杉、池杉、香樟、女贞、雪松等，除此之外景区内还有国家一级保护植物水杉、国家二级保护植物杜仲和鹅掌楸。灌木 36 种，主要有海桐、火棘、雀舌黄杨、黄杨、金叶女贞、小叶女贞、铺地龙柏等。藤本植物种类偏少，有 8 种，常见的有爬山虎、地锦、扶芳藤等。草本植物 204 种，以菊科的数量最多，有 28 种，常见的有凤仙花、鸡冠花、一串红、紫茉莉、金光菊、石竹类、鸢尾类、美人蕉、二月兰、白三叶草、红花酢浆草、美女樱、结缕草、狗牙根等。

从植被类型看，景区内有水杉群系、池杉群系等暖性针叶林湿地植被型，常绿阔叶灌丛湿地植被型，芦苇群系等禾草型湿地植被型，香蒲群系、

① 下述植物和动物资源相关资料来自盐城市大洋湾资源评价报告。

水烛群系等杂类草湿地植被型，以及包括紫萍群系、槐叶萍群系、凤眼莲群系等漂浮植物型，菱群系、莲群系、鸭跖草群系等浮叶植物型，金鱼藻群系、黑藻群系等沉水植物型在内的浅水植物湿地植被型。

景区樱花园是以樱花为主要景观，将樱花的自然美和人文美有机统一起来，以水体为血脉、樱花为特色，集休憩养生、旅游观光等功能于一体的生态园林，是继日本弘前樱花园、美国华盛顿樱花园、中国武汉东湖樱花园之后，又一极具特色的赏樱胜地。目前已种植樱花 35 个品种，共计 8000 余株。

（2）动物资源

景区现已记录各类动物共计 138 种。在几个主要的动物类群组成中，有昆虫 85 种，隶属于动物界的 16 目 66 科；鱼类 15 种，隶属于 6 目 8 科；陆栖野生脊椎动物 38 种，隶属于 16 目 29 科，包括两栖类 1 目 2 科 3 种，爬行类 1 目 3 科 4 种；鸟类 12 目 22 科 28 种；哺乳动物 2 目 2 科 3 种。

昆虫资源。昆虫是种类最多、数量最大的一个动物类群，也是湿地生态系统中一个重要的类群，在维护生态平衡、生物防治、植物传粉等方面有着重要的作用。调查资料显示，景区共记录有昆虫 85 种，隶属于 16 目 66 科。从昆虫种类组成看，鞘翅目种类最多，有 16 科 22 种，占总种数的 25.88%；其次是鳞翅目，有 11 科 17 种，占总种数的 20.00%；再者是同翅目，有 7 科 10 种，占总种数的 11.76%；然后依次是双翅目 7 科 9 种，直翅目 7 科 7 种，膜翅目 5 科 6 种，半翅目、脉翅目、蜻蜓目各 2 科 2 种，分别占总种数的 10.59%、8.24%、7.06%、2.35%、2.35%、2.35%；蜚蠊目 1 科 2 种，占 2.35%。弹尾目、石蛃目、衣鱼目、螳螂目、等翅目、革翅目为单科单种。

鱼类资源。鱼类是湿地脊椎动物中种类最多、数量最大的生物类群，也是最重要的湿地野生动物资源之一，对物种保存和物种多样性保护发挥着重要作用。根据实地调查，景区共记录有鱼类 15 种，均为淡水性鱼类，隶属于 6 目 8 科。物种数量较多的是鲤形目，有 2 科 8 种，占总种数的 53.33%；鲇形目有 2 科 2 种；灯笼鱼目有 1 科 2 种；鲈形目、鲻形目、合鳃目为单科单种。此外，景区还有着丰富的软体动物和甲壳动物资源，包括螃蟹、虾、蛤蜊等，它们构成了水域生态链条中重要的一环。这些水生生物丰富了大洋湾水系的生态特征，为当地的生态旅游提供了良好的资源基础。

鸟类资源。鸟类是适应飞翔生活的高等脊椎动物类群，在维持生态系统稳态过程中占有非常重要的地位。景区是鸟类的重要栖息地，各类涉禽、水禽以及候鸟都在这里繁衍生息。景区共记录有鸟类 28 种，隶属于 12 目 22 科。在鸟类组成中，雀形目鸟类最多，共 8 科 13 种，占总种数的 46. 43%；非雀形目鸟类 14 科 15 种，占总种数的 53. 57%，包括 11 个目。在非雀形目鸟类中，鹳形目、隼形目、鸥形目均为 2 科 2 种，鹦形目为 1 科 2 种，雁形目、鸡形目、鸻形目、鸽形目、鹃形目、佛法僧目和䴕形目均为单科单种。大洋湾作为大型湿地生态系统，在鸟类迁徙路线上扮演着重要角色，其丰富的生态资源吸引着大量候鸟在此停驻、觅食和繁衍。每年都有数以百万计的迁徙鸟类在大洋湾栖息，充分利用大洋湾的湿地资源完成迁徙过程中的补给和休整。这些迁徙鸟类在大洋湾地区的停留，不仅为当地湿地生态系统增添了生机，也展现了大洋湾生态旅游景区在保护和利用湿地资源方面所取得的积极成效。

此外，大洋湾有黑斑蛙、中华大蟾蜍等两栖动物 4 种，多疣壁虎、北草蜥、黑眉锦蛇等爬行动物 6 种，普通伏翼、黄鼬、褐家鼠等兽类 8 种。

2. 景区人文资源丰富多样

大洋湾生态旅游景区有樱花园、金丝楠木四合院、盐渎古镇、长乐水世界、唐渎里、登瀛阁、树化玉艺术馆、八大碗博物馆、八大碗体验馆等特色景点。景区常年举办大洋湾国际樱花月、长乐水上运动节、唐渎里湿地美食文化节、大洋湾温泉养生节、大洋湾沙滩嘉年华、中华龙舟大赛、全国沙滩排球锦标赛、国际马拉松等特色活动。景区是团中央传承与梦想大洋湾研学阵地、中华诗词范仲淹研究创作基地、国家花卉工程技术研究中心盐城樱花研发推广中心、中国摄影报摄影培训基地、全国青少年高尔夫培训基地、中华龙舟大赛竞赛基地、全国沙滩排球锦标赛基地、全国滑板运动训练基地、江苏省文旅厅评定的“十大花海”所在地、江苏省放心消费创建示范街区

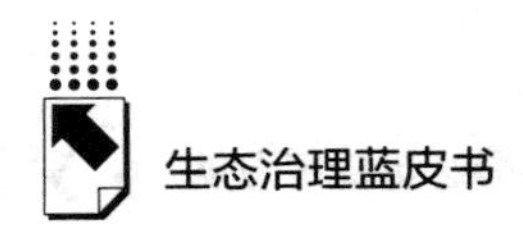

所在地、江苏文旅消费人气目的地、江苏省省级夜间文化和旅游消费聚集区等。①

大洋湾生态旅游景区是集生态、运动、休闲、体育于一体的综合性园区。景区将发展绿色文化和体育文化作为理念，以海盐文化为底蕴，把渔业文化和淮剧文化融入规划和建设。

绿色文化。在享有“百河之城”美誉的盐城，湿地水绿文化是当地地理风貌与社会文明交相辉映的独特标志。盐城广袤的滩涂、湿地以及星罗棋布的河湖网络，充分展现了自然变迁的魅力。大洋湾生态旅游景区的绿色文化建设，主要体现在以下几个方面：首先，巧妙利用现有地形地貌，精心维护并适度改造水体系统，将原有河道、池塘、小溪巧妙连通，形成自然流畅的水系网络，既保留了水体的多样性，又强化了其在城市生态循环中的关键作用，深刻诠释了绿色文化中“崇尚自然”的核心意义。其次，水系岸线设计遵循自然法则，采用生态驳岸，仅在特定区域设置亲水平台与进行硬化处理，同时引入丰富的水生植物群落，构建生态湿地，有效提升了水体自我净化能力，体现了人与自然和谐共生的智慧。再次，景区遵循绿色建筑设计理念，推动建筑形态与周边环境和谐统一，充分利用自然通风与采光，并广泛采用环保建材及清洁能源（如太阳能、风能、水能等），打造出一系列低碳环保的绿色生态建筑，展现了绿色文化在建筑领域的生动实践。最后，通过引入 LED 道路照明灯、新能源路灯、透水铺装材料以及雨水收集利用系统等，在细节处彰显绿色文化理念，不仅增强了游客的环保意识，也为城市的可持续发展贡献了重要力量。

体育文化。景区体育文化的精髓深刻体现在多个维度上：①特色活动丰富多元，定期举办的长乐水上运动节、大洋湾沙滩嘉年华等，为游客带来视觉与体验的盛宴，中华龙舟大赛、全国沙滩排球锦标赛等全国性赛事，以及国际马拉松、全国滑板锦标赛等高端竞技活动，展现了景区对体育文化的深度挖掘与传承。此外，全国青少年高尔夫培训基地的建立，更是为培养未来

---

① 资料来自盐城文旅。

之星提供了专业平台。景区还精心策划了多样化的休闲活动与趣味项目，吸引市民广泛参与，共享运动乐趣。大型活动场地的配备，使得景区能够轻松开展各类公共休闲活动，而棋牌室、民俗休闲运动区等则巧妙融合了盐城本地文化，彰显了体育文化的地域特色与亲和力。②在环境营造上，景区致力于打造一个集自然美景与运动健康于一体的理想空间。针对不同年龄层与不同兴趣偏好的游客，景区设计了四季皆宜、各具特色的运动项目，确保每位访客都能找到适合自己的运动方式。景区具有专业的比赛场地，不仅能够满足高水平赛事的需求，也能够为运动爱好者提供展示自我、挑战极限的舞台，进一步推动了体育文化的普及与发展。

海盐文化。盐城因盐而兴，以“环城皆盐场”得名，是一座以盐为名的城市。历经两千多年的岁月洗礼，海盐文化在盐城根深叶茂，气息浓郁。古时的盐城，因盛产“淮盐”而声名远播。战国时期，先民们利用近海之利“煮海为盐”，利用海洋资源创造财富。秦汉时期，盐城“煮海兴利、穿渠通运”，盐业与渔业蓬勃发展，成为一方富饶之地。唐代，在“甲东南之富、边饷半出于兹”的淮南盐场，仅盐城就有“盐亭一百二十三所”。唐宝应年间，中央政府在两淮地区设立海陵监和盐城监，进一步加强了对盐城地区盐业的管理，盐城确立了其作为东南沿海盐业生产中心的重要地位。时至今日，盐城各地的地名中仍保留着如“团”“灶”“总”“丿”“仓”等与古代盐业生产管理息息相关的字眼，它们不仅是历史的见证，也是盐城海盐文化深厚底蕴的体现。这跨越千年的海盐文化，不仅丰富了盐城的文化内涵，更吸引着无数游客前来探寻这份古老而又珍贵的文化遗产。

渔业文化。盐城市滨海县东临黄海，是淮河流域出海的门户通道。古时，盐城市民便以农业和捕鱼为生。千年的渔业生产形成了盐城别具特色的渔业文化。“结草绳、补渔网、修桅杆、洗渔网和竹筐”以及“鱼鹰捕鱼”都体现着盐城人民传统的捕鱼技术，现在这里的居民还保留着“开船习俗”和“拜龙王”的传统。虽然传统的捕鱼技术早已被现代捕鱼技术所取代，但传统的渔业文化仍旧为盐城人民留下了一笔珍贵的财富。

淮剧文化。淮剧，亦称江淮戏，流行于江苏、上海及安徽的部分区域，具有超过两百年的悠久历史，是国家非物质文化遗产宝库中的璀璨明珠。盐城作为淮剧的摇篮，与这一剧种有着不解之缘。淮剧的经典剧目如《嫁衣血案》（又名《九件衣》）、《打碗记》、《离婚记》与《奇婚记》等，深受观众喜爱，传唱不衰。景区在樱花园这片自然与人文资源交相辉映的胜地，特别设立了戏曲欣赏区及樱淮戏舞景点，将淮剧这一传统艺术形式巧妙地融入景区之中，不仅为游客提供了近距离感受淮剧魅力的机会，丰富了景区的文化内涵，更为淮剧的传承与发展搭建了平台，让这份珍贵的文化遗产得以在新时期焕发新的光彩。

3. 景区注重自然资源与人文资源的融合提升

大洋湾生态旅游景区的设计与规划在提升游客体验方面起着至关重要的作用。首先，景区在规划时充分考虑了自然环境和人文环境的协调统一，通过科学合理的布局和设计，将自然景观与人文景观有机融合，营造出宜人宜游的环境氛围。其次，景区在设施建设和服务配套上精心规划，注重细节，通过人性化的设计和贴心的服务，提升游客的舒适度和便利度。再次，景区还注重游客互动体验的提升，通过开展生态科普活动、提供互动体验项目等，让游客在参与中感受自然之美，增强了游客的参与感和融入感。最后，景区巧妙融入智能导览系统及虚拟现实体验等前沿技术，为游客打造前所未有的、沉浸式的游览体验。通过智能导览系统，游客能够轻松获取详尽的景点信息，享受个性化路线规划与实时导航服务；而虚拟现实体验则让游客仿佛穿越时空，身临其境地感受景区的独特魅力，为他们的旅程增添无限乐趣与惊喜。

（二）景区自然与人文资源价值

大洋湾生态旅游景区是盐城及其周边地区最大的集生态旅游、运动、休闲和康养于一体的综合性景区。这里自然、人文资源丰富，具有非常重要的生态价值、科普价值和文化价值。

1. 生态价值

大洋湾生态旅游景区，以其保存完好的湿地生态系统而著称，这里水资源充沛，湿地宛如自然之肾，孕育着丰富的生态活力。地表水在阳光照射下缓缓蒸发，升腾至高空，遇冷后凝结成雨，再次洒落大地，形成了一个精妙绝伦的自然水循环体系。这一过程不仅巧妙地调节了景区及其周边地区的气候，使之更加宜人，还有效地净化了空气。景区内蜿蜒流淌的河流与星罗棋布的泡沼，以及繁茂生长的湿生植物，共同构成了一个复杂而精细的生态系统。这一生态系统不仅具备强大的水源涵养能力，能够像海绵一样吸收并储存雨水，减少地表径流，还发挥着净化水质的关键作用，通过生物过滤和自然沉淀等过程，使水体变得更加清澈纯净。此外，这一生态系统还具备防洪抗旱的双重功能，在雨季能够有效减缓洪峰，保护下游地区免受洪水侵袭；在干旱季节则能持续释放水源，滋养万物，为生态安全筑起了一道坚实的屏障。景区内的湿地生态系统，以其独特的生态功能和巨大的环境价值，对盐城市及其周边地区的生态安全发挥着不可估量的作用，是自然界赋予我们的一份宝贵财富。

2. 科普价值

大洋湾生态旅游景区有高等植物 318 种，占盐城市的 28.77%，已记录各类动物 138 种，占盐城市的 8.81%，生物多样性丰富。景区内多数植物和动物在同一科具有多属多种，体现了物种的遗传和变异多样性。景区内植物在生态型上可以分为陆生植物、湿生植物和水生植物等多种类型。景区是一个天然的“物种基因库”，是盐城高校生物学教学的一个重要实践基地，具有重要的科普价值。

3. 文化价值

大洋湾生态旅游景区充分利用现有条件，贯通河道与分散的池塘，保留河流、湖泊、池塘、溪流的水体形态，水系驳岸采用生态驳岸，运用水生植物保护自然水体的自净能力；景区利用自然通风、自然采光、生态环保材料以及太阳能、风能等清洁能源打造绿色建筑。这些做法体现了景区崇尚自然、保护环境、促进资源可持续利用的绿色文化理念，强调人与自然协调发展、和谐共进。

景区内处处体现着运动文化。奥运精神传承塔与历史追溯区以奥运会精神为核心，深刻展现了奥运会文化的深厚底蕴与历史渊源，让游客沉浸于这份跨越时空的体育精神之中。而极限运动区则是极限运动爱好者们的天堂。该区域专为直排轮、小轮车、滑板等极限运动爱好者精心打造，为他们提供了一流的训练与竞技平台。趣味运动区则汇聚了各种趣味运动项目，巧妙地将这些项目与场地相融合，创造出独具特色的运动空间，让游客在欢笑与挑战中体验运动的乐趣。休闲运动区则更侧重于公众的广泛参与，以棋类运动、民俗运动及大众健身活动为核心，强调体育的全民性，营造出轻松愉悦的运动氛围。

景区注重对传统特色文化的传承与再现。盐渎古镇大型沉浸式演出《盐渎往事》再现了盐城的盐业、渔业文化；唐渎里以唐代特色仿古建筑为景观，以再现盛唐繁华市井的古装演艺为主题，以国内网红美食、特色美食为主业态，展现出一派繁华景象；在景区设计上，把淮剧文化融入其中，不仅为景区增添了浓厚的文化气息，而且使景区成为推动淮剧发扬光大的重要载体。

三　大洋湾生态旅游景区生态保护与治理措施及特色

（一）大洋湾生态旅游景区生态保护与治理的意义

生态保护与治理是保障大洋湾生态旅游景区可持续发展的关键所在。只有充分认识到生态保护与治理的重要性，并采取有效措施加以推进，才能确保景区的可持续发展，为构建美丽中国贡献力量。

首先，生态保护是维护景区生态平衡和生物多样性的基础。大洋湾生态旅游景区作为重要的生态功能区，其生态系统的稳定与平衡直接关系到区域的生态安全。只有保护好景区的自然环境，有效维护景区的生态平衡，保护生物多样性，才能确保生态系统的稳定和健康发展，为游客提供一个良好的旅游环境，为子孙后代留下宝贵的自然遗产。

其次，生态治理是提升景区环境质量和管理水平的重要手段。通过加强生态治理，可以有效改善景区的空气质量、水质状况等，向公众展示生态保护的重要性，增强公众的生态保护意识，提高游客的满意度和舒适度。同时，生态治理还可以促进景区资源的合理利用和有效保护，为游客提供优质的生态环境资源，提升旅游品质，吸引更多游客前来观光旅游，促进生态旅游的可持续发展，实现经济效益、社会效益和环境效益的协调发展。

此外，生态保护与治理也是提升景区品牌形象和竞争力的关键因素。一个注重生态保护与治理的景区，能够吸引更多的游客前来旅游观光。景区作为生态文明建设的重要窗口，其生态保护与治理成果也可以为其他地区提供借鉴和参考，进而提升景区的知名度和美誉度，为景区的长远发展奠定坚实的基础。

（二）大洋湾生态旅游景区生态保护与治理措施

大洋湾生态旅游景区高度重视生态环境的保护与治理，从多个方面采取了多项措施。

在管理体制方面，大洋湾生态旅游景区的管理体制涉及政府部门和景区管理机构两个层面。政府部门通过政策法规的制定和实施，为景区的生态环境和资源保护提供法律依据和政策支持；景区管理机构通过专业的生态监测、景区规划和管理执行，有效保障景区内物种的多样性和生态系统的稳定。景区营造了政府、企业和公众各方参与保护管理的积极氛围，形成了一种多元共治的管理格局。同时，景区注重科学决策和公众参与，促进了生态保护工作的民主化和专业化，提高了保护成效和社会认可度。

景区注重科学规划和管理。依据国家和江苏省政府部署要求，以及《盐城市城市总体规划（2013—2030）》《盐城市“十三五”旅游业发展规划纲要（2016—2020）》等文件，盐城市先后制定了《盐城市大洋湾生态旅游景区规划》《盐城市大洋湾国家城市湿地公园规划》《盐城市大洋湾组团详细规划》，这些规划明确了建设目标。

在自然资源的可持续利用与管理方面，景区坚持将自然资源的利用管理与生态旅游相结合，采取限流量、专业导游等管理方式，降低游客活动对自然资源的影响；建立起严格的保护区域和管理制度，确保生态系统的完整性和稳定性，同时合理规划和管理旅游活动，以避免对生态环境造成破坏。

在生态修复与保护方面，景区采取严格的管控措施，限制工业生产和能源消耗，减少对自然资源的过度开采和污染，健全湿地保护区、自然保护区等生态保护体系，加强对濒危物种的保护和监测，积极推动当地生物资源的再生。开展生物多样性保护工作，保护当地的湿地生态系统和野生动植物。建设污水处理设施，加强对河道和湖泊的水质监测和保护，开展水环境治理工作。实施植被恢复、土壤修复等严格的生态修复措施，增强湾区生态系统的稳定性和复原能力。景区通过多项具体行动为生态系统的持续健康发展提供重要保障。

在推行生态旅游方面，通过生动的自然景观，开展生态讲解、生态体验活动和生态志愿者培训；与当地的学校和社区合作，开展生态教育主题活动；在游客中心设立专门的环境教育展区，利用多媒体和互动设备让游客全方位了解湿地生态知识，通过倡导低碳出行、垃圾分类等举措，引导游客在旅游过程中树立尊重自然、低碳出行的环保理念，增强游客对当地生态环境的保护意识。此外，景区不仅强调湿地特色，更注重其城市湿地公园属性，既向游客展现湿地植物特色，又向游客展示城市公园风貌，满足了游客休闲游赏、科普教育的需求。

在生态环境监测和评估机制方面，景区采取了一系列有效的措施，使用先进的技术手段，构建了覆盖水质、空气质量、土壤质量、生物多样性等多个方面的完善的监测网络体系，确保景区的生态环境质量得到持续改善。

在社区与公众参与方面，社区居民通过成立合作社共同经营生态农业观光园，推广有机农业产品以及农业观光活动，不仅获得了经济效益，还保护了当地的农田生态环境。社区居民积极参与到生态游览路线的规划和维护工作中，重视生态教育、湿地生态系统保护等。社区居民通过志愿者服务等形式，动员更多的人加入环境保护的行列，共同保护大洋湾的生态环境。

（三）大洋湾生态旅游景区生态保护与治理特色

1. 注重生态保护与治理和旅游发展的有机结合

大洋湾生态旅游景区以“水、绿、古、文、秀”为特色，突出中式古典园林风格，融合生态元素，呈现了一幅“水网密布、花团锦簇”的美丽画卷，打造了一个集城市观光、休闲度假、游乐观赏、健康养生于一体的文化旅游休闲集聚区。景区注重生态保护与治理和旅游发展的有机结合，注重保护原始生态环境，采取多种措施减少对自然环境的影响，为游客提供了一个清新、自然的休闲环境。此外，景区通过科学规划和管理，实现了经济效益和生态效益的双赢，这种发展模式可以为其他地区提供有益的参考和借鉴。

2. 注重丰富旅游产品与服务、活动

大洋湾生态旅游景区的旅游产品与服务融合了自然、文化和科技元素，呈现多样化、人性化的创新特色。景区开展了丰富的生态旅游活动，包括赏花、观鸟、休闲垂钓、亲子体验、休闲康养、研学科普等。其中，国际樱花月活动是景区的招牌活动之一，每年都会吸引大量游客前来游玩。游客可以参与生态保护监测、植树造林等活动，深度融入自然生态，增强环保意识。景区拥有智能化导览系统，结合 AR、VR 技术，为游客提供沉浸式的生态解说和互动体验，丰富了旅游观赏方式，提升了游客满意度。在旅游服务方面，景区实行无纸化、智能化管理，通过手机 App 提供预订门票与讲解服务、导览路线等，为游客提供了便捷、个性化的服务体验。此外，景区还推出了多种特色旅游产品，如生态民宿、绿色餐饮等，满足了游客多样化的需求。

3. 注重完善旅游基础设施和服务

大洋湾生态旅游景区的基础设施建设不断完善，服务水平不断提高。交通基础设施方面，景区所在的盐城市已经建成了完善的交通网络，包括高速公路、铁路和水路交通，使得游客前往景区更加便捷快速。景区内道路、游客服务中心、停车场等设施完备，为游客提供了便利。住宿方面也不断完善。景区周边新建了一批高档度假酒店和民宿，各类住宿设施不断升级改造，为游客提供了更加舒适、方便的住宿条件。景区内还规划建设了一些生态酒店和帐篷营地，让游客在自然环境中获得独特的生态住宿体验。同时，景区还加强了对员工的培训，提高了服务质量和游客满意度。

4. 注重强化生态旅游与生态保护、文化保护的关系

大洋湾生态旅游景区在生态旅游与生态保护、文化保护之间建立了紧密的联系，形成了相互促进、和谐发展的关系。通过加强生态保护和文化保护，景区不仅为游客提供了更加优质的旅游体验，也为当地的经济社会发展作出了积极贡献。

（1）强化生态旅游与生态保护的关系

生态保护是生态旅游的基础。景区依托得天独厚的自然生态环境，吸引了大量游客前来观光旅游。而保护生态环境、确保资源的可持续利用，是生态旅游得以长期发展的基础。景区通过制定严格的环保政策、加强环境监测和管理，有效保护了当地的自然环境，为游客提供了丰富的旅游体验。

生态旅游促进生态保护。生态旅游的发展为生态保护提供了资金支持和技术支持。一方面，旅游收入可以用于生态环境的保护和修复；另一方面，生态旅游的发展推动了环保技术的创新和应用，提高了生态保护的效率和质量。此外，生态旅游还提高了公众对环保问题的关注度，促进了环保意识的普及和提高。

（2）强化生态旅游与文化保护的关系

文化保护是生态旅游的重要组成部分。大洋湾生态旅游景区不仅拥有优美的自然风光，还承载着丰富的历史文化。景区在开发过程中，注重挖掘和传承当地的历史文化，并将其融入旅游产品和服务，使游客在欣赏自然美景的同时，也能领略到当地的文化魅力。这种将文化保护与生态旅游相结合的发展模式，不仅丰富了旅游的内涵，也促进了文化的传承和保护。

生态旅游推动文化保护。生态旅游的发展为文化保护提供了经济支持和市场机遇。一方面，旅游收入可以用于文化遗产的保护和修复；另一方面，大量游客的涌入为当地传统文化和工艺的传承创造了市场需求，促进了传统

工艺的传承和创新。游客对文化产品需求的增加，促进了文化产业的繁荣和发展。此外，通过旅游项目的开发，当地政府和社区居民对文化遗产的关注度提高，对历史建筑、传统节庆和民俗风情的保护力度加大，进一步激发了社区居民的文化自豪感和认同感。

四　大洋湾生态旅游景区生态保护与治理所取得的成效

大洋湾生态旅游景区扎实有效的生态保护与治理措施，不仅改善了生态环境，也带来了显著的社会经济效益。

（一）生态环境显著改善

首先，湿地生态系统得到有效保护和恢复。通过实施湿地植被恢复工程，景区内的湿地植被覆盖率得到显著提升，湿地植物种类明显增多。

其次，水环境的治理取得显著成效。通过建设污水处理设施、完善排水管网等措施，景区内的水质得到明显改善。清澈的河水与碧绿的植被相互映衬，形成了一幅美丽的生态画卷。

再次，空气质量得到显著提升。通过推广清洁能源、优化能源结构等措施，景区内的大气污染物排放得到了有效控制，为游客提供了一个清新宜人的旅游环境。

最后，生物多样性更加丰富。大洋湾现已成为众多珍稀鸟类的栖息之地，黑天鹅、苍鹭、白鹭等多种鸟类在此繁衍生息。其他野生动植物资源也得到有效保护，生态系统稳定性明显提升。

（二）经济效益明显提升

1. 旅游收入增加

大洋湾生态旅游景区作为知名的生态旅游目的地，吸引了大量的游客前来观光和度假。游客的门票收入、景区内各类项目以及旅游相关产品的消费等，为景区带来了可观的收入。这些收入不仅直接增加了景区的运营资金，也为景区的进一步发展提供了资金支持。景区对当地经济增长的直接贡献逐年增加，产生了积极影响。

2. 就业机会增加

景区的建设和运营对于就业创造和收入分配具有重要影响。旅游业的发展为当地居民提供了丰富的就业机会，这些就业机会涵盖了住宿、餐饮、交通运输等多个领域，为当地居民提供了稳定的收入来源，提升了他们的生活水平。同时，景区的发展也带动了周边地区相关产业的发展，进一步增加了就业机会。

3. 带动效应显著

生态旅游的发展，推动景区及其周边地区的餐饮业、住宿业和交通业都得到了快速发展，这些行业的发展不仅为景区提供了必要的配套服务，也缓解了地方经济对单一产业的依赖，为盐城经济发展注入了新的活力。当地的自然资源、文化遗产等得到了更好的保护。“春赏樱花、夏日戏水、秋品美食、冬泡温泉——‘四季可游’大洋湾”的文旅品牌成功树立，带动了旅游纪念品和手工艺品等特色产品的销售，进一步推动了当地经济的发展。

4. 税收收入增加

景区的发展为当地政府带来了可观的税收收入。景区内的各类经营活动都需要缴纳相应的税费，这些税费成为重要的财政收入来源。政府可以利用这些资金改善公共设施、提升公共服务水平，支持其他产业的发展。

5. 品牌价值提升

景区的知名度和美誉度不断提高，其品牌价值也得到了显著提升，这不仅有利于吸引更多的游客前来旅游消费，还有助于景区在市场竞争中占据有利地位。同时，景区品牌价值的提升也带动了当地旅游产业的整体发展。

（三）社会效益显著提升

第一，提升了当地居民的生活质量。清新的空气、优美的景色，使得居民在日常生活中能够感受到大自然的恩赐，体验到人与自然和谐共生的乐趣。较高的空气质量可以减少呼吸道疾病，而绿色环境则有助于减轻心理压力，提升居民的整体健康水平，使他们享受到更高品质的生活。

第二，促进了当地社会的和谐稳定。优美的自然环境吸引了更多的人前来居住和工作，使得当地人口结构更加合理和稳定。生态环境的改善也提升了当地居民对环保工作的认同感和参与度，居民的幸福感和满足感得到提升，居民更愿意参与社区活动，共同维护美丽的自然环境。一个干净、整洁、绿色的环境会给当地居民带来更强的安全感，进一步增强社区的凝聚力和向心力。

第三，提升了景区的国际影响力。随着景区知名度的提高，越来越多的国内外游客前来参观和旅游，这不仅带动了当地经济的发展，也为盐城乃至江苏增添了光彩。同时，景区也成为国际交流与合作的重要平台，为当地带来了更多的发展机遇和合作机会。

（四）文化影响力不断增强

第一，地方文化认同感增强。环境的改善能提升居民对地方文化的认同感和自豪感，有助于保护和传承盐城的传统文化和习俗。

第二，艺术创意得到激发。美丽的自然环境能激发艺术家和创意工作者的灵感。

第三，为教育和科普活动提供平台。景区为教育和科普活动提供了极佳的实地教学资源。更多的学校和组织到景区开展生态保护教育和研学活动，有利于提高学生对环境保护重要性的认识。

第四，环保意识提高。环境的显著变化让人们直观地看到环保工作所取得的成效，进一步增强了居民的环保意识，有助于居民开展更广泛的环保行动，自觉推行垃圾分类、节能减排。

第五，旅游文化内涵进一步丰富。随着生态环境的改善，景区推出了观鸟活动、湿地探险、生态教育旅行等更多更具盐城特色的旅游文化活动，进一步丰富了盐城的旅游文化内涵。

五　大洋湾生态旅游景区面临的挑战与未来展望

（一）大洋湾生态旅游景区面临的挑战

1. 生态安全影响

人类活动的干扰是影响景区生态安全的重要因素。一是各类建筑物、设施的建设施工。大洋湾组团的开发，景区周边各项设施的修建，例如公路、休闲步道、商业街等，都要开挖土方，土方开挖使得地表原有植被遭到损毁，土质发生改变，原有的生态平衡被破坏。二是废物、污水的排放。随着景区及其周边地区的进一步开发，当地的人口密度逐年上升。自大洋湾城市湿地公园建设完成之后，景区的旅游业蓬勃发展。优美的环境以及完善的基础设施在给这里带来大量游客的同时，也增加了这里的环境压力。随着人口密度增加，各种废弃物也不断增加，若管理不当，液体污染物如生活污水，固体污染物如塑料袋等对大洋湾的生物资源都会带来严重威胁。三是废气、噪声的产生。景区的发展不仅会带来更多的人流，也会产生更多的汽车尾气及粉尘污染问题；与此同时，汽车喇叭及周边商家所使用的音响等，也会产生噪声污染问题。另外，景区紧邻南洋国际机场，机场产生的噪声也是干扰景区生态安全的重要因素，而且机场为了保证飞行安全，安装驱鸟设备，对大洋湾的鸟类种群也产生了一定的影响。虽然景区植被覆盖率高，且绿植具有显著的净化空气的作用，但长此以往，景区的生态还是会受到不良影响。四是外来物种入侵问题。根据调查统计以及和中国外来入侵物种数据库进行比对，发现景区共有外来物种 24 种，其中，对景区危害较大，被认定为外来入侵物种的有空心莲子草、凤眼莲和加拿大一枝黄花等。这些物种适应性极强，排他性高，对本地物种具有极强的威胁性。五是新洋港水质。景区与新洋港相连，新洋港水质的变化直接影响景区的水质。

2. 气候变化影响可持续发展

气候变化对大洋湾生态旅游景区的可持续发展带来了挑战。首先，极端天气事件频发对生物多样性和旅游安全都造成了显著影响。极端天气会改变当地的气候和生态环境，导致部分物种栖息地丧失、植被受损，甚至导致濒危物种数量进一步减少。极端天气还可能引发洪涝、滑坡、风暴潮等自然灾害，对当地生态系统造成破坏，对游客的人身安全构成威胁。其次，海平面上升也将对景区旅游资源和生态环境产生影响。海平面上升会加剧海岸侵蚀，导致海滩和滨海湿地流失，破坏原有的自然景观和生态环境，影响游客的观光体验；还会对景区基础设施和建筑物产生威胁，增加风暴潮和海啸对旅游资源的破坏风险，造成更大范围的经济损失和旅游资源的退化。海平面上升还会改变大洋湾地区的海洋生态系统，对海洋生物和鸟类栖息地产生负面影响，降低景区的生物多样性和原始性，影响旅游者的游憩体验和环境教育效果。与此同时，长期的海平面上升也会对大洋湾地区的社会经济发展造成负面影响，减少景区的可持续发展空间，加大生态环境保护及旅游资源可持续利用的难度。

3. 景区的发展对当地居民生活会产生一定的不利影响

一是旅游业的迅速发展会增大环境压力，如能源消耗增加、噪声污染等，这些会直接影响当地居民的生活质量。二是大量的游客涌入会导致当地公共设施资源紧张，造成交通拥堵、垃圾处理不善等问题，给当地居民生活带来不便甚至危害。三是旅游业发展会推动房地产开发，导致房租上涨，改变当地居民的生活方式和社区环境。四是当地居民的传统生产和生活方式可能会被扰乱，例如渔业、农业发展可能会受到污染或者资源变迁的影响。

4. 法规政策与执行难题

首先，生态环境保护事务涉及多个部门，部门间协调机制不够完善、监管体系不够健全、职责不清的情况，导致法规执行中出现了监管盲区和责任推诿现象。监管部门在日常监督管理中存在跨部门协调和信息共享不畅的情况，导致相关部门在治理过程中存在信息不对称和协同作用不足的问题，难以对景区进行全面、及时、有效的监管和执法，进而使得一些环境违法行为得不到有效遏制。其次，部分执法人员素质参差不齐，存在执法不严、执法不公等问题，使得部分违法行为得不到有效打击，降低了法规的执行效果。

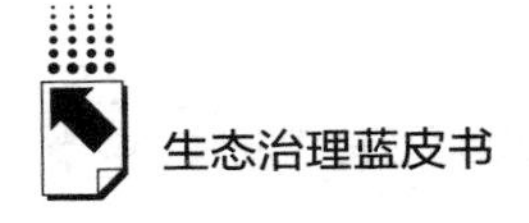

最后，监管部门在制定政策和标准时存在一定的滞后性，不能及时跟上生态旅游发展的需求和变化，导致监管政策与实际情况脱节。

5. 市场竞争加剧

首先，随着旅游业的快速发展，越来越多的游客开始关注生态旅游，这使得大洋湾生态旅游景区等具有独特自然景观的景区成为热门旅游目的地。然而，这也导致了同类型景区的数量增加，竞争加剧。其次，消费者对于旅游体验的要求不断提高，他们更加注重景区的服务质量、环境舒适度以及旅游产品的创新性。因此，景区需要不断提升自身的服务质量和产品创新能力，以满足游客的需求。此外，随着信息技术的发展，游客可以通过各种渠道获取旅游信息，这使得他们有更大的选择空间。同时，互联网平台的兴起也使得景区间的竞争更加激烈，景区需要更加注重网络营销和品牌建设，以提高自身的知名度和吸引力。

（二）大洋湾生态旅游景区未来发展方向与生态保护策略

1. 可持续旅游模式探索

景区应更加注重生态保护和可持续发展，以生态保护为核心，采取更加严格的环保措施，保护自然生态环境，维护生态平衡。同时，景区要更加注重可持续发展，通过科学规划和合理管理，实现经济效益、社会效益和生态效益的协调统一，构建符合景区生态环境特点的旅游业务发展模式。首先，不断创新旅游产品，提供更加丰富、多元的旅游体验。通过开发生态导向型的旅游产品，例如开展生态游、观鸟游等特色旅游项目，展示景区的生物多样性和自然景观。结合盐城的历史文化，打造具有地方特色的文化旅游项目。例如，通过挖掘和传承盐城的历史文化，将文化元素融入景区建设中，提升景区的文化内涵和吸引力。结合盐城的生态农业、特色手工艺等资源，推动生态旅游与其他产业融合发展，打造特色生态旅游项目，提高当地居民的收入水平，实现旅游业的可持续发展。其次，加快智慧旅游建设步伐，更加注重游客的体验和满意度，建设和完善旅游配套设施，提高服务质量和水平。通过引入先进的信息技术，实现景区管理的智能化、数字化，提高管理效率。同时，加强网络营销和品牌建设，提高知名度和影响力。最后，加强与周边地区的合作与协同发展，共同打造旅游品牌，提升区域竞争力。与周边酒店、餐饮等企业建立紧密的合作关系，延伸产业链条，实现资源共享、互利共赢。

2. 调整和优化生态修复与保护计划

对景区生态环境进行全面评估，通过调查研究和生态监测，确定景区当前存在的生态问题和面临的威胁。针对评估结果制定生态修复方案，制定湿地恢复与保护、水体净化治理、植被恢复和野生动物保护等相关措施。建立长期的生态监测系统，以科学数据为支撑，及时调整和优化生态修复和保护计划，确保方案的实施效果和长期可持续性。

3. 加大生态环境保护宣传力度

一是开展环境保护主题教育活动，如举办环保主题讲座、举办生态保护知识竞赛等，提升公众对环保问题的认识水平和重视程度。二是加强生态文明教育基地建设，开展生态导览、生态科普等教育活动，让更多的游客亲身感受自然之美，增强他们的生态保护意识，实现旅游与环境保护的有机结合，促进生态旅游的可持续发展。三是利用新媒体平台，如建立生态保护公众号、推出环保微电影等，将环保理念融入日常生活。

参考文献

[1] 江苏省规划设计集团有限公司、江苏省城市规划设计研究院有限公司：《〈盐城市大洋湾组团详细规划〉规划说明》，2023。

[2]《盐城大洋湾生态运动公园远景规划》，https：//wenku. so. com/d/1898a38330e0b20 ac826677cbf 5532ad。

[3] 张学勤：《江苏盐城沿海湿地演变与自然保护区建设模式探讨》，山东人民出版社，2013。

评 价 篇

B.2
大洋湾生态保护与治理评价报告

21世纪马克思主义研究院生态保护与治理课题组*

摘　要： 在生态保护与治理领域，评价机制是构建现代化国家治理体系的重要机制之一，对于保持生态平衡、促进人与自然的和谐共生，以及经济和社会的可持续发展具有重要作用。本文通过系统梳理习近平总书记关于生态保护与治理的重要论述，选取7个一级指标和2个附加指标构建大洋湾生态

* 21世纪马克思主义研究院生态保护与治理课题组组长：李传章，21世纪马克思主义研究院经济社会文化发展战略研究中心主任，主要研究方向为世界经济学和经济社会发展等；李群，中国社会科学院数量经济与技术经济研究所二级研究员，主要研究方向为生态文明等。课题组成员：张群，21世纪马克思主义研究院经济社会文化发展战略研究中心副主任，主要研究方向为经济社会文化发展等；马平，21世纪马克思主义研究院经济社会文化发展战略研究中心副主任，国务院发展研究中心研究员，主要研究方向为经济社会发展等；马兆余，21世纪马克思主义研究院经济社会文化发展战略研究中心副主任，主要研究方向为文化建设等；李海峰，21世纪马克思主义研究院经济社会文化发展战略研究中心副主任，主要研究方向为公共政策等；毕雪峰，21世纪马克思主义研究院经济社会文化发展战略研究中心副主任，主要研究方向为文化建设等；蔡金霖，21世纪马克思主义研究院经济社会文化发展战略研究中心特邀研究员，主要研究方向为全球治理体系建设等；张立伟，21世纪马克思主义研究院经济社会文化发展战略研究中心副主任，主要研究方向为金融等；张筱，21世纪马克思主义研究院经济社会文化发展战略研究中心主任助理，主要研究方向为人工智能等；张晓萌，供职于国家发展和改革委员会营商环境发展促进中心，主要研究方向为能源经济与碳经济等。

保护与治理评价指标体系，采用德尔菲法确定各指标的权重。评价结果显示，大洋湾生态旅游景区采取科学有效的措施保护生态环境，维护生态系统的稳定性和完整性，生态环境质量整体优良。本文对大洋湾生态保护与治理提出相关对策建议，以期促进大洋湾生态环境治理水平进一步提升。

关键词： 大洋湾　生态保护　绿色发展

评价作为一种系统性的活动，其核心在于评价主体依据特定的评价标准，采用量化和非量化的手段，对评价对象进行全面而深入的价值判断。这一过程不仅具有诊断作用，能够准确展现评价对象的现状和问题，而且具有促进作用，能够推动评价对象的优化与提升。评价活动在经济、社会发展的各个领域都发挥着不可或缺的作用。

在生态保护与治理领域，评价机制更是构建现代化国家治理体系的重要机制之一。通过对生态环境的可持续性和稳定性进行综合评价，能够及时发现生态问题，推动生态环境保护与治理工作的深入开展。这不仅有助于维护生态平衡，促进人与自然的和谐共生，还有助于为经济社会可持续发展提供坚实的生态保障。

一　在生态保护与治理领域开展评价的必要性

（一）建设美丽中国需要科学的评价体系

科学的评价体系能够为美丽中国建设提供重要的支撑和保障，美丽中国建设的目标和实践需要通过科学的评价体系来进行衡量和评估，以确保建设工作的顺利进行。

1. 科学的评价体系能够为美丽中国建设提供明确的目标和指引

科学的评价体系包括研究设计、数据分析、数据解释、结果呈现等多个方面。设定具体、可量化的指标，可以增强评价体系的严谨性和可信度；注重对生态环境、社会影响等方面的考量，使得评价体系能够引导科研工作者和决策者更加关注人与自然的关系，为政府决策提供科学依据，为社会各界参与美丽中国建设提供明确的方向，从而推动人与自然和谐共生现代化的实现。

2. 科学的评价体系能够推动美丽中国建设的实践

通过科学的评价体系对科研成果的产业化效应、经济和社会效益等方面进行评价，有助于推动环境友好技术的研发和应用，在保障人类发展需求的同时，减少人类行为对环境的影响，实现人与自然的和谐共生。科学的评价体系能为政策制定和项目评估提供科学依据，对政策效果、政策可行性以及项目风险、项目效益进行评价，有助于政府和企业制定和推出更加科学、合理的政策和项目，推动美丽中国建设的实践。

3. 科学的评价体系能够全面、客观地评估美丽中国建设的实施效果

通过收集和分析数据，科学的评价体系能够评估生态环境质量的改善程度、生态系统功能的恢复状况、绿色产业的发展情况等，从而判断美丽中国建设的进展和成效，为政府和社会各界了解美丽中国建设的实际情况提供帮助，也为后续的政策调整和优化提供重要参考。

4. 科学的评价体系能够提升公众对人与自然和谐共生的认识

科学的评价体系通过公开透明的数据和评估结果，能够让公众更加直观地了解生态环境状况，增强公众的环保意识和责任感。同时，公众也可以通过参与评价过程，为美丽中国建设提供更多的信息和建议，推动评价体系的持续改进和优化。科学的评价体系能够通过科普教育、宣传等方式，向公众普及环境保护、可持续发展等方面的知识，提高公众对人与自然和谐共生重要性的认识，有助于形成全社会共同参与、共同推进人与自然和谐共生的良好氛围。

（二）促进新质生产力发展需要科学的评价体系

新质生产力是一种以创新驱动为核心，显著区别于传统经济增长模式和

生产发展轨迹的先进生产力形态。它的显著特征在于与高科技的深度融合、高效能的运作机制以及高质量的产品与服务输出。科技创新在新质生产力发展中扮演了引领者和推动者的关键角色，是实现生产力转型升级和高质量发展的核心动力。新质生产力的发展依赖于科技创新，能够催生新产业、新模式、新动能。科技创新作为发展新质生产力的核心要素，推动了生产方式的转型和产业结构的优化，为新经济的发展提供了强劲动力。

习近平总书记指出："绿色发展是高质量发展的底色，新质生产力本身就是绿色生产力。"① 通过加强生态保护与治理，可以为新质生产力的发展提供良好的生态环境和资源保障；而新质生产力的发展则能够推动经济结构调整和产业升级，促进绿色发展和可持续发展。在推动经济社会发展的过程中，必须始终坚持生态优先、绿色发展的理念，加强生态保护与治理工作，同时加快发展新质生产力，实现经济社会与生态环境的和谐共生。

生态保护与治理评价是评估生态系统状况、生态环境质量优劣及其影响的重要手段。通过科学的评价，可以明确生态环境的特点与功能，确定人类活动对生态环境影响的性质、程度，为制定有效的生态保护与治理措施提供科学依据。科学的评价对于维护生态平衡、保障生态安全、促进可持续发展具有重要意义。通过评价，可以及时发现和解决生态环境问题，推动生态文明建设和社会可持续发展。

科学的生态保护与治理评价体系可以及时发现和解决生态环境问题，为科技创新和产业发展提供稳定的生态支撑，为新质生产力的发展提供条件。新质生产力的发展会推动生态保护与治理工作的深入开展。科技创新和产业升级，可以推动生产方式的绿色转型，降低环境污染和资源消耗，为生态保护与治理提供新的可能性。

科学的生态保护与治理评价体系还可以发现和识别生态环保领域的新需求、新技术和新模式，推动新质生产力在环保领域的应用和创新。新质生产

---

① 习近平：《发展新质生产力是推动高质量发展的内在要求和重要着力点》，《求是》2024 年第 11 期。

力的发展也会为科学的生态保护与治理评价体系提供新的手段和方法。例如，大数据、人工智能等先进技术在生态环境监测和评估领域的应用，可以提高评价体系的准确性和效率。

（三）党和国家明确要求建立科学的评价体系

党的二十大报告指出：“中国式现代化是人与自然和谐共生的现代化”，“尊重自然、顺应自然、保护自然，是全面建设社会主义现代化国家的内在要求”。[①] 必须牢固树立和践行“绿水青山就是金山银山”的理念，站在人与自然和谐共生的高度谋划发展。

党的十八大以来，以习近平同志为核心的党中央，从中华民族永续发展的战略高度出发，创造性地提出了一系列新理念、新思想、新战略，这些成果汇聚形成了习近平生态文明思想。生态文明建设被正式纳入中国特色社会主义事业“五位一体”总体布局之中，“美丽中国”也被确立为国家的执政理念。

在此背景下，我国生态环境法律和制度建设迎来了前所未有的机遇。这一时期，生态环境领域的立法力度之大、制度出台之密集、监管执法尺度之严，均为历史之最，为推动我国生态环境保护发生历史性、转折性、全局性的变化提供了坚实的制度保障。

尤为值得一提的是，2018 年宪法修正案将生态文明写入宪法，从国家根本大法的高度确立了生态文明的地位。之后，《湿地保护法》的制定，《森林法》《草原法》的修改，以及《长江保护法》和《黄河保护法》的制定，都为生态文明建设提供了有力的法律支撑。

此外，我国还接连实施了数十项改革方案，这些方案覆盖了生态文明制度体系的各个方面，形成了支撑生态文明建设的“四梁八柱”，对生态保护与治理评价提出了明确的要求。

---

① 《习近平：高举中国特色社会主义伟大旗帜　为全面建设社会主义现代化国家而团结奋斗——在中国共产党第二十次全国代表大会上的报告》，求是网，2022 年 10 月 25 日，http：//www. qstheory. cn/yaowen/2022-10/25/c_ 1129079926. htm。

开展生态保护与治理评价，是深入贯彻习近平生态文明思想和党的二十大精神的重要实践，对推动经济社会高质量发展、建设社会主义现代化强国具有重要意义。建立科学的评价体系，不仅是我们与国际接轨、向世界领先标准看齐的具体行动，更是“以评促改”、持续优化生态治理体系的关键。通过评价活动，我们能够更加精准地识别生态问题，推动生态保护与治理工作的深入实施，为实现绿色、可持续的发展奠定坚实基础。

（四）大数据为开展评价提供了条件

在新的时代背景下，人工智能、大数据和云计算等前沿技术已经成为推动国家经济社会发展的重要引擎。这些技术带来的海量数据和强大计算能力，为评价经济社会发展状况提供了新工具和新视角。

大数据不仅推动了科学研究向数据密集型范式转变，还催生了网络科学、数据科学等新兴学科以及大数据治理等交叉学科，为经济社会发展的研究和实践注入了新的活力。通过运用大数据分析、数字化政策分析评估等技能，结合战略预测、多元分析和多学科协同研究，我们能够更深入地使用数据、挖掘数据价值，进而提升治理能力，实现政府决策科学化、精准化，有力促进经济社会的全面发展。

以大洋湾生态保护与治理评价为例，我们充分利用大洋湾生态旅游景区积累的大数据资源，运用先进的数据分析技术，对景区的生态保护与治理工作进行了客观、全面的评价。这不仅为景区的可持续发展提供了有力支撑，也为其他地区的生态保护与治理工作提供了宝贵的借鉴和参考。

（五）提升国际话语权需要构建有中国特色的评价体系

中国特色的生态保护与治理评价体系不仅是话语体系的重要组成部分，也是提升国家软实力、增强国际话语权的关键。它代表着中国在生态文明领域的话语权和学术影响力，有助于我们更好地在全球舞台上发声，展示中国的智慧与力量。

以习近平同志为核心的党中央高度重视社会科学评价体系建设，强调要加强话语体系建设，讲好中国故事，以提升我国在全球经济治理中的制度性话语权。党的二十大报告强调，中国要“积极参与全球治理体系改革和建设”①。2023 年 12 月印发的《中共中央 国务院关于全面推进美丽中国建设的意见》指出，要“深化人工智能等数字技术应用，构建美丽中国数字化治理体系，建设绿色智慧的数字生态文明”②。

在评价体系中，标准的确定尤为关键。标准对产业发展、科技进步和社会治理都具有重要的规范作用，已成为国际交流的“通用语言”。习近平主席在 2016 年国际标准化组织大会贺信中指出：“中国将积极实施标准化战略，以标准助力创新发展、协调发展、绿色发展、开放发展、共享发展。我们愿同世界各国一道，深化标准合作，加强交流互鉴，共同完善国际标准体系。”③因此，构建以标准化为显著特征的中国特色生态保护与治理评价体系，不仅有助于我们更好地融入国际社会，增强国际影响力，更有助于我国加强话语体系建设、提升国家软实力。

二　大洋湾生态保护与治理的重点关注范围

（一）现状条件是生态保护与治理的基本条件

现状条件对景区生态保护与治理的重要性不容忽视，它是景区生态保护与治理的基本条件。其中，景区规划范围边界，土地所有权、使用权及管理权权属关系对于景区生态保护与治理工作的顺利开展具有重要影响。

明确的范围边界能够确保生态保护与治理工作有清晰的空间范围，避免

① 《习近平：高举中国特色社会主义伟大旗帜　为全面建设社会主义现代化国家而团结奋斗——在中国共产党第二十次全国代表大会上的报告》，求是网，2022 年 10 月 25 日，http：//www.qstheory.cn/yaowen/2022-10/25/c_ 1129079926.htm。

② 《中共中央 国务院关于全面推进美丽中国建设的意见》，中华人民共和国中央人民政府网站，2024 年 1 月 11 日，https：//www.gov.cn/zhengce/202401/content_ 6925406.htm。

③ 《习近平致第 39 届国际标准化组织大会的贺信》，新华网，2016 年 9 月 12 日，http：//www.xinhuanet.com/politics/2016-09/12/c_ 1119554153.htm。

工作范围模糊导致的管理混乱，这对于确保景区生态环境的完整性和稳定性起着至关重要的作用。明确的范围边界有助于减少因误解或疏忽对景区生态环境造成的破坏。管理人员可以更加有效地实施管理和监控措施，能够根据范围边界设置监测站点，定期监测和评估景区内生态环境的质量；同时，对于任何可能威胁到景区生态环境的行为，也能够迅速发现并采取相应的措施进行制止。由于生态系统是一个复杂的网络，其中的各个部分相互依存、相互作用，范围边界明确，可以更加完整地保护生态系统中的各个组成部分，防止因人为活动而破坏生态系统的平衡和稳定。明确的范围边界还有助于提高公众对景区生态环境的保护意识，使他们能够更加自觉地遵守相关规定，不随意进入景区或破坏景区内的生态环境，有助于景区的长期可持续发展。

土地所有权、使用权及管理权权属关系的明确是确保景区生态保护与治理有序进行的基础。土地所有权、使用权及管理权属关系的明确，为景区管理提供了清晰的法律框架，能够确保各方的权益在景区生态保护和治理过程中得到保障，避免发生因权属不清而引发的争议和纠纷。明确的权属关系有助于实现景区资源的合理规划和利用，景区管理者明晰使用权和管理权后，可以根据景区的自然和人文特点，制定科学的规划和开发策略，实现资源的最大化利用，为生态保护与治理工作提供有力支持。当土地所有权、使用权和管理权得到明确划分后，各方职责更加清晰，管理责任更加明确，景区管理者会更加关注景区生态环境的保护，制定更加严格的环保措施和监管制度。

（二）保障能力是生态保护与治理的可靠基础

加强景区生态保护与治理保障能力建设不仅能够有效应对各种生态问题，还能为景区的可持续发展提供坚实支撑。

1. 管理机构

设立独立的管理机构并配备稳定的专职人员是提升景区生态保护与治理保障能力的关键。景区应设立独立的管理机构，并将其作为景区生态保护与治理的专职部门，具体负责制定和执行相关规划和标准，开展景区内的生态保护、资源管理、环境监管、应急处理等工作，提升景区生态环境质量。同时，景区应设立由相关部门和专家组成的决策委员会，并由其负责审议重大决策和规划，确保决策的科学性和合理性。为保证机构的正常运转，还应根据管理机构的职责和需求，配备具备生态保护、旅游管理、环境科学等方面的专业知识的人员，确保人员素质和能力符合岗位要求，并定期对专职人员进行业务培训，提高其技能水平和应对突发事件的能力。通过设立绩效考核、奖惩制度等激励机制，激发专职人员的工作积极性和责任心。

2. 总体规划和制度体系

编制、出台景区总体规划等文件，完善规章制度体系，严格落实生态保护与治理措施，是提升景区生态保护与治理保障能力的关键步骤。

编制与出台景区总体规划。对景区的自然环境、资源状况、社会经济发展状况等进行全面深入的调研，为编制总体规划提供科学依据；在调研基础上，明确景区生态保护与治理的总体目标，涵盖生态环境质量、资源可持续利用、生物多样性保护等；结合景区的实际情况，科学规划景区的发展布局、功能分区，确保规划具有科学性和可行性；将规划成果以文件形式正式出台，并将此文件作为景区生态保护与治理的纲领性文件，指导后续工作的开展。

完善规章制度体系。对大洋湾生态旅游景区现有的规章制度进行梳理，分析存在的问题和不足，为完善制度体系提供依据；针对现有制度中的缺失和不足，制定新的规章制度，如生态保护责任制度、环境监测制度、应急处理制度等，确保各项工作的有序开展；对不适应当前工作需要的制度进行修订和完善，确保制度的时效性和有效性；将各项规章制度整合成一套完整的制度体系，为景区生态保护与治理提供全面的制度保障。

严格落实规章制度。通过各种渠道加强对规章制度的宣传，提高景区工作人员和游客的环保意识和法律意识；将各项规章制度的责任明确到具体部门和人员，确保各项工作的责任落实；建立监督检查机制，定期对规章制度的执行情况进行检查和评估，对违规行为进行严肃处理；根据监督检查结果和实际工作情况，对规章制度进行持续改进和优化，确保制度具有针对性和有效性。

3. 管理人员和技术人员队伍

一支具备相应学历和专业技能的管理人员和技术人员队伍是提升景区生态保护与治理保障能力的人才基础。

优化人员结构。一是提高管理人员学历水平。聘用与景区管理业务相适应的具有大专及以上学历或同等学力的人员，确保管理人员队伍中 70% 以上的人员具备相应的学历背景；对现有管理人员进行学历提升培训，鼓励其参加继续教育，提高整体管理人员学历水平。二是引进高级技术人员。聘用景区管理领域的高级技术人员，确保高级技术人员比例达到 30% 以上；与高校、科研机构等建立合作关系，吸引优秀的技术人才加入景区管理团队。

加强人员培训。一是制订培训计划。根据景区管理需求和人员现状，制订有针对性的培训计划，涵盖专业技能培训、管理能力提升等方面；定期组织内部培训和外部培训，提高管理人员和技术人员的综合素质。二是注重实践锻炼。鼓励管理人员和技术人员参与景区生态保护与治理实践活动，积累工作经验；设立实践基地或项目，为相关人员提供锻炼的机会。

建立激励机制。一是薪酬激励。设计合理的薪酬体系，体现学历、职称、能力等因素对薪酬的影响，激发工作人员的工作积极性；设立绩效奖金、项目奖金等激励机制，鼓励工作人员为景区生态保护与治理贡献力量。二是职业发展激励。为管理人员和技术人员提供职业发展空间和晋升机会，鼓励其不断进取；设立职业发展规划指导机制，帮助工作人员明确职业发展方向和目标。

加强团队建设。一是促进团队协作。加强团队内部的沟通与协作，形成良好的工作氛围和团队文化；定期组织团队建设活动，增强团队凝聚力和向心力。二是发挥专家作用。充分发挥高级技术人员在景区生态保护与治理中的作用，为景区生态保护与治理提供技术指导和支持；建立专家咨询委员会或专家库，为景区管理提供智力支持。

4. 管理经费

为提升景区生态保护与治理保障能力，管理运行、管护设施建设与维护、保护管理等费用必须得到妥善安排和合理使用。

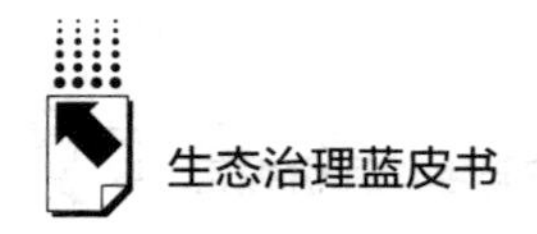

管理运行费用。一是景区管理部门应根据实际需要，合理制定管理运行费用预算，确保资金能够覆盖日常运营、人员工资、培训、宣传等各个方面的开支。二是建立费用监控机制，定期评估管理运行费用的使用情况，确保资金使用的合理性和有效性。

管护设施建设与维护费用。一是景区应投入足够的资金用于管护设施的建设与维护，如市政设施、环保设施、安全设施等。例如，根据“大洋湾景区 2023—2024 年度市政设施管护维保项目”招标公告，该项目的造价约为 138.5 万元，中标价为 1211734.24 元。这表明景区在管护设施建设与维护方面的投入是具体且客观的。二是确保资金投入在高质量的材料和工艺上，以保证设施的长久耐用和环保性。三是制订设施维护计划，定期对设施进行检查和维修，防止因设施损坏而影响生态保护与治理工作。

保护管理费用。一是设立保护管理专项资金，用于支持生态保护、环境监测、科研教育等方面的工作。二是鼓励和支持科研团队在景区开展生态保护与治理相关研究。三是通过宣传教育、志愿者活动等方式，提高公众对生态保护的认识和参与度，减轻保护管理的经济压力。

合理资金使用。一是建立资金使用透明公开机制，定期向公众公布资金使用情况，接受社会监督。二是加强内部审计和外部审计监督，确保资金使用符合规定和预算要求。三是对违规使用资金的行为进行严肃处理，追究相关人员的责任。

通过以上措施，能够确保景区管理运行、管护设施建设与维护、保护管理等费用满足管理需求，资金得到合理使用，进而有力保障景区生态保护与治理工作的开展。

（三）服务设施和基础设施是生态保护与治理的重要支撑

加强基础设施建设和完善服务设施体系，可以为景区生态保护与治理提供必要的物质和技术支持，促进生态保护项目的实施，加强环境监测与预警，推动绿色产业发展以及提升公众环保意识，进而有助于实现生态环境的持续改善和可持续发展。

1. 服务设施

为提升服务设施的完备性，提升游客的满意度，游客中心以及休闲、游览、接待等设施的建设需要遵循一系列的原则和标准。

一是游客中心建设。游客中心应位于景区入口或便于游客抵达的显著位置。游客中心应为游客提供详尽的景区地图、导览手册、宣传资料等，帮助游客了解景区概况；设立咨询台，配备专业的导游或服务人员，解答游客疑问，提供个性化的旅游建议；提供景区内的交通信息、天气预报、紧急救援等实用信息。游客中心内可设置休息区，提供饮料和小吃服务，满足游客的基本需求。

二是休闲设施建设。根据景区特点和游客需求，合理布局休闲设施，如凉亭、座椅、公共洗手间等；保障休闲设施安全，如座椅稳固、地面防滑等；提供足够的垃圾桶和清洁设备，保持景区环境整洁；在休闲区域设置景观照明，使夜间游客感到安全和舒适。

三是游览设施建设。游览设施应满足游客的观赏和体验需求，如观景平台、步道、缆车等；保障游览设施安全，如步道的防滑处理、缆车的安全检验等；游览设施应便于游客使用，如提供明确的指示牌、铺设无障碍通道等；定期对游览设施进行维护和检修，确保其正常运行。

四是接待设施建设。根据景区规模和游客流量，合理规划接待设施的数量和规模；为游客提供舒适的住宿环境和优质的服务，如酒店、民宿、餐厅等；保证接待设施安全卫生；提供多种类型的接待设施，以满足不同游客的需求。

此外，还应在景区内设置足够的停车场或停车位，满足自驾游客的停车需求；提供多语种服务，如多语种的导览手册、指示牌等，以满足不同国籍游客的需求；建立完善的应急救援机制，如设立医疗点、配备救援设备等，确保游客在紧急情况下得到及时救助。

2. 基础设施

基础设施是确保生态治理与保护工作顺利开展的重要基础。

一是保护管理设施建设符合总体规划。根据景区的总体规划，明确保护

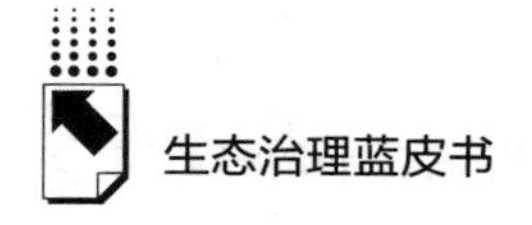

管理设施建设的目标和方向，确保设施建设与景区的整体发展方向相协调；根据景区的实际情况，合理布局保护管理设施，确保设施能够覆盖整个景区；保护管理设施的建设应符合生态环保要求，采用环保材料和技术，减少对环境的破坏和污染。

二是道路基础设施建设符合保护管理要求。根据景区的地形地貌和生态特点，合理规划道路网络，确保道路能够连接各个保护管理设施，并方便游客的游览和巡护工作的开展；道路建设应符合相关标准，确保道路能够承受车辆和人员的通行压力；在道路建设过程中，采取生态保护措施，如设置生态隔离带、保护植被等，减少对生态环境的破坏。

三是给排水基础设施建设符合保护管理要求。景区应建设完善的给排水设施，确保游客和管理人员的用水需求得到满足。同时，应加强对水源地的保护和管理，确保水质安全。应确保雨水和生活污水能够及时排放，避免对生态环境造成污染。同时，应加强对给排水设施的维护和管理，确保给排水畅通无阻。

四是环保基础设施建设符合保护管理要求。景区应建立完善的垃圾处理设施，对游客产生的垃圾进行分类收集和处理，减少对环境的污染。同时，应加强对游客的宣传教育，增强游客的环保意识。对于可能产生污水的区域，景区应建立污水处理设施，对污水进行处理和净化，确保排放的污水符合环保标准。

五是供电基础设施建设符合保护管理要求。景区应建立完善的供电设施，确保游客中心、科研监测站等重要设施的电力供应稳定可靠。同时，应加强对供电设施的维护和管理，确保其正常运行。在供电设施建设过程中，应采取节能措施，如使用节能灯具、优化电力线路等，降低能耗，减少对环境的影响。

六是路标和消防基础设施建设符合保护管理要求。在景区内设置清晰的路标和指示牌，方便游客和管理人员找到目的地和了解相关信息。同时，应定期对路标进行检查和维护，确保其清晰可见。提供完善的消防设施，如消防栓、灭火器等，确保在火灾等突发情况下能够及时开展灭火和救援工作。同时，加强对消防设施的维护和管理，确保其完好无损并随时可用。

（四）生态保护能力建设是生态保护与治理的核心目标

随着全球环境问题日益严重，保护生态环境、维护生态平衡已经成为各国共同面临的重大任务。生态保护与治理旨在通过一系列措施，提高生态系统的稳定性和自我恢复能力，从而确保生态安全，促进可持续发展。

1. 生态保护措施落实到位

通过将生态保护措施落实到位，保持自然生态系统的完整性、原真性，确保自然生态系统面积的稳定性，使得生态系统得到有效保护，确保生态保护能力的持续提升，为实现可持续发展奠定坚实的基础。

一是保持自然生态系统的完整性和原真性。通过划定景区区域边界，限制人类活动的干扰，保持自然生态系统的完整性和原真性。遵循有关法律法规，制定并严格执行环境保护相关管理制度与措施，确保生态系统的自然状态不被破坏。

二是确保自然生态系统面积的稳定性。通过科学合理的生态规划和土地利用管理，避免过度开发和土地资源浪费，确保自然生态系统面积的稳定性。对施工区域进行合理规划，减少对环境的影响，确保施工完成后能够恢复原有自然生态系统面积。

三是使得生态系统得到有效保护。建立健全环境保护体系，成立环境保护领导小组，配备环保措施实施人员和技术人员，提升环境保护工作的专业性和系统性；严格执行环境保护措施，确保生态系统处于健康状态。

四是确保生态保护能力的持续提升。加强环境保护教育，提高公众对自然生态系统保护的认识，引导人们养成环保的生活习惯，减少对自然生态系统的负面影响；定期开展环境评估，对生态系统的状况进行监测和评价，及时发现问题并采取措施加以解决，确保生态保护能力的持续提升。

2. 生态系统得到有效恢复

通过推动生态系统得到有效恢复，使得生物多样性得到保护，生物种群数量保持稳定，并且成功防止外来有害物种的入侵，确保生态保护能力显著提升。

推动生态系统得到有效恢复。在采取有效的恢复措施后，如植被重建、湿地恢复、土壤改良等，生态系统结构和功能得到显著改善，生态系统的稳定性和自我调节能力得到提升。恢复后的生态系统能够更好地提供生态服务，如水源涵养、气候调节、土壤保持等，为生物多样性和物种生存提供良好的环境。

一是生物多样性保护。生物多样性是生态环境的重要组成部分，恢复后的生态系统能够加强生物多样性保护，保护各种生物物种和遗传资源。通过保护关键物种的栖息地，为生物提供适宜的生存环境和食物资源，能够确保生物种群数量的稳定，防止物种濒危或灭绝。

二是生物种群数量稳定。生物种群数量的稳定是生态系统平衡和可持续发展的重要标志。通过保护生态环境、控制污染和避免过度开发等活动，减少生物种群所受到的影响，保持生物种群数量的稳定。通过监测和评估生物种群数量的变化，及时采取必要的保护和恢复措施，防止生物种群数量的急剧下降或过度增长。

三是防止外来有害物种入侵。外来有害物种的入侵会对本地生态系统造成破坏，影响生物多样性和物种生存。因此，需要采取一系列措施来防止外来有害物种的入侵。如加强边境检查和监管，防止外来物种的非法引入和扩散；建立监测和预警系统，及时发现并控制外来有害物种的入侵和扩散；采用生物防治等科学方法，减少外来有害物种对本地生态系统的威胁。

3. 环境质量有所提升

环境质量有所提升，主体水质不低于国家Ⅲ类标准或得到较大改善，水岸及景观保持自然状态，有利于维护生态系统的健康和稳定。

当环境质量得到提升时，生态系统的稳定性和恢复能力将得到显著提升，这将使得生态系统能够更好地应对各种自然和人为因素的干扰，保持生态平衡和可持续发展，还能够带来一系列的综合效益。例如，改善水质将有利于农业灌溉和渔业生产，保护自然水岸和景观将有利于促进生态旅游和休闲产业的发展，提升生态系统的稳定性和恢复能力将有利于应对气候变化等全球性挑战。

主体水质不低于国家Ⅲ类标准或得到较大改善，意味着水中的污染物质得到了有效控制，水质得到了显著提升。这将有利于水生生物的生存和繁衍，有利于保护水生态系统的健康。为实现水质的改善，要采取一系列措施，如加强污水处理设施建设、推广节水灌溉技术、控制农业面源污染等。

保持水岸及景观的自然状态是维护生态系统完整性和稳定性的重要措施，包括保护河岸植被、湿地、滩涂等自然生态要素，避免过度开发和人为破坏。自然的水岸和景观能够提供多样的生态服务，如水土保持、生物多样性保护、气候调节等，有助于提升整个生态系统的稳定性和恢复能力。

4. 人文景观得到有效保护和宣传

人文景观得到有效保护和宣传，受到全社会广泛关注。

一是加强人文景观保护。保护古建筑、古村落、历史街区等物质文化遗产，有利于传承它们的历史价值和文化内涵。如保护和传承民俗、传统技艺、节庆活动等非物质文化，可以使它们的文化特色和生命力得以延续，保护文化的多样性和丰富性。

二是加强人文景观宣传。利用新媒体平台等多种渠道对人文景观进行宣传和推广，加深公众对它们的认识和了解。制作和发布宣传视频、图片、文章等，展示人文景观的魅力和价值，吸引更多人关注和参与保护。在学校和社区举办讲座、研讨会等活动，普及人文景观保护的知识和重要性，增强公众的环保意识。将人文景观保护纳入乡土课程中，培养学生的环保意识和责任感。

三是全社会广泛关注。通过广泛宣传和教育推广，激发公众对人文景观保护的关注和参与热情。鼓励和支持社会各界参与人文景观的保护工作，形成全社会共同参与的良好氛围。政府出台相关政策支持人文景观的保护工作，如提供资金扶持、税收优惠等。加大法律法规的执行力度，对破坏人文景观的行为进行严厉打击和惩罚。

（五）生态治理能力建设是生态保护与治理的目标追求

只有遵循科学的原则和方法，制定合理、可行的治理方案，注重技术创新和制度创新，并加强监管和评估，才能实现生态环境的持续改善和保护。

1. 科学高效的生态治理需要加强监管和评估

监管可以保障治理措施的有效实施和执行；评估则可以对治理效果进行客观、公正的评价和反馈，为后续的治理工作提供科学依据和参考。确保监测站点布局合理、警示标识充足、其他管护设施完备且适时维护，开展相应的调查监测工作并建立较完备的技术档案，对于满足管护需求、全面掌握资源本底情况以及辅助景区保护具有重要意义。

一是监测站点布局合理。合理布局的监测站点能够覆盖关键区域，实现对生态环境变化的全面监测。根据地形、气候、植被等因素，科学规划站点位置，有助于提高监测数据的代表性和准确性，也有助于降低监测成本，提高监测效率。

二是警示标识充足。充足的警示标识能够提醒人们注意生态保护，减少人为破坏。在关键区域、敏感区域设置明显的警示标识，能增强人们的环保意识。警示标识应简洁明了、易于理解，能确保信息的有效传达。

三是其他管护设施完备且适时维护。完备的管护设施包括但不限于巡护道路、防火设施、救援设备等，这些设施的建设对于应对突发事件、保障生态安全具有重要意义。定期对设施进行检查、维修和更新，能确保其处于良好状态。

四是开展相应的调查监测工作。遵循科学的方法，定期对景区内的资源进行调查监测，包括生物多样性、水资源、土壤资源等，确保数据的准确性和可靠性。通过对调查数据的分析，了解景区资源的现状、变化趋势以及面临的问题。调查监测结果能为景区保护与治理提供数据支持，帮助识别关键区域和敏感物种，根据监测结果，可以制定更加精准、有效的保护措施，提高保护效果。同时，监测结果还可以为生态旅游、科学研究等提供基础数据，促进景区的可持续发展。

五是建立较完备的技术档案。技术档案是景区开展保护和管理工作的重要依据，应详细记录景区的自然环境、人文历史、管理措施等方面的信息。技术档案应定期更新，反映景区的最新动态和变化，为景区保护提供科学、合理的决策支持。

开展调查监测和建立技术档案，有助于人们了解景区的自然资源和人文资源状况，全面掌握景区的资源本底情况，为制定保护和管理措施提供科学依据，也有助于人们发现潜在的环境问题，提前采取预防和治理措施。

2. 科学高效的生态治理需要注重技术创新和制度创新

技术创新可以提供更先进的治理技术和手段，提高治理效率和质量；制度创新则可以优化治理结构和机制，激发社会各方面的积极性和创造力，形成全社会共同参与生态治理的合力。

一是科普宣教内容和材料丰富。科普宣教内容涵盖生态治理的各个方面，包括但不限于生态系统基础知识、环境保护的重要性、生物多样性保护、节能减排措施等。同时，内容应深入浅出，易于公众理解。宣教材料应包括文字、图片、视频、音频等多种形式，以满足不同受众群体的需求。例如，可以制作生态治理宣传册、海报、动画视频等。随着生态治理研究的深入和政策的调整，科普宣教内容和材料应及时更新，确保信息的准确性和时效性。

二是科普宣教形式多样。除了传统的线下讲座、展览等形式，还可以利用互联网、社交媒体等线上平台开展科普宣教活动，通过线上线下相结合，提高活动的覆盖率和参与度。通过设置互动展览、虚拟现实体验等形式，让公众更加直观地了解生态治理的过程和效果，提高公众对生态治理的认识和参与度。组织环保志愿者活动、垃圾分类宣传活动等实践活动，让公众亲身参与到生态治理中，增强公众的环保意识和责任感。

三是展示、解说体系建设科学完备。展示和解说区域应根据科普宣教内容的需要和观众的参观习惯进行科学布局，确保观众能够顺畅地浏览和了解相关信息。展示区域要设置清晰的标识和导览图，方便观众快速找到感兴趣的展示内容。解说员要具备专业的生态治理知识，能够用通俗易懂的语言为观众讲解相关内容和知识，增强科普宣教的针对性和实效性。

通过以上技术创新和制度创新，不仅能够提高公众对生态治理的认识和参与度，还能够促进生态治理工作顺利开展和取得实效。

3. 科学高效的生态治理需要制定合理、可行的治理方案

治理方案是人们根据景区生态系统的实际情况，综合考虑生态、经济、社会等多方面的因素，制定出的既符合生态学原理，又能够满足人类需求的治理措施。这些措施应该具有可操作性、可持续性和可评估性，以确保治理效果具有长期性和稳定性。

一是生态优先原则。坚持生态优先，在利用景区资源时，首先考虑生态环境的保护和恢复，保障生态系统的完整性和稳定性。注重原生态保护和文化特色保护，在利用过程中，注重保持景区的原生态风貌和文化特色，避免过度开发对景区环境造成破坏。

二是资源可持续利用原则。坚持经济效益与生态效益相协调，在利用景区资源时，既要追求经济效益，又要注重生态效益的保持和提升。通过科学合理的规划和管理，实现景区资源的可持续利用。坚持保护与利用相结合，在保护景区资源的同时，进行科学合理的利用，实现资源的有效利用和长期收益。

三是综合考虑多种功能的有效发挥。发挥生态功能，通过合理的方式，保护景区的生态环境，维护生态系统的平衡和稳定，为游客提供清新、优美的旅游环境。推广生态旅游产品，让游客在享受自然风光的同时，增强环保意识，促进生态旅游的发展。合理拓展经济功能，在保护生态环境的前提下，开发旅游资源，吸引游客，增加旅游收入，促进当地经济的发展。此外，景区资源的利用还要考虑到增强社会功能，如提供就业机会、传承历史文化、促进文化交流等。对于具有历史和文化价值的景区，要加强文化遗产保护和传承，同时开展文化旅游活动，让游客了解当地的历史和文化。

（六）经济社会成效是生态保护与治理的重要体现

生态保护与治理的目标是实现经济、社会和环境的可持续发展，在推进生态保护与治理工作时，需要综合考虑经济、社会和环境三个方面的因素，实现三者的协调发展。

1. 发展生态旅游

通过科学规划和管理、合理利用资源、加强环保宣传教育等措施，开展不同形式的生态旅游等经济活动，充分实现人口、资源、环境相协调的绿色发展，促进经济社会的可持续发展。

一是开展不同形式的生态旅游。①湿地生态旅游。作为生态系统的重要组成部分，湿地具有极高的保护价值。开展湿地生态旅游，可以让游客在领略湿地美景的同时，了解湿地生态系统的重要性，增强环保意识。同时，湿地生态旅游也可以为当地带来经济效益，促进地方经济的可持续发展。②文化生态旅游。结合当地传统文化，发展文化生态旅游，游客可以在了解当地风俗、习惯的同时，参与到当地的传统手工艺制作、农耕等文化活动中。这种模式既可以促进当地文化的传承和发展，也可以增强游客的文化素养和环保意识。③乡村生态旅游。以乡村环境为背景，利用农村生态资源，结合农业生产和农村文化，发展以农村生活、文化、历史为主题的旅游活动。游客可以参与农耕、采摘、养殖等活动，亲身体验农耕文化，了解农村习俗，品尝农家美食，感受乡村生活的宁静与美好。这种旅游方式不仅可以带动乡村经济的发展，还可以促进乡村文化的传承和发扬。④生态康养休闲旅游。生态康养休闲旅游以生态康养和户外运动为主题，让游客在参与各种康养休闲户外活动的同时，了解当地的生态环境。这种模式可以增强游客的环保意识和身体素质，也可以促进当地经济的发展和旅游业的转型升级。⑤生态旅游的社区参与。生态旅游的发展需要当地社区的积极参与和支持。社区参与模式可以让当地居民从旅游活动中获得经济收益，增强他们的环保意识和文化素养。这种模式有助于形成“人人关心、人人参与、人人受益”的良好局面，促进生态旅游的可持续发展。

二是实现人口、资源、环境相协调的绿色发展。①合理开发与规划景区。在规划和建设景区时，应充分考虑环境承载力和生态保护需求，避免过度开发和过度开放。制定科学的旅游发展规划，合理布局旅游设施，确保旅游活动对生态环境的影响最小化。②提倡低碳出行。鼓励游客使用公共交通工具或者选择步行、骑行等低碳出行方式，减少对自然环境的影响；推广绿色交通工具和设施，如电动观光车、自行车等，增强游客的环保意识。③加强环保宣传教育。加强对游客的环保宣传教育，增强其环境保护意识；通过在景区内设置环保宣传牌、播放环保宣传片等，引导游客规范其行为。④加强资源保护和回收利用。制定合理的资源保护政策，鼓励景区和旅游企业开展垃圾分类、废水处理等环保工作；加强生态修复和环境保护工作，确保旅游活动对生态环境的影响可控可恢复。

2. 经济收入明显提升

在旅游市场、品牌影响力、区域知名度、旅游人数等方面均取得显著成效。

旅游业的繁荣发展对于提高经济收入水平和促进地方经济发展具有重要意义。景区通过加强旅游基础设施建设、推广特色旅游产品、加强旅游市场营销、提高旅游服务质量和加强旅游安全监管等措施，能进一步推动旅游业的发展和经济收入的提升。

一是旅游市场覆盖面不断扩大。随着全球化进程的加速，旅游市场的覆盖面已经从传统的旅游热点地区扩展到更多的国家和地区；旅游产品和服务也日趋多样化，包括自然风光游、文化遗产游、主题乐园游、度假胜地游等，满足了不同消费者的需求。

二是景区品牌影响力和区域知名度持续提升。景区的品牌建设对于提高知名度和吸引游客至关重要，景区通过精心策划的营销活动、优质的旅游体验和服务，不断提升品牌影响力。随着景区品牌影响力的提升，景区所在区域的知名度也随之提高，进一步促进了旅游业的发展。

三是旅游人数持续增长。随着人们生活水平的提高和休闲时间的增加，越来越多的人选择将旅游作为休闲方式。国内外旅游市场的繁荣也吸引着更多的游客前往各个景区，推动旅游人数的持续增长。

旅游业的繁荣发展直接带动了相关产业的发展，如交通、餐饮、住宿、零售等，为当地经济发展注入新的活力，促进当地经济收入的明显上升。旅游人数的增长和游客消费水平的提高也会带来更多的经济收益，提高当地居民的收入水平和生活质量。

3. 公众充分参与

通过制定相关政策办法，有效鼓励社会组织、企业和个人积极参与景区保护管理和宣传教育，在社区文化建设与宣传、社区建设与发展、社会公平与公众参与等方面取得明显成效，推动景区保护管理工作的深入开展，实现生态、经济、社会效益的共赢。

一是建立志愿参与激励机制。①建立志愿服务奖励制度。对于积极参与景区保护管理和宣传教育的社会组织、企业和个人，设立不同级别的志愿服务奖励，包括荣誉证书、公开表彰、相关活动优先参与权等。②提供资金支持。对于成绩突出的志愿服务项目，可以给予一定的资金支持，包括项目启动资金、活动经费等，以鼓励开展更多的志愿活动。

二是加强社区文化建设与宣传。①通过文化活动、文化讲座、展览等形式，提升社区居民对景区文化和生态保护的重视程度，增强文化自觉。②加强社区宣传教育。利用社区广播、宣传栏、微信公众号等渠道，定期发布景区保护管理和宣传教育的相关信息，增强社区居民的环保意识。

三是推动社区建设与发展。①建立社区事务参与机制。鼓励社区居民参与到景区规划、建设、管理等各个环节中，确保社区居民的意见和建议得到充分采纳。②促进社区经济发展。通过发展生态旅游、生态农业等产业，带动社区居民增收致富，提高社区整体经济水平。

四是确保社会公平与公众参与。①保障公众知情权。定期向公众发布景区保护管理、资源利用、生态环境等方面的信息，保障公众的知情权和监督权。②鼓励公众参与决策。在规划、政策制定等关键环节，通过举办公众听证会、座谈会等形式，邀请公众代表、专家学者等参与讨论和决策。③加强公众教育培训。组织针对公众的环保教育、生态体验等活动，提高公众对景区保护管理的认识和参与度。

（七）坚持和加强党的领导是生态保护与治理的关键

习近平总书记指出，建设美丽中国是全面建设社会主义现代化国家的重要目标，必须坚持和加强党的全面领导。[①] 中国共产党的领导是中国特色社会主义最本质的特征，是中国特色社会主义制度的最大优势。要加强党对生态文明建设的全面领导，确保生态治理与保护的决策部署落地见效。

1. 加强组织领导

坚持党对生态保护与治理工作的领导，建立健全景区生态保护与治理工作的实施体系和推进落实机制。景区党组织要坚决扛起美丽中国建设的政治责任，增强领导班子共抓生态文明建设的整体效能。景区管理部门要积极响应生态文明建设号召，细致履行责任清单中的各项任务，通过明确分工、强化个人职责，促进跨部门的紧密协作与高效联动，构建起团结协作、共同推进的强大工作体系，以确保生态文明建设的各项措施得到有效执行与落实。

2. 加强宣传教育

持续深化对习近平生态文明思想的学习宣传、制度创新、实践推广，讲好景区生态保护与治理故事。结合全国生态日、土地日、海洋日、环境日、湿地日等重要时间节点，通过宣讲、展览、研学等多种形式，加强生态文明宣传教育，增强游客的节约意识、环保意识、生态意识。

3. 开展考核评价

结合景区实际，制定生态保护与治理考核评价方案，明确考核内容、指标、方法和流程，组织专家团队对景区生态保护与治理情况进行实地考察，了解实际情况，实施综合评价，并将评价结果纳入景区各级领导干部综合考核评价体系，将其作为评价领导干部工作绩效的重要依据和奖惩任免的重要参考，对表现优秀的领导干部给予表彰和奖励，对表现不佳的领导干部进行约谈、调整或免职。根据考核结果，对景区生态保护与治理工作中存在的问题和不足进行整改提升，推动景区生态文明建设与可持续发展。

4. 履行监督检查职责

景区各级领导干部和工作人员要牢固树立法治观念，将法律法规作为

---

① 《习近平在全国生态环境保护大会上强调：全面推进美丽中国建设　加快推进人与自然和谐共生的现代化》，中华人民共和国中央人民政府网站，2023 年 7 月 18 日，https://www.gov.cn/yaowen/liebiao/202307/content_6892793.htm。

履行职责、解决问题的基本准则。景区管理政策的制定要严格遵循法律法规，确保各项政策与法律法规保持一致，为景区的依法治理提供有力支撑。景区内各相关部门要建立协调配合机制，定期召开联席会议，共同研究解决景区管理中遇到的问题，形成工作合力。通过建立信息共享平台，实现景区内各部门间信息的实时共享，提高工作效率，确保各项管理工作能够及时、有效地开展。景区管理部门要定期对景区内各单位的依法履责情况进行监督检查，发现问题要及时纠正，确保各项法律法规得到有效执行。对于破坏自然生态的行为，要明确责任主体，依法追究其法律责任；依法加大破坏自然生态处罚力度，根据破坏程度的不同，采取罚款、责令恢复原状、停业整顿等措施，形成有效的震慑作用。对于典型的破坏自然生态的案例，通过网络媒体等进行公开曝光，提高公众对保护自然生态的认识和重视程度。

三　大洋湾生态保护与治理评价体系的构建

生态保护与治理作为实现人与自然和谐共生的现代化的核心策略，其重要性不言而喻。通过开展这一方面的工作，我们能够在维护生态平衡、保护自然资源、防治环境污染、捍卫生物多样性以及推动绿色发展等多个方面取得成效，为构建人与自然和谐共生的现代化社会奠定坚实的基础。

构建大洋湾生态保护与治理评价体系，不仅是对党的二十大精神及习近平生态文明思想的深入贯彻，更是推动大洋湾生态旅游景区向高质量发展迈进、实现人与自然和谐共生的现代化的必要举措。这一体系的建立，是加快美丽中国建设的具体行动方案，也是“以评促改”、优化大洋湾生态旅游景区发展环境、促进大洋湾生态旅游景区可持续发展的重要前提。

通过精心构建清晰、全面的大洋湾生态保护与治理评价指标体系，我们将为大洋湾生态旅游景区的生态保护与治理提供坚实的科学依据和有力的决策支持，确保大洋湾生态旅游景区在生态、经济、社会等多方面实现协调、可持续的发展。

（一）构建大洋湾生态保护与治理评价指标体系的总体思路、目标与原则

1. 构建大洋湾生态保护与治理评价指标体系的总体思路

在党的十九大报告、党的二十大报告的指引下，以习近平生态文明思想为理论基础，紧密结合党中央、国务院的发展要求，积极探索并构建生态保护与治理评价指标体系，有助于为我国实现人与自然和谐共生的现代化提供有力参考，进一步丰富和完善生态文明建设的知识体系、理论体系和话语体系。通过评价指标体系的构建，能够更好地指导生态旅游景区的生态保护与治理工作，促进生态旅游业的可持续发展，为美丽中国建设贡献智慧和力量。

2. 构建大洋湾生态保护与治理评价指标体系的总体目标

建立简单可行、指向明确的评价指标体系，对大洋湾生态旅游景区生态保护与治理进程进行科学、客观的评价，有助于改善大洋湾生态旅游景区环境质量，并为国内生态旅游景区生态保护与治理提供借鉴，推动我国人与自然和谐共生的现代化的早日实现。

3. 构建大洋湾生态保护与治理评价指标体系的总体原则

坚持党中央、国务院关于生态文明建设、美丽中国建设的总体要求，结合大洋湾生态旅游景区实际，立足大洋湾生态旅游景区发展特色，对评价指标体系的设计采取普遍性和特殊性相结合的原则。既充分考虑大洋湾生态旅游景区生态保护与治理的特点和实际，又遵循人与自然和谐共生的现代化的一般规律，科学设立评价目标、指标方法，发挥好评价的“指挥棒”和“风向标”作用。

（二）构建大洋湾生态保护与治理评价指标体系的方法

评价指标体系设计尊重人与自然和谐共生的现代化的客观规律和大洋湾实际，借鉴生态文明建设考核目标体系、绿色发展指标体系、国家城市湿地公园评估标准等，确保评价客观真实、科学管用。对指数的数据接口采取开放的原则，即考虑到各生态旅游景区的工作环境不同、类别不同等，对指数

留有一定的开放空间，可以随时添加必要的指标。评价方法采用多维视角线性评价，即在多维视角基础上，采取加权汇总的方法进行计算。

（三）大洋湾生态保护与治理评价指标的选取原则

1. 科学性原则

指标选取应基于生态学、环境科学、管理学等相关学科的理论和方法，确保评价指标的定义和计算具有科学依据。采用科学的方法，如系统分析、层次分析、专家咨询等，确保评价过程的科学性和客观性。

2. 全面性原则

选取的指标应覆盖大洋湾生态旅游景区生态保护与治理的各个方面，包括环境质量、生态功能、生态安全、管理成效等。要考虑到不同指标之间的内在联系和相互影响，确保评价指标体系的完整性和系统性。

3. 可操作性原则

选取的指标应易于理解和操作，指标数据应易于获取和计算，且便于在实际工作中对其加以应用。评价标准应明确具体，评价方法应简单实用，便于相关人员理解和使用。

4. 针对性原则

选取的指标针对的应是大洋湾生态旅游景区特有的生态环境问题和治理需求，突出区域特色和重点。结合大洋湾生态旅游景区的发展阶段、资源禀赋、社会经济状况等因素，选取符合实际情况的评价指标。

5. 动态性原则

指标选择应具有一定的灵活性和适应性，要随着大洋湾生态旅游景区生态环境的变化和治理工作的进展不断进行调整和完善。定期对指标进行更新和修订，确保指标的时效性和有效性。

6. 客观性原则

选取的指标应客观反映大洋湾生态旅游景区生态保护与治理的实际情况，避免主观臆断和偏见。采用客观的数据资料和评估方法，确保评价结果的客观性和公正性。

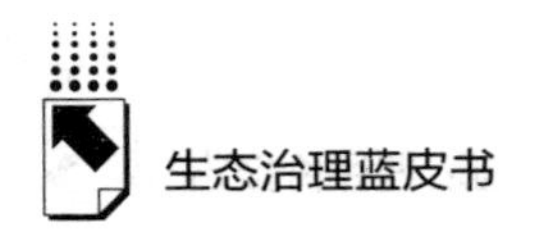

7. 可持续性原则

选取的指标应体现可持续发展的理念，关注生态系统的长期健康、稳定性和可持续性。评价指标体系应有助于推动大洋湾生态旅游景区经济、社会和环境的协调发展，实现可持续发展目标。

8. 透明性原则

选取的指标应公开透明，便于公众了解和监督生态保护与治理工作。具体指标的定义、计算方法、数据来源等应明确清晰，便于公众查阅和验证。

（四）大洋湾生态保护与治理评价指标体系的构建

在深入总结和分析大洋湾生态旅游景区的发展历程、生态保护与治理现状以及国内外生态旅游景区生态保护与治理的发展过程后，本文以党的十九大报告、党的二十大报告和习近平新时代中国特色社会主义思想为指导，从7个方面全面概括了大洋湾生态旅游景区生态保护与治理的范围和重点，并据此制定了适用于我国生态旅游景区生态保护与治理的一般评价指标体系。

在构建评价指标体系的过程中，本文采用德尔菲法（也称专家调查法，是一种由企业预测机构组织专家背靠背地提出其对未来市场的意见或判断，并由企业预测机构据此进行预测的方法），在广泛征询生态环境主管部门、生态旅游景区管理人员及科研部门专家学者的意见后，根据各指标在整个指标体系中的重要性，对相关指标权重进行细致的修订和完善，最终形成科学、全面、可操作的大洋湾生态保护与治理评价指标体系（见表1）。

表1　大洋湾生态保护与治理评价指标体系

一级指标	二级指标
现状条件（10分）	景区规划范围边界(4分)
	土地权属(6分)
保障能力建设(15分)	管理机构(4分)
	总体规划和制度体系(4分)
	管理人员和技术人员队伍(3分)
	管理经费(4分)

续表

一级指标	二级指标
服务设施和基础设施（10分）	服务设施（4分）
	基础设施（6分）
生态保护能力建设（20分）	保护措施（6分）
	生态系统恢复（6分）
	环境质量（4分）
	人文景观（4分）
生态治理能力建设（20分）	监管和评估（8分）
	技术创新和制度创新（7分）
	治理方案（5分）
经济社会成效（15分）	生态旅游（6分）
	经济收入（5分）
	公众参与（4分）
坚持和加强党的领导（10分）	加强组织领导（3分）
	加强宣传教育（3分）
	开展考核评价（2分）
	履行监督检查职责（2分）
总分	100
附加指标	景区内某项或某几项功能示范意义重大或实际效果突出（5分）
否定性指标	近三年发生了生态环境重大破坏案件和行为（一票否决）

结合大洋湾生态旅游景区自主评分以及外部专家评分等进行加权平均，并将各项得分加总，得出最终评价得分。

根据得分情况，设定不同的评价等级。

Ⅰ级（优秀）：90分及以上，生态保护与治理工作取得显著成效，生态系统状况良好。

Ⅱ级（良好）：71~89分，生态保护与治理工作取得一定成效，但仍有改进空间。

Ⅲ级（一般）：60~70分，生态保护与治理工作存在不足，需要进一步加强。

Ⅳ级（较差）：45~59分，生态保护与治理工作存在严重问题，需要立即改进。

V级（差）：45 分以下，生态保护与治理工作严重滞后，生态系统状况堪忧。

近三年若发生生态环境重大破坏案件和行为，则一票否决。

四　大洋湾生态保护与治理评价结果与建议

人类认识的一般规律是从个别到一般、从具体到抽象。从个别认识到一般认识、从具体认识到抽象认识，是认识的一个飞跃。理论来源于实践，又服务于实践，并接受实践的检验。通过剖析大洋湾生态旅游景区生态保护与治理历程，提炼出的大洋湾生态保护与治理评价指标体系还必须再返回实践中，接受实践的检验。为此，我们以 2023 年 12 月 31 日为时间节点，运用大洋湾生态保护与治理评价指标体系，对大洋湾生态旅游景区生态保护与治理情况进行了具体评价。

（一）大洋湾生态保护与治理评价结果

根据大洋湾生态旅游景区生态文明建设数据，我们按照评价指标体系，组织专家学者对大洋湾生态旅游景区生态保护与治理情况进行了测评，通过汇总整理分析，得到的具体评价结果如表 2 所示。

表 2　大洋湾生态旅游景区生态保护与治理评价结果

一级指标	二级指标	得分(分)
现状条件 (10 分)	景区规划范围边界(4 分)	4
	土地权属(6 分)	6
保障能力建设 (15 分)	管理机构(4 分)	4
	总体规划和制度体系(4 分)	3
	管理人员和技术人员队伍(3 分)	2
	管理经费(4 分)	4
服务设施和基础设施 (10 分)	服务设施(4 分)	4
	基础设施(6 分)	5

续表

一级指标	二级指标	得分(分)
生态保护能力建设(20分)	保护措施(6分)	6
	生态系统恢复(6分)	6
	环境质量(4分)	4
	人文景观(4分)	4
生态治理能力建设(20分)	监管和评估(8分)	7
	技术创新和制度创新(7分)	6
	治理方案(5分)	5
经济社会成效明显(15分)	生态旅游(6分)	5
	经济收入(5分)	5
	公众参与(4分)	3
坚持和加强党的领导(10分)	加强组织领导(3分)	3
	加强宣传教育(3分)	3
	开展考核评价(2分)	2
	履行监督检查职责(2分)	2
总分	100	93
附加指标	景区内某项或某几项功能示范意义重大或实际效果突出(5分)	5
否定性指标	近三年发生了生态环境重大破坏案件和行为(一票否决)	无

大洋湾生态保护与治理综合评价得分为98分，达到优秀标准。

1. 现状条件

该指标满分10分，大洋湾生态旅游景区得分为10分。

大洋湾生态旅游景区规划范围边界清晰，规划面积明确，具有完善的分区和景点设施，以及明确的定位和发展目标。

盐城市人民政府通过成立专项服务小组、安排专人对接等方式，全力服务景区项目，确保景区建设过程中的土地征用、挂牌出让、方案审批、工程许可等问题的及时解决。土地的所有权、使用权及管理权权属关系明确，为景区的保护、管理工作的开展提供了有力的保障。这种明确的权属关系不仅确保了景区建设的合法性和稳定性，还有助于提升景区的管理水平和服务质量，促进景区的可持续发展。

2. 保障能力建设

该指标满分 15 分，大洋湾生态旅游景区得分为 13 分。

燕舞集团具体负责景区的整体规划、建设、管理等工作。景区在规划、管理和规章制度体系的建设上采取了全面而细致的措施，通过编制、出台景区总体规划等文件，制定完善涵盖旅游开发、生态保护、资源利用、设施维护、安全管理等方面的规章制度体系，确保景区各项工作有序进行。景区搭建了旅游综合执法平台，设立了旅游综合执法大厅，由相关部门派驻执法人员，开展旅游市场的执法监督、投诉受理等工作，确保各项规章制度的落实。景区还建立了督查考核机制，定期对各部门的工作进行督查考核，确保各项工作按照规章制度进行，为景区的可持续发展提供了坚实的保障。

景区在管理人员和技术人员配备上，展现出了高度的专业性和适配性，具有与景区管理业务相适应的大专及以上学历或同等学力的管理人员 253 人，占比达到 52%以上，管理团队具备较高的文化素养和丰富的专业知识，能够满足景区管理的各项需求。管理人员多具备旅游管理、市场营销、环境科学等相关专业背景，能够更好地理解和应对景区管理中的各种问题和挑战。景区具有高级技术人员 8 人，基本能够保障景区的运营。高级技术人员多具备水电、设施维护、生态保护等方面的专业知识和技能，在景区的基础设施建设、环境保护、资源利用等方面发挥着重要作用。整体来看，景区管理人员结构与景区管理业务需求还略有差距，高级技术人员数量偏少，在一定程度上影响了运营效率和服务质量。

2023 年，大洋湾生态旅游景区在管理运行、管护设施建设与维护、保护管理等方面的费用安排和使用情况，均显示出了其对于管理需求的充分满足以及资金使用的合理性。在管理运行方面，投入资金 7600 万元，主要用于人员工资发放、日常运营费用与市场营销费用支出等；在管护设施建设与维护方面，投入资金 4300 万元，主要用于景区内各项设施的维护、更新和升级，以确保游客能够享受到安全、舒适、便捷的旅游体验；在保护管理方面，投入资金 3700 万元，主要用于景区的生态保护、环境维护、资源管理等方面。这些资金的投入，有效地保护了景区独特的生态环境，为游客提供了一个优美的旅游环境。景区在资金使用上表现出了高度的合理性。景区严格按照预算计划进行资金的使用和管理，确保每一笔资金都能够得到合理的利用。同时，景区还建立了完善的财务管理制度，对资金的收支进行严格的监督和审计，以确保资金使用的透明度和合规性。

3. 服务设施和基础设施

该指标满分 10 分，大洋湾生态旅游景区得分为 9 分。

大洋湾生态旅游景区在游客中心以及休闲、游览、接待等设施建设方面，通过精心规划和投入，充分满足了景区各项服务功能要求，为游客提供了优质的旅游体验。游客中心作为景区的重要服务窗口，为游客提供了全面的旅游信息和咨询服务。景区内设有导览图、景区介绍、活动日程等展示区域，方便游客了解景区整体情况和各项服务内容。同时，游客中心还配备了专业的服务人员 10 人，为游客提供咨询、投诉处理等服务，提升游客的游览体验。景区内建设了丰富的休闲设施，包括公共洗手间、座椅、观景点等，不仅满足了游客的基本需求，而且为游客提供了充足的休息和放松空间。景区内设有完善的游览设施，包括步道、桥梁、观景台等，方便游客游览和观赏景区内的自然风光和人文景观。这些游览设施在设计和建设时充分考虑了游客的安全和舒适度，确保游客在游览过程中能够获得愉悦的体验。景区内有多家高品质的酒店等，如大洋湾希尔顿逸林酒店、大洋湾颐和湖畔酒店、顾公馆、唐风精舍等，为游客提供了优质的住宿服务。这些接待设施满足了游客的不同需求。

在保护管理设施建设方面，景区的道路设施规划合理，既考虑了游客的游览需求，又促进了景区内生态环境的保护。例如，在新城配套道路及沿河景观方案的设计中，景区充分考虑了道路与周边环境的和谐统一。道路施工严格按照工程质量标准，保证了道路的平整度和通行能力。景区给排水规划合理，能够满足游客和景区的需求。在给排水规划设计时，充分考虑了景区的地形和气候条件，采用了合理的排水方式和处理工艺；给排水设施建设符合环保要求，能够有效地处理污水和雨水，避免了对环境的污染。同时，景区内的厕所等设施也采用了先进的节水技术，避免了水资源的浪费。景区在环保设施规划方面予以高度重视，通过建设生态厕所、垃圾分类处理站等设施，实现了对景区内垃圾和污水的有效处理。设施建设符合环保要求，能够有效地减少污染物的排放，保护景区的生态环境。此外，景区还积极开展环保宣传教育活动，增强了游客的环保意识。景区供电设施规划合理，能够满足景区和游客的用电需求。在供电设施规划中，充分考虑了景区的用电负荷和用电安全等因素，供电设施建设符合相关标准和规范，确保了用电的安全和稳定。例如，在孔园新增用电工程招标中，明确要求供电设施的质量要合格，并确保一次性通过供电部门的验收。景区路标设施规划清晰明了，能够为游客提供准确的导向服务。在路标设施规划中，充分考虑了游客的游览需求和景区的地形特点。路标设施建设符合相关标准和规范，确保了游客能够迅速找到目的地。同时，景区会对路标设施进行维护和更新，基本确保了路标信息的准确性和时效性。景区消防设施规划完善，能够有效地应对火灾等突发事件。在消防设施规划中，充分考虑了景区的火灾风险和消防设施的配置需求。消防设施建设符合相关标准和规范，确保了消防设施的可靠性和有效性。同时，景区还定期对消防设施进行检查和维护，确保了消防设施在紧急情况下能够正常运行。但整体来说，景区路标设施的维护和更新存在不及时的情况。

4. 生态保护能力建设

该指标满分 20 分，大洋湾生态旅游景区得分为 20 分。

大洋湾生态旅游景区在自然生态系统的保护方面取得了显著成效，保持了自然生态系统的完整性和原真性。同时，通过实施一系列的措施和项目，自然生态系统的服务功能也得到了提升。景区位于江苏省盐城市亭湖区南洋镇，其周边原始生态保护完好，被誉为“世外桃源”。景区依托“W”形水域空间，在保护原有生态的基础上进行了合理的景观规划和项目建设。景区规划总面积达 16.53 平方公里，管理者通过科学规划和管理，避免了游客流量过于集中，有效减轻了生态系统的压力。景区内建立了专门的环境监测体系，定期监测环境指标，及时发现并应对潜在的环境问题。景区在保护原有生态的基础上，通过植被恢复、野生动物保护等措施，加强了生态系统的修复和保护工作。景区内植物种类丰富，草木葱茏，绿意盎然，为游客提供了优质的环境。景区还依托大洋湾优美的自然环境，融合地方传统文化，围绕“水、绿、古、文、秀”五大元素，进行了多元化的功能开发。景区内的唐渎里美食街、登瀛阁、水上乐园等设施均已建成并投入运营，为游客提供了丰富的旅游体验。景区还与国家体育总局、中央电视台联合建设运动基地，为游客提供返璞归真的生活休闲区，进一步提升了生态系统的服务功能。

大洋湾生态旅游景区在生物多样性保护方面表现出色。景区湿地总面积达 3000 多亩，拥有中国东部地区较大的湿地生态保护区。景区内拥有广阔的湿地草甸、湿地森林、湿地沼泽等，为各种生物提供了良好的栖息地。湿地草甸上生长着茂密的芦苇和蒲草，成为众多候鸟的栖息地。每年秋季，成千上万只候鸟从北方飞来，在这里停歇、觅食，形成了壮观的候鸟迁徙景观。景区还是许多水生动植物的乐园，游客可以在这里近距离观赏到许多珍稀的湿地生物。景区通过科学的管理和监测，确保了物种种群数量的稳定，没有因为游客活动或人为干扰而导致物种数量的急剧减少。景区高度重视生态保护工作，建立了完善的外来物种管理制度。严格控制外来物种的引入，确保不会引入有害的外来物种，对当地生态系统造成破坏。同时，景区还定期进行生物调查和监测，及时发现并处理潜在的外来有害物种入侵问题。

大洋湾生态旅游景区在水、土、气等治理方面取得了显著的成效。主体水质达到国家Ⅲ类标准，这意味着景区内的水体质量良好，适宜进行多种水上活动。景区通过科学的水生态修复和水质管理技术，有效地去除了水中的污染物质，提高了水体的清澈度和透明度。景区注重土壤质量的保护，通过科学的土壤管理措施，避免了土壤污染和退化。景区还开展了生态修复工作，对受损的土壤进行修复和改良，提高了土壤的肥力。景区建立了空气质量监测系统，对空气质量进行实时监测和评估，严格控制污染源的排放，确保空气质量达到优良水平。通过绿化、减少工业排放等措施，有效地减少了空气污染。景区的水岸保持自然状态，没有进行过度的人工干预和改造，这有助于维护水岸的生态平衡和景观多样性。景区内的湿地、草地、森林等自

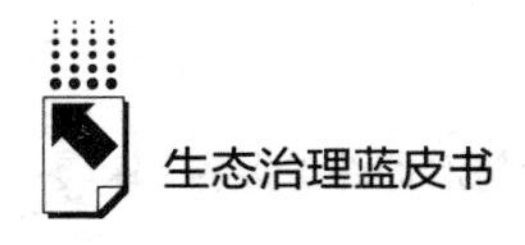

然景观得到了良好的保护，为游客提供了优美的旅游环境和丰富的生态体验。

景区内有盐渎古镇、唐渎里、金丝楠木四合院、登瀛阁等众多具有历史和文化价值的人文景观。为了保护和传承这些宝贵的文化遗产，景区管理部门制定严格的保护政策，明确保护范围和保护措施，注重加强日常维护和监管，及时发现并修复受损的文化遗产，并与高校、科研院所等相关研究机构合作，对文化遗产进行深入研究，挖掘其背后的历史和文化内涵。景区拥有丰富的非物质文化遗产，如传统制盐工艺、民间艺术、节庆习俗等，景区利用古宅、古建筑设立文化展示区，展示传统制盐过程和成品，让游客亲身体验和了解这些传统技艺；举办各种文化活动，如民俗表演、沉浸式演出《盐渎往事》、手工艺比赛等，让游客感受传统文化的魅力；与当地社区合作，推动非物质文化的传承和发展，让更多的人了解和参与到传统文化的保护和传承中。在宣传人文景观及非物质文化方面，利用社交媒体、旅游网站等线上平台，发布丰富的旅游信息，吸引更多游客的关注；与旅游机构合作，推出特色旅游线路和文化旅游产品，提升景区的知名度和美誉度；举办樱花节、龙舟赛等线下活动，吸引游客前来体验和参与，增强游客对景区的认同感和归属感。这些措施不仅提升了景区的文化价值和旅游吸引力，也为当地经济发展和文化传承作出了积极贡献。

5. 生态治理能力建设

该指标满分 20 分，大洋湾生态旅游景区得分为 18 分。

大洋湾生态旅游景区在监测站点布局、警示标识设置、管护设施建设以及开展调查监测方面所展现出的专业素养为景区的保护和管理提供了强有力的支持。景区的监测站点布局经过精心规划，能够覆盖景区的各个关键区域和生态敏感点。这样的布局不仅有助于相关人员实时掌握景区的生态状况，还有助于及时发现和应对可能出现的问题，确保景区生态安全。景区内设置了众多醒目的警示标识，有助于提醒每一位游客在享受自然美景的同时，不忘关注生态保护的重要性，并时刻注意个人安全，共同营造一个和谐、安全的游览环境。这些标识设计醒目、内容明确，有效提升了游客的环保意识和自我保护意识，减少了因游客行为不当而对景区生态造成的破坏。景区的巡逻道路、防火设施、救援设备等管护设施完备，不仅满足了景区日常管理的需要，还能够在紧急情况下发挥重要作用，确保游客的安全。同时，景区还注重设施的维护保养，确保其始终处于良好状态，为游客提供安全、舒适的游览环境。景区定期开展调查监测工作，对景区内的生态资源、环境质量、游客行为等进行全面、系统的监测和分析。景区还建立了较完备的技术档案，对监测数据进行整理、分析和保存，为景区保护和管理提供科学依据。这些调查监测结果不仅有助于景区全面掌握资源本底情况，还能为制定针对性的保护措施提供有力支持。通过对监测数据的分析，景区管理部门能够及时发现和解决生态问题，制定更加科学合理的保护措施。监测数据还能为景区规划、开发和利用提供决策支持，确保景区在保护中得到发展，在发展中得到保护。但是从开发建设中的景点来看，检测设施尚未实现全覆盖。

大洋湾生态旅游景区在科普宣教方面展现出了高度的专业性和创新性。景区的科普宣教内容涵盖了湿地生态、生物多样性、盐文化等多个方面，既有专业的生态学知识，也有与游客日常生活紧密相关的环保理念。宣教材料包括宣传册、展板、多媒体互动设备等，这些材料不仅形式多样，而且内容生动有趣，易于游客接受和理解。景区的展示体系包括了多个展示区域和展示点，如湿地科普展示馆，展示了湿地生态系统的构成、功能和价值等方面的知识，馆内采用了多媒体互动设备，让游客在互动中了解湿地生态知识。盐渎古镇作为大洋湾生态旅游景区的重要组成部分，展示了盐城地区的盐文化和历史变迁；古镇内保存了多栋徽派古民居和四合院等历史建筑，为游客提供了直观的历史文化体验。这些展示区域和展示点以生动的形式展示了景区的自然风光和历史文化，让游客在游览的同时也能学习到相关知识。景区建立了科学的解说系统，包括专业的解说员队伍和语音导览设备。解说员队伍具备丰富的专业知识和良好的解说能力，能够为游客提供详尽、生动的解说服务。语音导览设备则提供了多种语言的导览服务，能够满足不同游客的需求，但同时也存在线上宣教与展示还不够充分、网站信息量少等问题。

景区在规划和管理过程中始终将生态环境保护放在首位，通过限制游客数量、设立保护区、加强环境监测等措施，有效保护景区的自然生态和文化遗产。充分考虑生态功能的发挥，通过科学规划和合理布局，将生态保护与旅游开发相结合，实现生态资源的有效利用。景区设置了生态观光区、野生动物保护区等，让游客在欣赏美景的同时，也能了解和学习生态知识，增强环保意识。景区注重经济功能的发挥，通过创新旅游产品、提升服务质量、加强市场营销等措施，吸引大量游客前来参观游览，带动盐城旅游业的快速发展。景区还注重与周边社区的合作与共赢，通过提供就业机会、促进地方经济发展等方式，实现经济效益和社会效益的双赢。

6. 经济社会成效

该指标满分 15 分，大洋湾生态旅游景区得分为 13 分。

大洋湾生态旅游景区依托自身丰富的自然资源和独特的生态环境，开展了多种形式的生态旅游活动。①沙滩活动：如沙滩排球比赛、冲浪教学等，让游客在享受海滩乐趣的同时，增强环保意识。②水上活动：如帆船观光、水上摩托、龙舟比赛等，让游客在参与活动的同时，可以欣赏到大洋湾的美景，感受海风的清凉。③沙滩清洁活动：组织游客参与沙滩清洁，共同保护大洋湾的生态环境。④植树造林活动：恢复植被，改善生态环境，提高游客对环保的认识。⑤环保讲座：定期举办环保讲座，增强游客的环保理念，强调大洋湾生态保护的重要性。景区还结合当地的文化资源，开展了一系列文化体验活动，如盐渎古镇游览，游客可以了解古代建筑的风貌和韵味，体验古代盐文化的魅力。民俗文化表演，如非遗打铁花、水幕秀、沉浸式演出、唐装表演等，让游客在欣赏美景的同时，感受传统文化的魅力。景区通过以上措施，实现了人口、资源与环境相协调的绿色发展。

经济收入明显提升。大洋湾生态旅游景区作为盐城市的明星景点，在推动当地经济社会发展方面的作用显著。景区为游客提供了丰富的旅游资源和活动空间，不仅有美丽的自然风光，还有丰富的文化体验项目，如唐代特色建筑景观、明清古建筑群、古装演艺等，满足了不同游客的需求。景区通过精心策划的营销活动，不断提升品牌影响力。随着品牌影响力的提升，景区的名气在长三角乃至全国范围内都大幅提升，成为游客心目中的热门旅游目的地。景区还通过举办各类特色活动，如樱花节、国际马拉松等，进一步提高知名度和吸引力。近年来，景区的游客数量持续增长。在 2023 年国际樱花月活动期间，景区仅三月份就接待游客近 70 万人次，单日入园游客量突破 8 万。随着景区知名度的提高和游客满意度的提升，未来游客数量将继续保持增长态势。大量游客的到来为景区带来了丰厚的经济收益，同时也带动了周边餐饮、住宿等相关产业的发展，而且乡村旅游人数和收入也实现了快速增长。

为进一步推动社会组织、企业和个人积极参与到景区生态保护和宣传教育等过程中，景区不断加大生态保护与治理的政策宣传和推广力度，提高了公众对政策的知晓程度。景区建立了完善的志愿服务体系，2023 年，景区共有志愿者队伍 2 支，志愿者 171 人，举办志愿者培训 7 次，开展生态环保志愿服务 15 次；景区加强与社区、学校的合作，共同开展环保教育和宣传活动 20 次，进一步增强了公众的环保意识；景区建立激励机制和奖励制度，对在生态保护和管理中作出突出贡献的组织和个人给予表彰和奖励，2023 年度共有 15 名个人受到表彰，激发了员工的积极性和创造力。但志愿者队伍、人数及活动次数相对较少。

7. 坚持和加强党的领导

该指标满分 10 分，大洋湾生态旅游景区得分为 10 分。

健全的基层组织是确保景区各项工作有序开展的基础。大洋湾生态旅游景区通过完善基层组织建设，确保了各项政策、措施能够得到有效执行，同时也为景区的长期发展奠定了坚实基础。中共盐城大洋湾组团开发有限公司（大洋湾生态旅游景区）支部委员会共有党员 25 名，景区党支部突出党对基层生态保护与治理的领导核心作用，强化基层党组织的领导构架，努力发挥基层党组织的政治和组织作用。景区重视基层党组织和党员的凝聚力与灵魂塑造，深入学习习近平新时代中国特色社会主义思想，深化党的先进理论教育，加强党的政治建设，增强基层党组织的政治敏锐性和领导能力，提升基层干部的政治判断力、领悟力和执行力。领导班子的担当精神是促进景区发展的关键。在大洋湾生态旅游景区，党支部及班子成员以身作则，积极引领景区员工参与到生态文明建设中，共同为美丽中国贡献力量。制定生态文明建设责任清单是确保生态文明建设取得实效的重要举措。大洋湾生态旅游景区通过明确各项任务和责任，形成了责任到人、任务到岗、分工负责、齐抓共管的工作机制，使得每个部门和员工都明确了自己的职责和任务，积极与其他部门和员工协作配合，共同推动景区生态文明建设取得新成效。

景区注重学习宣传和制度创新。组织员工深入学习习近平生态文明思想的内涵和精神实质，确保每一位员工都能理解和贯彻这一重要思想。同时，景区还积极创新宣传方式，利用多种渠道和平台，向广大游客传播生态文明理念，倡导绿色生活方式。在实践推广方面，景区积极开展各类生态文明实践活动。例如，组织环保主题的志愿服务活动，邀请专家学者举办生态文明讲座，与学校和社区合作开展生态文明教育项目。这些活动不仅让游客亲身体验到生态文明的魅力，也激发了他们对生态环境保护的热情。在全国生态日和湿地日等重要时间节点，景区策划举办生态保护主题的展览、研讨会、论坛等一系列丰富多彩的宣传活动，通过这些活动进一步普及生态文明知识，提升公众的环保意识。通过以上措施，景区成功地推动了习近平生态文明思想的学习和践行，为构建人与自然和谐共生的现代化作出了积极贡献。

景区高度重视生态保护与治理工作。为了确保各项环保措施得到有效执行，提升景区生态环境质量，景区建立了生态保护与治理成效考核机制，旨在通过定期评估景区在生态保护与治理方面的成果，为领导干部的考核评价提供科学依据。

考核内容主要包括景区在生态环境保护、污染治理、资源节约利用、生物多样性保护等方面所取得的成效，具体指标包括空气质量、水质状况、绿化覆盖率、垃圾分类处理率等。考核采用定量与定性相结合的方式，通过实地检查、数据对比、问卷调查等多种手段进行。同时，景区还邀请省内和驻地高校相关领域的专家学者参与考核工作，确保考核结果的客观性和公正性。

考核结果是对景区各级领导干部进行综合考核评价的重要依据。对于在生态保护与治理方面表现突出的领导干部，给予相应的表彰和奖励；对于表现不佳的领导干部，则进行约谈、督促整改等。考核结果还是景区领导干部奖惩任免的重要参考。对于在考核中表现优秀、业绩突出的领导干部，优先考虑晋升和重用；考核不合格的领导干部，则会受到降职、免职等处理。实施生态保护与治理成效考核机制，提升了领导干部对生态文明建设的责任感，推动了各项环保措施的有效执行，促进了景区生态环境的持续改善，提高了游客的满意度，为景区可持续发展奠定了坚实基础，提升了景区的综合竞争力和影响力。

大洋湾生态旅游景区始终坚持依法履责、依法治理的原则，将法治理念贯穿于景区管理的全过程。景区管理部门严格遵守国家及地方相关法律法规，确保各项管理措施有法可依、有章可循。景区建立健全了综合执法机制，加强了与公安、环保、林业等相关部门的协调配合，形成了既分工又合作的工作机制。景区管理部门通过强化综合统筹协调能力，更好地履行了旅游资源整合与开发、旅游规划与产业促进、旅游监督管理与综合执法等职责，确保了景区管理的科学性和有效性。景区联合公安、环保等部门开展定期或不定期的执法检查，对景区内的违法行为进行严肃查处，有效保护了景区的生态环境。景区设立了对破坏自然生态问题的举报机制，鼓励游客和景区员工积极举报违法行为。对于举报属实的，景区给予一定的奖励。对于破坏自然生态的行为，景区管理部门联合有关部门将依法进行严肃查处。例如，对于乱扔垃圾、乱砍滥伐等行为，将按照相关规定对相关人员进行处罚，并责令其限期整改。此外，景区还将通过媒体等渠道对违规行为进行公开曝光，形成强大的舆论压力，督促违规者及时改正。

8. 附加指标

该指标满分 5 分，大洋湾生态旅游景区得分为 5 分。

大洋湾生态旅游景区在生态保护与治理方面表现突出，充分体现了景区对自然环境的尊重与爱护，有力促进了景区的可持续发展。

生态保护优先的设计理念。大洋湾生态旅游景区在规划和建设中始终坚持生态保护优先的设计理念。通过湿地保护、栖息地营造、湿地植物配置、

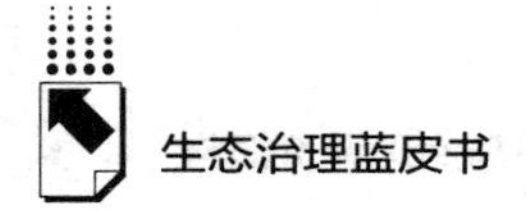

特色景观构建等措施，实现湿地资源保护与城市湿地公园功能的有机融合。

保护生物多样性。大洋湾生态旅游景区内拥有独特的湿地风景，依托自然地理特色，形成了爽适宜人的生态环境。通过建立保护措施，确保了重要生态系统和生物多样性的安全。

发展生态旅游。景区自 2015 年起举办樱花节，吸引了数十万人走进樱花园，打造了一张生态名片。景区推广生态旅游，为游客提供集特色餐饮、娱乐、购物于一体的配套服务场所，同时注重增强游客的环保意识，共同保护生态环境。

绿色产业的开发。大洋湾生态旅游景区致力于打造国内一流水上乐园，以“盐文化”为切入点，以“水上大冒险”为主线索，通过精心设计的水上游乐项目，打造了一个跨领域、全时段、无缝隙的水上玩乐综合体。景区还积极推广清洁能源和绿色交通，降低能源消耗和碳排放，减少对环境的负面影响。

（二）进一步加强大洋湾生态旅游景区生态保护与治理的建议

为确保大洋湾生态旅游景区生态环境持续改善，生物多样性得到有效保护，推动绿色产业发展，实现经济、社会和环境的可持续发展，对大洋湾生态旅游景区生态保护与治理提出如下建议。

生态保护与修复方面。一是加大人才引进力度。引进更多符合景区需求的管理人才和专业技术人员，尤其是高级技术人员。二是强化生态保护红线管理。使用 GIS（地理信息系统）技术，精确划定生态保护红线，确保红线区域覆盖关键生态系统和生物多样性保护区域；在红线区域设立固定和移动监测站点，运用遥感、无人机等技术手段进行实时监控，确保无违规开发活动；联合政府相关部门加大执法力度，对红线区域内的违规行为进行严厉打击，并对违规者进行公开曝光和罚款。三是实施生态系统修复工程。根据生态系统受损情况，制订详细的修复计划，引入专业团队和科研机构，运用补种、移植、恢复自然过程等方法进行修复，确保修复措施的科学性和有效性；设立修复工程的监测站点，每季度对修复效果进行评估，并根据评估结果调整修复措施。四是加强生物多样性保护。设立生物多样性监测站点，每月对关键物种进行观测和统计，了解其种群动态和生态习性；建立珍稀物种保护档案和繁育基地，进行繁育和放归试验，提高物种存活率；开展公众教育活动，如举办讲座、展览等，提高公众对生物多样性保护的认识和参与度。

绿色产业发展方面。制定生态旅游发展规划，进一步明确生态旅游的目标和定位，如打造“大洋湾生态游”品牌；规划和设计生态旅游线路和产品，如观鸟、徒步、摄影等，满足不同游客的需求；推广生态旅游认证体系，打造更多符合生态标准的旅游项目。

污染防治方面。一是加强工业污染防治。积极与政府相关部门沟通协调，推动区域内工业企业落实排污许可制度，严格控制工业废水、废气和固体废弃物的排放；推动企业推广清洁生产技术，采用环保材料和工艺，减少污染物产生；建立工业污染源监测和监管系统，对超标排放行为进行实时报警。二是农业污染治理。协助政府部门推广科学施肥和合理用药技术，减少农药和化肥的使用量，减少农业面源污染；建立农业废弃物资源化利用体系，如堆肥处理、沼气发电等，提高农业废弃物的综合利用率；加大农村环境整治力度，改善农村人居环境，减少农村污染对海洋环境的影响。

国际合作与交流方面。与国际组织建立合作关系，共同研究制定景区生态保护与治理的策略和措施；引进国际先进的生态保护技术和经验，提升生态保护与治理的水平；参与国际环保项目和会议，分享生态保护与治理的经验和成果。

监管宣教方面。建立完善的监管机制，包括日常巡查、定期检查、随机抽查、严格考核等；制定和完善生态保护与治理相关的制度体系，为生态保护与治理提供制度保障和支持；增加宣教频次，完善网络信息，增加志愿者数量、加大志愿者培训力度，加强法律法规的宣传和教育，进一步增强公众的法律意识和环保意识。

参考文献

[1] 习近平:《开创我国高质量发展新局面》,《求是》2024 年第 12 期。

[2] 习近平:《发展新质生产力是推动高质量发展的内在要求和重要着力点》,《求是》2024 年第 11 期。

[3] 佘佳鑫:《中华传统生态文化的传承与发展研究》,武汉理工大学,硕士学位论文,2022。

[4] 蔡福键:《体育公园文化生态环境系统指标体系构建及应用》,温州大学,硕士学位论文,2022。

[5] 楚国帅:《我国文化生态保护区建设的理论与实践研究》,山东师范大学,博士学位论文,2022。

[6]《中共中央办公厅国务院办公厅印发〈生态文明建设目标评价考核办法〉》,中华人民共和国中央人民政府网站,2016 年 12 月 22 日,https://www.gov.cn/zhengce/2016-12/22/content_5151555.htm。

[7]《关于印发〈绿色发展指标体系〉〈生态文明建设考核目标体系〉的通知》,中华人民共和国国家发展和改革委员会网站,2016 年 12 月 22 日,https://www.ndrc.gov.cn/fggz/hjyzy/stwmjs/201612/t20161222_1161174.html。

[8]《中共中央 国务院关于全面推进美丽中国建设的意见》,《人民日报》2024 年 1 月 12 日。

[9] 王广华:《学习运用习近平生态文明思想“厦门实践”经验推动国土空间生态保护修复工作迈上新台阶》,《求是》2024 年第 11 期。

综 合 篇

B.3
中国积极引领全球生态治理，为全球生态治理作出更大贡献

蔡金霖*

摘　要： 本文首先对中国引领全球生态治理的表现进行了梳理，比如，中国坚定不移走生态优先、绿色发展之路，前瞻谋划和深度参与全球科技治理，为全球气候治理新体系建设作出重要贡献。其次，对中国在可再生能源、绿色发展、生物多样性保护、绿色低碳产品供应等诸多方面对全球生态治理作出的贡献进行了梳理。最后，对中国加强生态治理国际合作，助力全球生态文明建设的做法进行了概述。

关键词： 生态文明建设　全球生态治理　国际合作

* 蔡金霖，21 世纪马克思主义研究院经济社会文化发展战略研究中心特邀研究员，主要研究方向为全球治理体系建设等。

一　中国积极引领全球生态治理的表现

（一）实现由全球环境治理参与者到引领者的重大转变

党的二十大报告明确提出，要“积极参与应对气候变化全球治理”①。2023 年 7 月，习近平总书记在全国生态环境保护大会上进一步阐述了生态文明建设及全球环境治理的重要性。他指出，“党的十八大以来，我们把生态文明建设作为关系中华民族永续发展的根本大计，开展了一系列开创性工作，决心之大、力度之大、成效之大前所未有，生态文明建设从理论到实践都发生了历史性、转折性、全局性变化，美丽中国建设迈出重大步伐。我们从解决突出生态环境问题入手，注重点面结合、标本兼治，实现由重点整治到系统治理的重大转变；坚持转变观念、压实责任，不断增强全党全国推进生态文明建设的自觉性主动性，实现由被动应对到主动作为的重大转变；紧跟时代、放眼世界，承担大国责任、展现大国担当，实现由全球环境治理参与者到引领者的重大转变；不断深化对生态文明建设规律的认识，形成新时代中国特色社会主义生态文明思想，实现由实践探索到科学理论指导的重大转变。经过顽强努力，我国天更蓝、地更绿、水更清，万里河山更加多姿多彩。新时代生态文明建设的成就举世瞩目，成为新时代党和国家事业取得历史性成就、发生历史性变革的显著标志”。②

（二）坚定不移走生态优先、绿色发展之路

2024 年 1 月 31 日，习近平总书记在主持召开第十一次中央政治局集体学

① 《习近平：高举中国特色社会主义伟大旗帜　为全面建设社会主义现代化国家而团结奋斗——在中国共产党第二十次全国代表大会上的报告》，求是网，2022 年 10 月 25 日，http：//www. qstheory. cn/yaowen/2022-10/25/c_ 1129079926. htm。

② 《习近平在全国生态环境保护大会上强调：全面推进美丽中国建设　加快推进人与自然和谐共生的现代化》，中华人民共和国中央人民政府网站，2023 年 7 月 18 日，https：//www. gov. cn/yaowen/liebiao/202307/content_ 6892793. htm。

习时强调，“绿色发展是高质量发展的底色，新质生产力本身就是绿色生产力。我们必须加快发展方式绿色转型，助力碳达峰碳中和。要牢固树立和践行绿水青山就是金山银山的理念，坚定不移走生态优先、绿色发展之路。加快绿色科技创新和先进绿色技术推广应用，做强绿色制造业，发展绿色服务业，壮大绿色能源产业，发展绿色低碳产业和供应链，构建绿色低碳循环经济体系。持续优化支持绿色低碳发展的经济政策工具箱，发挥绿色金融的牵引作用，打造高效生态绿色产业集群。同时，在全社会大力倡导绿色健康生活方式”①。

（三）前瞻谋划和深度参与全球科技治理

中央全面深化改革委员会第五次会议强调要深度参与全球科技治理。2024 年 6 月 11 日，习近平总书记主持召开中央全面深化改革委员会第五次会议，会议指出，建设具有全球竞争力的科技创新开放环境，要坚持“走出去”和“引进来”相结合，扩大国际科技交流合作，努力构建合作共赢的伙伴关系，前瞻谋划和深度参与全球科技治理。要加强国际化科研环境建设，瞄准科研人员的现实关切，着力解决突出问题，确保人才引进来、留得住、用得好。要不断健全科技安全制度和风险防范机制，在开放环境中筑牢安全底线。

要积极融入全球创新网络。2024 年 6 月 24 日，习近平总书记在全国科技大会、国家科学技术奖励大会、两院院士大会上的讲话指出，“要深入践行构建人类命运共同体理念，推动科技开放合作”，“要深入践行国际科技合作倡议，拓宽政府和民间交流合作渠道，发挥共建‘一带一路’等平台作用，牵头组织好国际大科学计划和大科学工程，支持各国科研人员联合攻关。要积极融入全球创新网络，深度参与全球科技治理，同世界各国携手打造开放、公平、公正、非歧视的国际科技发展环境，共同应对气候变化、粮食安全、能源安全等全球性挑战，让科技更好造福人类”。②

---

① 习近平：《发展新质生产力是推动高质量发展的内在要求和重要着力点》，《求是》2024 年第 11 期。

② 《习近平：在全国科技大会、国家科学技术奖励大会、两院院士大会上的讲话》，中华人民共和国中央人民政府网站，2024 年 6 月 24 日，https：//www. gov. cn/yaowen/liebiao/202406/content_ 6959120. htm。

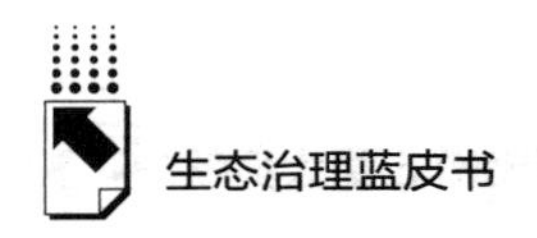

（四）为全球气候治理新体系建设作出新贡献

2020 年 12 月 12 日，习近平主席在气候雄心峰会上发表题为《继往开来，开启全球应对气候变化新征程》的重要讲话，并提出 3 点倡议。第一，团结一心，开创合作共赢的气候治理新局面。在气候变化挑战面前，人类命运与共，单边主义没有出路。我们只有坚持多边主义，讲团结、促合作，才能互利共赢，福泽各国人民。中方欢迎各国支持《巴黎协定》、为应对气候变化作出更大贡献。第二，提振雄心，形成各尽所能的气候治理新体系。各国应该遵循共同但有区别的责任原则，根据国情和能力，最大程度强化行动。同时，发达国家要切实加大向发展中国家提供资金、技术、能力建设支持。第三，增强信心，坚持绿色复苏的气候治理新思路。绿水青山就是金山银山。要大力倡导绿色低碳的生产生活方式，从绿色发展中寻找发展的机遇和动力。中国为达成应对气候变化《巴黎协定》作出重要贡献，也是落实《巴黎协定》的积极践行者。①

（五）成为全球生态文明建设的重要参与者、贡献者、引领者

2024 年 6 月 18 日，在比利时布鲁塞尔，中共中央政治局常委、国务院副总理丁薛祥与欧盟委员会执行副主席谢夫乔维奇成功举行了第五次中欧环境与气候高层对话。会议期间，丁薛祥副总理深入阐述了中方在绿色转型及气候变化领域的立场与愿景，具体内容包括以下几方面。首先，近年来习近平主席与欧盟领导人多次会晤，双方就深化中欧绿色转型合作达成了很多共识。中国始终将欧洲视为全球多极格局中的重要一极，视欧盟为中国特色大国外交的重要方向及实现中国式现代化不可或缺的伙伴。中欧双方应携手努力，切实落实中欧领导人达成的共识，促进绿色转型合作取得更为丰硕的成果，从而进一步巩固中欧关系稳定与积极向好发展的态势。其次，中国

---

① 《习近平在气候雄心峰会上发表重要讲话》，新华网，2020 年 12 月 12 日，http：//www. xinhuanet. com/politics/leaders/2020-12/12/c_ 1126853600. htm。

坚定不移地推进实施应对气候变化的国家战略，绿色低碳发展的成就显著，已成为全球生态文明建设的重要参与者、贡献者和引领者。中国已明确宣布将力争在2030年前实现碳达峰、2060年前实现碳中和的目标，将此目标纳入国家生态文明建设的总体框架和经济社会发展的全局战略之中，并通过实施一系列具体而务实的措施，确保目标的如期实现。值得注意的是，“双碳”目标的提出源自中国自身的责任与担当，而非外部压力。最后，中欧双方在绿色转型领域仍存在广泛的共同利益和巨大的合作潜力。中欧双方应充分发挥高层对话机制的作用，秉持求同存异、相向而行的原则，保持环境与气候合作的积极势头，不断深化中欧绿色伙伴关系的内涵。同时，双方应深入挖掘在绿色能源、绿色低碳技术、塑料污染控制、化学品环境管理等关键领域的合作潜力，加强沟通学习与借鉴。此外，在多边进程中凝聚合作共识非常重要，中欧双方应继续携手，践行真正的多边主义，共建地球生命共同体。谢夫乔维奇对中方在推动绿色低碳发展方面所采取的积极措施和取得的显著成效表示高度赞赏，同时提出欧盟愿与中方进一步深化在应对气候变化、保护生态环境等领域的合作，共同推动《联合国气候变化框架公约》第二十九次缔约方大会取得新的成果，为全球环境和气候治理贡献力量。

二　中国为全球生态治理作出的重要贡献

（一）丰富了全球生态治理的内涵

2024年6月，《宇宙的旅程》纪录片放映与评介活动在北京大学百周年纪念讲堂举行。活动期间，美国儒学家、耶鲁大学林业与环境研究学院教授玛丽·塔克（Mary Evelyn Tucker）以及与会嘉宾就中国的“双碳”承诺、绿色生活方式、人与自然生命共同体等话题，展开了探讨。玛丽·塔克认为，“儒家思想学说具有丰富的生态敏感性价值，儒家思想告诉我们人类不可能独善其身，因为我们与社会、家庭、自然是紧密相连的”。玛丽·塔克指出，儒家思想中天人合一的宇宙观，将人与自然纳入统一的有机整体，确立了人与自然和谐共生的基本原则。这是儒家思想对世界生态哲学思想的伟大贡献之一。当谈及中国当下为生态文明建设所做的努力时，玛丽·塔克表示，中国力争在2060年之前实现碳中和的目标，非常重要。鉴于中国在推动化石能源消费减量替代方面走在世界前列，中国“双碳”目标的提出，将为其他国家树立榜样。2018年3月11日，十三届全国人民代表大会第一次会议通过《中华人民共和国宪法修正案》，生态文明被写入宪法。谈及这一举措，玛丽·塔克表示，将生态文明写入宪法，意味着中国的生态文明建设拥有了法律和实践层面的双重意义。在访谈中，美国耶鲁大学高级研究员约翰·格瑞姆（John Grim）指出，中国提出的人与自然生命共同体也是一项重要的倡议，因为这一倡议的提出，意味着一种责任，这种责任会让实现碳中和等一系列目标变得更有意义，并可能会对西方国家产生影响。

（二）可再生能源发展为全球气候变化作出贡献

根据“全球能源监测”（Global Energy Monitor）2024年7月发布的报告，中国在大型公用事业领域的太阳能与风电项目建设中展现出强劲势头，其合计在建装机容量已高达339吉瓦，其中太阳能项目占据了180吉瓦的份额，而风电项目则贡献了159吉瓦。值得注意的是，这一总装机容量已是全球其他所有国家同类型项目装机容量总和的两倍之多，显著超越了位居第二的美国，美国这一数值仅为40吉瓦。

若所有规划于2024年底前并网的大型公用事业级太阳能与风电项目均能顺利实现其建设目标，中国将有望提前六年达成目标——到2030年，风电与太阳能发电总装机容量将超过12亿千瓦（1200吉瓦）。这一积极进展不仅是中国在可再生能源领域快速发展的体现，也为中国在2030年前实现碳达峰，并稳步完成在2060年之前实现碳中和的长远目标任务提供了可能。①

① 《我国风能和太阳能发电建设有多猛?》，光储焦点，2024年8月20日，https：//baijiahao.baidu.com/s?id=1807898855515603956&wfr=spider&for=pc。

（三）绿色发展为全球可持续发展贡献力量

2024 年 6 月 22 日，欧美同学会第三届国际智库论坛在浙江省湖州市隆重开幕，论坛以“中国式现代化：绿色生态与可持续发展”为主题。来自全球超过 10 个国家的 150 多位精英人才汇聚一堂，包括中外知名智库代表、资深专家学者及留学归国人才，他们围绕气候变化应对策略、碳中和目标实现等关键议题展开深入交流，共同探索全球生态文明建设的新路径与绿色发展的未来趋势。

第一，论坛强调构建一个公平且正义的全球减排责任体系。气候变化作为全球性挑战，要求各国必须携手合作，有效应对。全国人大常委会副委员长、欧美同学会会长丁仲礼在主旨演讲中指出，应对气候变化需理性审视“碳排放上限设定”“全球减排责任分担机制构建”“气候灾害国际救援体系完善”“碳关税、碳定价、碳补贴政策实施”等基础性议题，建立一个公平且正义的全球减排体系对于推动全球减排行动至关重要。各国应积极利用经济激励机制和市场手段促进碳减排，在制度设计上追求平衡与协调，以形成全球范围内的合力。

第二，论坛突出强调中国在全球绿色发展中的积极作用与贡献。论坛上，“一带一路”绿色发展国际研究院联合主席、联合国前副秘书长埃里克·索尔海姆表示，中国秉持“绿水青山就是金山银山”的发展理念，不仅为全球可再生能源领域的发展贡献了巨大力量，更为发展中国家提供了经济发展与绿色低碳转型的创新动力。亚洲基础设施投资银行首席经济学家埃里克·伯格洛夫也高度评价了中国在推动实现“双碳”目标过程中所展现出的坚定决心与大国担当，他指出，中国在降低碳排放方面的努力与成就前所未有，对全球应对气候变化具有深远影响。

此外，与会专家还指出，中国已与全球 100 多个国家和地区建立了绿色能源项目合作关系，为众多国家迈向绿色发展之路提供了有力支持。西湖大学云谷教授、挪威工程院院士杨涛特别强调，中国清洁能源技术的快速发展，特别是中国在电动汽车等领域所取得的显著成就，对全球应对气候变化具有重大意义。面对清洁能源领域的广阔发展空间，各国应拆除人为设置的合作壁垒，加强沟通与协作，共同推动全球能源体系的绿色转型，实现共赢发展。

（四）生物多样性保护为全球提供协作样本

云南省自然资源丰富，生物多样性居全国首位，被誉为“植物王国”与“动物王国”。2024 年 5 月 22 日，即第 24 个国际生物多样性日，《科技日报》的记者深入云南的西双版纳与大理，与三位在华工作的外籍专家进行了深入交流。他们不仅分享了自己对生物多样性的深刻认识，还高度认可了中国在生物多样性保护领域的努力与成就，并对全球携手推进生物多样性保护寄予厚望。他们的核心观点包括三个方面。一是生态与发展并重。爱尔兰籍植物生态学家唐力森在中国科学院西双版纳热带植物园工作，他详细阐述了生物多样性的三个维度，即物种多样性、功能多样性及生态系统服务，强调保护生物多样性对人类福祉的深远影响。定居于云南大理的美国旅行家兼作家布莱恩·林登，是中国生态文明发展的亲历者与见证者，自 1984 年起便与中国结缘。他强调，经济发展与生态保护如同车之两轮，鸟之双翼，二者平衡是实现可持续发展的关键。中国提出的绿色发展这一理念正是让人类能够在发展的同时，也守护好自然的家园。二是加强生态保护。随着中国国家公园体系建设的加速推进，包括三江源、大熊猫、东北虎豹、海南热带雨林、武夷山等在内的多个国家公园相继成立，为生态保护筑起了坚固的防线。中国科学院西双版纳热带植物园的西班牙籍首席研究员康木飒指出，西双版纳国家级自然保护区正积极争取升级为国家公园。他提到，西双版纳国家级自然保护区内亚洲象数量的显著增长，不仅为科学研究提供了宝贵资料，也彰显了中国在野生动物保护方面的坚定决心与卓越成效。康木飒还强调，中国不仅是亚洲象的安全港湾，还在“一带一路”倡议下，与周边国家共同推进跨境生态保护，树立了国际合作的新典范。三是加强国际合作。面对全球性的生物多样性挑战，国际合作显得尤为重要。唐力森倡议公众通过多种途径提升生态意识，并强调国际合作在生态保护中具有不可替代性。

他指出，生态系统无国界，任何一国的努力都需得到国际社会的共同支持与参与。在2024年国际生物多样性日“生物多样性，你我共参与”的主题下，中国正积极引领全球生物多样性保护的潮流，呼吁各国携手合作，共同守护地球这个人类唯一的家园。

（五）绿色低碳产品供应越来越多

中国科学院发布的《消费端碳排放研究报告（2024）》揭示了一个重要发展趋势：在中国，消费端产生的碳排放长期低于生产端，且中国出口产品的隐含碳强度在1990~2019年降低了83.3%，这意味着中国为全球市场供应了越来越多的绿色低碳产品。

该报告的主要编撰者，中国科学院上海高等研究院研究员魏伟指出，传统上，碳排放核算多聚焦于生产端，以生产活动所在地为边界，而忽视了消费环节所隐含的碳排放量。他强调，从消费端进行碳核算，能够更清晰地界定生产者与消费者之间的碳排放责任，深入剖析国际贸易中的碳转移现象，为全球范围内公平分担碳减排责任奠定科学基础。

报告显示，1990~2019年，主要发达国家的消费端碳排放普遍高于生产端，而这一现象在主要发展中国家则正好相反。特别值得注意的是，非经济合作与发展组织（非OECD）国家多为发展中国家，其生产端与消费端碳排放的差距从1990年的14.7亿吨显著扩大至2019年的41.7亿吨。具体到中国，中国消费端碳排放持续低于生产端，二者之间的差距从1990年的7.0亿吨扩大至2019年的18.0亿吨，同时期中国出口产品的隐含碳强度大幅降低，进一步证明了中国在全球绿色低碳产品供应中的关键作用。

魏伟进一步指出，这一变化意味着中国不仅在国内积极减排，还通过出口低碳产品间接帮助其他国家减少碳排放。例如，2021年中国因钢铁原材料贸易额外承担的二氧化碳净排放量达到1.0亿吨，因光伏产品贸易额外承担的二氧化碳净排放量达到2.5亿吨。

报告强调，要实现全球减碳目标，必须遵循共同但有区别的责任原则，加强南北合作，促进全球技术革新，以集体之力应对气候变化这一全人类面临的共同挑战。应综合考虑生产端与消费端的碳排放情况，构建更为精准、科学的碳排放核算体系，以更加公平合理的方式分配全球碳减排任务。

（六）绿色产能增进全球绿色福祉

“物美价廉的中国光伏组件给欧洲带来福祉。”2024 年 5 月，《日经亚洲》杂志在线平台发表深度分析，指出中国光伏技术的全球领先地位及其生产工艺的高效性，使得中国光伏产品在国际市场上展现出强大的成本竞争力。欧洲通过大量进口中国光伏组件，不仅加速了其太阳能项目的普及，还有力推动了欧洲的绿色能源转型步伐，仅 2022 年，欧洲电网新增的太阳能装机容量便实现了约 30%的年度增长。

在第 26 届世界能源大会上，沙特阿美总裁、首席执行官阿敏·纳赛尔指出，中国通过大幅降低太阳能电池板和电动汽车的成本，为全球包括发达国家在内的减排努力注入了强劲动力。此外，澳大利亚国立大学东亚经济研究所 2024 年发布的报告更是将中国定位为全球新能源领域不可或缺的支柱力量，强调与中国紧密合作对于把握能源转型机遇、探索高效低成本的脱碳路径至关重要。

中国绿色产能的全球意义正日益凸显，国际舆论普遍认为中国作为先进产能提供者，满足了全球可持续发展对绿色能源的迫切需求。一方面，中国绿色产能以其可靠性和稳定性，为全球绿色产业的扩张提供了坚实支撑。当前，实现全球气候目标仍存在巨大的绿色产能缺口。中国作为全球最大的可再生能源市场及先进能源装备生产国，正不断加大优质绿色产品的供应力度，助力全球“绿色经济蛋糕”的持续扩大。据国际能源署统计，2023 年在全球新增清洁能源产业投资中中国投资的占比高达 3/4。

另一方面，中国绿色产能的低碳可持续特性水平较高，其中风电、光伏等产品广泛出口至全球 200 多个国家和地区，有效促进了发展中国家清洁能源的获取与使用。过去 10 年间，中国对全球非化石能源消费增长的贡献率超过四成，且仅 2022 年，中国出口的风电、光伏产品就助力其他国家减少二氧化碳排放约 5. 73 亿吨，合计碳减排量更是高达 28. 3 亿吨，占全球同期可再生能源折算碳减排总量的四成以上。2023 年全球新增可再生能源装机容量中，中国贡献超过一半，再次彰显了中国在推动全球绿色低碳转型中的核心作用。正如 BI 挪威商学院战略教授卡尔·费所言，中国绿色产能的广泛输出，为全球绿色低碳转型事业作出了巨大贡献。

（七）绿色发展之路为世界提供重要启迪

2023 年盛夏之际，新华社记者撰写专文，深入阐述了中国在绿色发展领域的全球贡献与引领作用。文章描绘了一幅生动的图景：从德国街头穿梭自如的新能源汽车，到哈萨克斯坦广袤土地上的风电阵列；从埃及夜幕下亮起的太阳能路灯，到老挝的“低碳示范区”，都表明中国携手各国播撒的“绿色种子”，已在全球多地生根发芽。作为世界上最大的发展中国家，中国不仅在国内努力实现生态保护与经济发展的和谐共生，更为全球可持续发展蓝图增添了浓墨重彩的一笔，为共建一个繁荣、清洁、美丽的世界提供了宝贵经验和启示。

文章详尽展示了中国在生态系统保护与修复方面所取得的卓越成就。自 2012 年至 2021 年 10 年间，中国累计造林面积高达 9. 6 亿亩，成功治理沙化土地 2. 78 亿亩，并通过种草改良了 6 亿亩土地，新增及恢复湿地超过 1200 万亩。中国森林覆盖率和森林蓄积量持续 30 余年保持正增长态势，中国成为全球森林资源增长最为显著和人工造林规模最大的国家。尤为值得一提的是，中国率先在全球范围内实现了土地退化的“零增长”目标，荒漠化和沙化土地面积均呈现下降趋势。自 2000 年以来，中国一直是全球绿化行动的中坚力量，贡献了全球新增绿化面积约 1/4 的份额。

此外，中国在参与全球气候治理、推动绿色“一带一路”建设及加强国际合作方面亦不遗余力。中国坚定落实《联合国气候变化框架公约》，积极开展南南合作，助力发展中国家应对气候变化挑战。同时，中国发起成立了“一带一路”绿色发展国际联盟，与印度、巴西、南非、美国、德国、东盟等众多国家和地区在节能环保、清洁能源、生物多样性保护、荒漠化治理、海洋及森林资源保护等多个领域展开广泛而深入的合作。这些举措不仅促进了全球环境治理体系的公平合理与合作共赢，也彰显了中国在全球可持续发展中的智慧与担当。

国际社会的积极反馈进一步印证了中国绿色发展模式的成功与影响力。马拉维总统拉扎勒斯·麦卡锡·查克维拉高度评价了中国的绿色发展成就，并表达了学习借鉴的意愿。加纳国家资产管理总局局长爱德华·博阿滕同样认为，中国的绿色发展实践为全球提供了极具价值的参考案例。

文章最后强调，中国始终是全球生态文明建设不可或缺的参与者、贡献者和引领者。中国坚持多边主义原则，致力于构建一个利益共享、责任共担的全球生态治理新格局，为人类的可持续发展事业贡献着力量。

三　中国加强生态治理国际合作，助力全球生态文明建设的做法

（一）中波深化生态治理国际合作

2024年是中国和波兰建交75周年，中波双方一致同意制定并积极落实两国关于加强全面战略伙伴关系的行动计划（2024—2027年）。该计划第三部分“科技和绿色发展”涉及生态治理合作的5个重点。一是双方愿充分利用中波政府间科技合作委员会机制，支持两国科研机构、高校、企业等深化科研合作。二是双方将坚持《联合国气候变化框架公约》的国际气候治理主渠道地位，愿秉承《联合国气候变化框架公约》及《巴黎协定》的目标、原则和制度框架，继续就气候变化议题进行坦诚对话与交流。波方愿同中方就温室气体减排和适应气候变化等加强信息交流与务实合作。三是双方将致力于在环保技术、生物多样性保护等环境和气候变化相关领域加强科学研究。四是双方将重点关注在绿色技术、循环利用、废物处理等领域的合作机会及沼气技术合作潜力。双方将继续努力提高经济、环境和社会应对气候变化的韧性，努力应对和降低气候变化风险。双方欢迎昆明生物多样性基金

对生物多样性融资作出积极贡献。五是双方将加强在新材料、清洁能源、可持续发展、能源资源供应多元化等绿色经济领域的合作，以经济可持续性和公平竞争作为合作驱动力量，促进太阳能、地热、风能等可持续低碳能源的发展。

（二）中匈加强绿色合作

匈牙利是首个与中国签署共建“一带一路”政府间合作文件的欧洲国家。近年来在中匈两国高层的战略引领下，“一带一路”倡议与匈牙利的“向东开放”战略深度融合，中匈双方合作领域广泛且成果斐然，特别是在新能源汽车、锂电池及光伏等绿色发展前沿领域，取得了一系列突破性成就，为中匈互利合作不断注入强劲的新动力。如今，匈牙利已成为中国在中东欧地区投资的首选之地和重要的贸易伙伴，两国合作结出了累累硕果，展现出蓬勃的发展活力。

2024 年 5 月 8 日，习近平主席在匈牙利《匈牙利民族报》上发表署名文章，强调中国将坚定不移地推进高水平对外开放，愿与匈牙利在清洁能源、人工智能、数字经济及绿色发展等新兴领域深化合作，共同培育新增长点，推动双方经济实现高质量发展。

中匈两国在绿色领域开展了深度合作。面对国内约 30% 的电力依赖进口的现状，匈牙利政府积极寻求能源多元化路径，大力发展光伏产业。2019 年，中国通用技术（集团）控股有限责任公司旗下的中国机械进出口（集团）有限公司（下文简称“中机公司”）在考波什堡市投资建设了 100 兆瓦光伏电站，该项目迅速成为匈牙利新能源发电领域的标志性工程。自 2021 年投入运营以来，该电站年发电量超过 1.4 亿千瓦时，减少了 4.5 万吨标准煤的消耗及 12 万吨二氧化碳的排放，为匈牙利的绿色转型贡献了重要力量。①

① 禹丽敏、张慧中、李增伟、刘仲华：《绿色发展为中匈互利合作注入新动能》，《人民日报》（海外版）2024 年 5 月 9 日。

在项目实施过程中，中机公司秉持环境友好原则，采取了一系列环保措施，如设置蓄水渠以减少雨水对土壤的侵蚀，采用螺旋桩光伏支架替代传统冲击桩以避免对土地的破坏，并邀请园林专家进行生态规划，实现厂区周边的大规模绿化。这些举措不仅保障了项目的可持续发展，也赢得了当地政府和民众的高度赞誉。考波什堡市市长卡洛里称赞该项目为匈中清洁能源合作的典范，更是两国友谊的坚实桥梁。

匈牙利国民经济部副国务秘书博考伊·马顿亦表示，绿色转型是全球性的发展趋势，新能源的发展对于重构全球能源体系具有决定性作用。中国在此领域的卓越成就为匈牙利提供了宝贵的学习与合作机会，两国在绿色领域的合作不仅促进了各自的经济社会发展，更实现了互利共赢的美好局面。

（三）中德绿色合作卓有成效

2024 年 6 月 22 日，中德两国在北京成功举行了气候变化与绿色转型对话合作机制首次高级别对话，本次对话由国家发展改革委主任郑栅洁与德国联邦副总理兼经济和气候保护部部长哈贝克共同主持，汇聚了来自双方超过 10 个政府部门的代表。在中欧经贸关系面临挑战的背景下，此次对话的基调与成果备受瞩目。国家发展改革委强调，此次对话旨在深化两国领导人关于加强气候变化应对与绿色转型合作的共识，通过政策对话与实际行动，推动双方合作迈向新高度。

对话成果丰硕，共达成五项关键合作：一是启动绿色转型的中德省州合作新模式；二是明确中德能效工作组 2024 年工作计划；三是国家发展改革委与德国联邦环境、自然保护、核安全和消费者保护部达成《落实〈中德循环经济和资源效率对话行动计划〉的近期活动要点》；四是成立中德工业减碳工作组，聚焦工业领域的低碳转型；五是启动中德能效提升示范项目合作，由国家节能中心携手德国国际合作机构共同推进。

回顾历史，中德在气候变化与绿色转型领域的合作源远流长，自 1994 年签署《环境保护合作协定》以来，双方在碳排放核查、碳交易市场建设等多个领域不断探索合作新模式，包括实施城镇化节能示范项目等，这些努力为两国乃至全球的可持续发展贡献了重要力量。

在过去几年中，中德能效合作项目硕果累累。自 2016 年起，两国合作开展的节能诊断项目已助力多个行业企业实施 97 项能效改进措施，年节能量达 16.93 万吨标准煤，减少二氧化碳排放约 44.02 万吨。同时，中德能效网络小组项目在中国江苏太仓中德产业园内取得显著成效，通过企业间合作，5 年内实现节能 4000 万千瓦时。

与会代表普遍认为，中德绿色合作已展现显著成效，且未来合作空间广阔，这一趋势同样适用于中欧整体合作框架。中国作为世界上最大的发展中国家，正以前所未有的决心和力度推进绿色低碳发展，承诺力争在 2030 年前实现碳达峰、2060 年前实现碳中和，这一承诺不仅体现了中国的大国担当，也为全球应对气候变化树立了典范。

活动现场，多位德国代表对中国在可再生能源领域的卓越成就表示高度赞赏，并表达了深化合作的强烈愿望，特别是在可再生能源消纳、智能电网建设、零碳低碳产品开发等领域，期待与中方携手共进，将中德绿色合作推向新的高度。

（四）中非绿色能源合作走深走实

近年来，中国与非洲国家在绿色能源领域的合作日益深化，双方优势资源互补，共同探索出了一条合作共赢的绿色发展路径。这一合作展现出三大鲜明特点。

一是合作势头强劲且成效显著。中非绿色能源合作聚焦两大核心领域：清洁能源产业（如风电、光伏）与电力基础设施建设。中非在两大核心领域的合作不仅加速了非洲的绿色转型步伐，还促进了其可持续发展。中国已在非洲成功实施了众多清洁能源发电与电网项目，南非德阿风电站、肯尼亚加里萨光伏电站及卢旺达那巴龙格河二号水电站等，均成为当地绿色能源发展的标志性项目。此外，中国企业还通过提供咨询服务、规划研究及人才培养等方式，为非洲区域组织、政府及企业赋能，强化了非洲国家清洁能源发展的内生动力。《中非应对气候变化合作宣言》的发布，更是为双方在该领

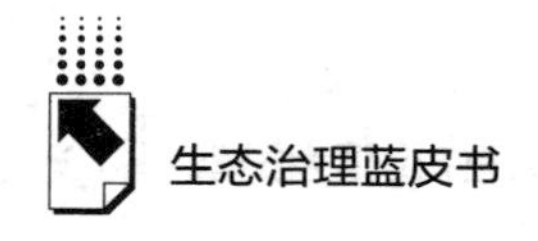

域的合作注入了新的活力，彰显了中方对非洲可持续发展及可再生能源利用的坚定支持。肯尼亚国际问题专家卡文斯·阿德希尔指出，中国不仅是自身能源绿色革命的引领者，更是非洲大陆在太阳能与风能开发方面的重要伙伴。

二是合作实现互利共赢。在全球能源结构转型的大背景下，中非绿色能源合作成为促进双方共同发展的重要引擎。中国社会科学院研究员杨宝荣强调，面对绿色减排的新要求，中国与非洲国家需携手并进，通过绿色转型提升各自的竞争力。非洲丰富的水能、太阳能、风能等自然资源，与中国在绿色能源生产和技术上的优势形成完美互补。尽管当前开发面临基础设施薄弱、技术人才短缺等挑战，但合作双方正逐步克服这些障碍，推动资源的高效利用与均衡开发。这种合作模式不仅促进了非洲绿色能源的发展，也为中国企业提供了广阔的市场与机遇。

三是合作前景光明且充满希望。随着一系列合作项目的深入实施，中非绿色能源合作的广度与深度不断拓展。在“一带一路”倡议的推动下，双方签署了新能源电力投资合作框架协议，启动了“一带一路”生态环保人才互通计划与“非洲光带”项目，进一步夯实了合作基础。非洲各界对此反响热烈，期待与中国在绿色能源领域开展更多务实合作。毛里塔尼亚环境部顾问穆罕默德·叶海亚·拉夫达尔就表达了通过“一带一路”合作框架，引入中国新能源技术，助力本国及非洲其他国家实现绿色转型与绿色发展的意愿。这一系列积极信号表明，中非绿色能源合作正步入一个充满机遇与希望的新阶段。

（五）与各国共同推动完善全球环境治理

近年来，中国在应对全球环境挑战中展现出了引领者的姿态，从在《巴黎协定》的达成和生效中发挥关键推动作用，到作为联合国《生物多样性公约》第十五次缔约方大会（COP15）主席国成功推动“昆明—蒙特利尔全球生物多样性框架”的通过，都表明中国在坚定履行推动全球绿色转型的承诺。同时，中国还深度参与联合国“海洋科学促进可持续发展十年

（2021—2030）”计划，并不断扩大“一带一路”倡议下的绿色发展合作网络。作为世界最大的发展中国家，中国在追求自身低碳发展的同时，积极促进多边与双边合作，为全球生态治理体系贡献了重要力量。

联合国《生物多样性公约》秘书处代理执行秘书戴维·库珀高度评价了中国在COP15中的核心作用，认为中国不仅推动了关键协议的形成，还成功汇聚了国际社会的广泛共识，对实现联合国2030年可持续发展目标具有深远影响。墨西哥方面，墨西哥经济周刊《经济评估信》的负责人罗纳德·迪马斯·蒙卡约·帕兹指出，中国在墨西哥广泛存在的绿色投资，如尤卡坦半岛的风电场项目，正有力支持着墨西哥的绿色转型之路，墨西哥与中国在可再生能源等领域的深化合作对墨西哥经济社会可持续发展至关重要。

南非约翰内斯堡大学非洲—中国研究中心的科菲·库阿库研究员则聚焦“一带一路”倡议下的中非环境治理合作，指出中国通过非中共同实施的“九项工程”中的绿色发展项目，在非洲建设了众多清洁能源设施，不仅推动了非洲的基础设施现代化，更为非洲的可持续发展奠定了坚实基础。

巴西国际关系研究中心高级研究员、曾任巴西环境部副部长的弗朗西斯科·盖塔尼，对中国生态文明建设的成就给予了高度评价，例如，河长制、湖长制的全面实施，显著改善了生态环境，提升了民众生活质量。他认为，中国在节能减排、荒漠化治理、生物多样性保护及气候变化应对方面的努力，不仅体现了绿色发展的深刻内涵，更为世界各国提供了宝贵的经验和启示。他还认为，中国一直坚持多边主义原则，致力于与各国携手完善全球环境治理体系，推动建立更加清洁、美丽的世界。

（六）加强生态环境保护国际合作

2024年1月17日，以“共商绿色发展之路”为主题的生态环境国际合作座谈会在北京召开，此次会议汇聚了来自国内外的众多环保精英与决策者。会上，生态环境部副部长、中国环境与发展国际合作委员会（简称“国合会”）秘书长、“一带一路”绿色发展国际联盟咨询委员会主任委员赵英民先生发表了主旨演讲，深入阐述了中国的绿色发展愿景与国际合作战

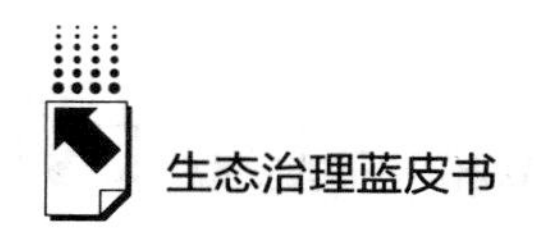

略。随后，国合会中方首席顾问刘世锦先生受邀做了特别发言，为座谈会讨论带来了更专业的视角与深刻见解。

此次会议亮点纷呈，其中一项重要内容是回顾并总结了2023年中国在生态文明建设领域取得的辉煌成就，以及中国在国际环境与气候治理舞台上所展现的积极姿态与显著贡献。会议指出，过去一年对于中国生态环境保护事业而言是具有里程碑意义的一年，中国不仅在生态文明建设上取得了长足进步，而且在推动构建人类命运共同体的道路上也收获了累累硕果。

展望未来，会议明确了中方在2024年的行动方向：中国将继续秉持多边主义原则，以建设性的姿态参与并推动全球气候与环境治理体系的完善，积极促进绿色丝绸之路的建设，构建互学互鉴、务实合作的新格局。同时，中国将进一步加强在生态环境保护与应对气候变化领域的南南合作，为全球环境治理贡献更多的公共产品与智慧。

与会各方对中国在生态环境保护方面取得的卓越成就给予了高度评价，认为这些成就不仅是中国自身可持续发展的有力支撑，也为全球可持续发展进程注入了强劲动力。多位驻华使节及国际组织代表纷纷表示，中国在应对气候变化、生物多样性保护等全球环境治理的关键议题上发挥了不可或缺的领导与带动作用，期待与中国深化交流合作，共同应对全球性环境挑战，携手推动联合国2030年可持续发展议程的落地实施，共创地球美好未来。

（七）加强上合组织生态保护合作

2024年5月22日，第五次上海合作组织成员国环境部长会在阿斯塔纳举行，中华人民共和国生态环境部副部长于会文率团出席会议。会议达成丰硕成果，同意将《上合组织成员国政府间环保合作协定》和《上合组织成员国元首理事会关于有效管理废弃物的声明》草案提交上合组织成员国元首理事会审批。会议还审议通过《〈上合组织成员国环保合作构想〉2025—2027年落实措施计划》《上合组织成员国关于解决环境问题的联合方法》《落实〈绿色之带纲要〉2024—2026年联合行动计划》等文件，并签署会议纪要，为进一步深化后续合作提供了指引。中方在会上指出，近10年来，中国在生态文明建设领域开展了一系列开创性工作，成为全球大气质量改善速度最快、森林资源增长最多、能耗强度降低最快、可再生能源利用规模最大的国家。在上合组织框架下，中方积极推动共建上合组织环保信息共享平台，探索建设中国—上合组织生态环保创新基地，促进政策对话与技术交流。

（八）携手共建美丽地球家园

2023 年 1 月 19 日，国务院新闻办公室正式发布了《新时代的中国绿色发展》白皮书。该白皮书聚焦中国在全球生态治理领域的积极参与与贡献。白皮书指出，促进绿色发展与生态文明建设是全人类共同的事业，中国将始终作为重要参与者、贡献者及引领者，坚定不移地维护多边主义原则，致力于构建一个利益共生、权利共享、责任共担的全球生态治理格局，为地球的可持续发展贡献力量。具体而言，中国在多个维度上展现了其领导力和行动力。

一是深度融入全球气候治理体系。中国秉持公平、共同但有区别的责任及各自能力原则，严格履行《联合国气候变化框架公约》，以积极和建设性的态度参与全球气候治理对话，对《巴黎协定》的达成与实施作出了历史性贡献，推动全球气候治理向更加公正合理、合作共赢的方向发展。

二是引领绿色“一带一路”建设。中国将绿色发展理念深植于“一带一路”倡议之中，通过建立绿色低碳发展合作机制、签署多项环保合作文件、发起绿色发展伙伴关系倡议及建立能源合作伙伴关系等措施，与共建“一带一路”国家共同绘制绿色发展的蓝图。同时，通过成立“一带一路”绿色发展国际联盟、“一带一路”绿色发展国际研究院及建设生态环保大数据服务平台，助力合作国家提升环境治理效能，增进民众福祉。

三是拓展双多边国际合作网络。中国积极推动资源节约与生态环境保护领域的国际合作，成功举办了一系列重要国际会议，如《生物多样性公约》第十五次缔约方大会第一阶段会议及《湿地公约》第十四次缔约方大会等。在二十国集团、中国—东盟、东亚峰会等多边框架下，中国积极引领能源转型与能效提升合作，牵头制定《二十国集团能效引领计划》。此外，中国还与多国及国际组织在节能环保、清洁能源、气候变化应对、生物多样性保护等多个领域开展广泛合作，推动绿色低碳技术在全球范围内的应用与推广，为全球可持续发展注入了强劲动力。

参考文献

[1]《习近平在全国生态环境保护大会上强调：全面推进美丽中国建设 加快推进人与自然和谐共生的现代化》，中华人民共和国中央人民政府网站，2023 年 7 月 18 日，https：//www. gov. cn/yaowen/liebiao/202307/content_ 6892793. htm。

[2]《习近平在中共中央政治局第十一次集体学习时强调：加快发展新质生产力扎实推进高质量发展》，中华人民共和国中央人民政府网站，2024 年 2 月 1 日，https：//www. gov. cn/yaowen/liebiao/202402/content_ 6929446. htm。

[3]《习近平主持召开中央全面深化改革委员会第五次会议强调完善中国特色现代企业制度建设具有全球竞争力的科技创新开放环境》，中华人民共和国中央人民政府网站，2024 年 6 月 11 日，https：//www. gov. cn/yaowen/liebiao/202406/content_ 6956762. htm。

[4]《习近平：在全国科技大会、国家科学技术奖励大会、两院院士大会上的讲话》，中华人民共和国中央人民政府网站，2024 年 6 月 24 日，https：//www. gov. cn/yaowen/liebiao/202406/content_ 6959120. htm。

[5]《习近平在气候雄心峰会上发表重要讲话》，新华网，2020 年 12 月 12 日，http：//www. xinhuanet. com/politics/leaders/2020-12/12/c_ 1126853600. htm。

[6]《丁薛祥同欧盟委员会执行副主席谢夫乔维奇举行第五次中欧环境与气候高层对话》，新华网，2024 年 6 月 19 日，http：//www. xinhuanet. com/politics/leaders/20240619/dc0551a9d111437d8e030b0ba49ee937/c. html。

[7]《耶鲁学者：中国为全球生态文明建设提供了丰富思想财富丨世界观》，中国新闻网，2024 年 7 月 4 日，https：//www. chinanews. com. cn/gn/2024/07-04/10245693. shtml。

[8] 孙亚慧：《携手为全球可持续发展贡献力量》，《人民日报》（海外版）2024 年 6 月 26 日。

[9] 毕炜梓、陈春有：《中国为生物多样性保护提供全球协作样本》，《科技日报》2024 年 5 月 22 日。

[10] 许琦敏：《中国为全球提供越来越多绿色低碳产品》，《文汇报》2024 年 5 月

30 日。
[11] 林子涵：《中国绿色产能增进全球“绿色福祉”》，《人民日报》（海外版）2024 年 5 月 14 日。
[12]《新华时评：中国的绿色发展之路启迪世界》，新华网，2023 年 7 月 9 日，http：//www. news. cn/2023-07/09/c_ 1129739995. htm。
[13]《中华人民共和国和波兰共和国关于加强全面战略伙伴关系的行动计划（2024—2027 年）》，新华网，2024 年 6 月 24 日，http：//www. news. cn/world/20240624/c076cd1e8312451e8d88b3c03fc781d5/c. html。
[14] 禹丽敏、张慧中、李增伟、刘仲华：《绿色发展为中匈互利合作注入新动能》，《人民日报》（海外版）2024 年 5 月 9 日。
[15] 邱海峰：《“首次高级别对话”达成五项成果——中德绿色合作再进一步》，《人民日报》（海外版）2024 年 6 月 27 日。
[16] 徐令缘、赵婧姝：《中非绿色能源合作走深走实》，《人民日报》（海外版）2024 年 3 月 28 日。
[17] 崔琦等：《“走出了一条具有自身特色的绿色发展之路”（两会 · 读懂中国）》，《人民日报》2024 年 3 月 14 日。
[18]《“共商绿色发展之路”生态环境国际合作 2024 座谈会在京召开》，中华人民共和国生态环境部网站，2024 年 1 月 18 日，https：//www. mee. gov. cn/ywdt/hjywnews/202401/t20240118_ 1064076. shtml。
[19]《第五次上海合作组织成员国环境部长会议召开》，中华人民共和国生态环境部网站，2024 年 5 月 25 日，https：//www. mee. gov. cn/ywdt/hjywnews/202405/t20240525_ 1074042. shtml。
[20]《新时代的中国绿色发展》，新华网，2023 年 1 月 19 日，http：//www. news. cn/2023-01/19/c_ 1129299266. htm。

B.4
以思想为引领，全面推进美丽中国建设

李海峰*

摘　要： 本文系统阐述了全面推进美丽中国建设的相关论述与部署，明确了美丽中国建立的目标、重点任务和具体措施，强调了政策落实、分区管控、工业转型、全民行动、成效考核和数字化治理等多个方面的重要性，为全面推进美丽中国建设提供有力参考。

关键词： 绿色发展　美丽中国建设　生态保护

一　全面推进美丽中国建设的相关论述与部署

（一）推动绿色发展，促进人与自然和谐共生

党的二十大报告指出，推动绿色发展，促进人与自然和谐共生。大自然是人类赖以生存发展的基本条件。尊重自然、顺应自然、保护自然，是全面建设社会主义现代化国家的内在要求。必须牢固树立和践行绿水青山就是金山银山的理念，站在人与自然和谐共生的高度谋划发展。[①] 党的二十大报告对加速绿色发展模式转型，深入推进环境污染防治，提升生态系统的多样性、稳定性与可持续性以及积极稳妥地推进碳达峰碳中

---

* 李海峰，21世纪马克思主义研究院经济社会文化发展战略研究中心副主任，主要研究方向为公共政策等。

① 《习近平：高举中国特色社会主义伟大旗帜　为全面建设社会主义现代化国家而团结奋斗——在中国共产党第二十次全国代表大会上的报告》，求是网，2022年10月25日，http://www.qstheory.cn/yaowen/2022-10/25/c_1129079926.htm。

和等进行了全面系统的论述，是我们加快生态文明建设和全面建设美丽中国的指南。

（二）把建设美丽中国摆在强国建设、民族复兴的突出位置

习近平总书记在2023年7月17日至18日召开的全国生态环境保护大会上对美丽中国建设作出重要部署，强调“要持续深入打好污染防治攻坚战，坚持精准治污、科学治污、依法治污，保持力度、延伸深度、拓展广度，深入推进蓝天、碧水、净土三大保卫战，持续改善生态环境质量。要加快推动发展方式绿色低碳转型，坚持把绿色低碳发展作为解决生态环境问题的治本之策，加快形成绿色生产方式和生活方式，厚植高质量发展的绿色底色。要着力提升生态系统多样性、稳定性、持续性，加大生态系统保护力度，切实加强生态保护修复监管，拓宽绿水青山转化金山银山的路径，为子孙后代留下山清水秀的生态空间。要积极稳妥推进碳达峰碳中和，坚持全国统筹、节约优先、双轮驱动、内外畅通、防范风险的原则，落实好碳达峰碳中和“1+N”政策体系，构建清洁低碳安全高效的能源体系，加快构建新型电力系统，提升国家油气安全保障能力。要守牢美丽中国建设安全底线，贯彻总体国家安全观，积极有效应对各种风险挑战，切实维护生态安全、核与辐射安全等，保障我们赖以生存发展的自然环境和条件不受威胁和破坏”①。

（三）全面建设美丽中国指导性文件出台

2023年12月27日，中共中央、国务院制定《关于全面推进美丽中国建设的意见》（下文简称《意见》）。《意见》的核心要点如下。

1. 确立美丽中国建设主要目标

至2027年，绿色低碳发展深入推进，主要污染物排放总量持续削减，生态环境质量持续提升，国土空间的开发与保护格局得到进一步优化，生态

① 《习近平在全国生态环境保护大会上强调全面推进美丽中国建设　加快推进人与自然和谐共生的现代化》，中华人民共和国中央人民政府网站，2023年7月18日，https：//www. gov. cn/yaowen/liebiao/202307/content_ 6892793. htm。

系统的服务功能不断增强。城乡居民将享受到更加宜居的生活环境，国家生态安全屏障更加坚实，生态环境治理体系更加完善，形成一批实践样板，美丽中国建设成效显著。

至 2035 年，绿色生产与生活方式将成为社会的普遍选择，碳排放量在达峰后实现稳步下降，生态环境迎来根本性的转变，国土空间开发与保护的新格局全面构建完成。生态系统的多样性、稳定性与可持续性显著提升，为国家生态安全奠定坚实基础。生态环境治理体系和能力的现代化进程将取得重大突破，美丽中国的基本目标得以实现，为中华民族伟大复兴的中国梦构建坚实的生态支撑。

至 21 世纪中叶，生态文明全面提升，绿色发展方式与生活方式深入人心。在关键领域，深度脱碳技术与应用取得重大突破，生态环境健康美丽。生态环境治理体系和治理能力将实现全面现代化，美丽中国目标全面实现，为中华民族的永续发展奠定绿色、健康、可持续的坚实基础，开启人与自然和谐共生的新篇章。

2. 加快发展方式绿色转型

一是优化国土空间开发保护格局。二是积极稳妥推进碳达峰碳中和。《意见》规划了碳达峰碳中和的路线图，强调采取分阶段、精准施策的策略，在 2030 年前实现碳排放达峰，为 2060 年前达成碳中和目标奠定坚实基础。三是统筹推进重点领域绿色低碳发展。《意见》着重强调，推进产业数字化、智能化与绿色化深度融合，以实体经济为依托，加速构建一个既现代又绿色的产业体系，大力发展战略性新兴产业、高技术产业、绿色环保产业以及现代服务业，以此引领经济结构的优化升级。四是推动各类资源节约集约利用。《意见》深入阐述了实施全面节约战略的重大意义，这一战略涵盖了节能、节水、节地、节材、节矿等多个方面，旨在通过全方位的节约措施，构建一个资源利用效率高、生态环境友好的节约型社会，为我国实现可持续发展奠定坚实的基础。

3. 持续深入推进污染防治攻坚

一是持续深入打好蓝天保卫战。至 2027 年，全国细颗粒物平均浓度需降至 28 微克/米^3 以下，各地级及以上城市力争符合国家标准；至 2035 年，全国细颗粒物浓度降至 25 微克/米^3 以下，让蓝天成为民众日常生活的标配。二是持续深入打好碧水保卫战。至 2027 年，全国地表水及近岸海域水质优良比例分别提升至 90%和 83%左右，美丽河湖、美丽海湾建成率达到 40%左右；至 2035 年，“人水和谐”美丽河湖、美丽海湾基本建成。三是持续深入打好净土保卫战。至 2027 年，受污染耕地安全利用率超过 94%，建设用地安全利用得到有效保障；至 2035 年，地下水国控点位Ⅰ-Ⅳ类水比例提升至 80%以上，土壤环境风险得到全面有效控制。四是强化固体废物及新污染物治理。至 2027 年，“无废城市”建设比例达到 60%，固体废物产生量显著减少；至 2035 年，“无废城市”建设实现全覆盖，东部省份率先建成“无废城市”，同时新污染物环境风险得到有效控制。

4. 打造美丽中国建设示范样板

一是建设美丽中国先行区。聚焦国家区域协调发展战略及区域重大战略，加强绿色发展协作，打造绿色发展高地。二是建设美丽城市。《意见》坚持“人民至上”的城市发展原则，倡导构建以绿色低碳、环境优美、生态宜居、安全健康、智慧高效为导向的美丽城市，打造人民满意的美好家园。三是建设美丽乡村。《意见》倡导借鉴并创新应用浙江“千万工程”的成功模式，根据各地实际情况，全面推进乡村生态文明建设，实施农村人居环境整治行动，让乡村焕发新的生机与活力。四是开展创新示范。《意见》要求分类施策推进美丽城市建设，加快美丽城市建设步伐。实施美丽乡村示范县创建行动，通过树立先进典型，广泛传播美丽河湖、美丽海湾等优秀案例的实践经验，激励更多地区跟进学习，共同推动生态环境质量的全面提升。

5. 开展美丽中国建设全民行动

一是培育弘扬生态文化。健全以生态价值观念为准则的生态文化体系，积极培育生态文明主流价值观，引导全社会形成自觉践行生态保护的良好风尚。二是践行绿色低碳生活方式。积极倡导简约适度、绿色低碳、文明健康的生活理念与消费习惯，引领社会风尚向更加环保、可持续的方向转变。三

是建立多元参与行动体系。深化环保设施开放，通过组织参观、体验、学习等活动，向公众普及生态文明知识，提升公众环保意识与参与度，让生态文明理念深入人心。

（四）国务院对美丽中国建设作出部署

2024 年 6 月 26 日，国务院总理李强主持召开国务院常务会议，会议聚焦全国生态环境保护大会精神的贯彻落实情况及美丽中国建设工作的最新进展，明确提出了三项要求：一是坚定不移地推进落实全国生态环境保护大会所部署的各项任务，确保各项政策措施落地生根，特别是要将美丽中国先行区的建设作为重中之重，通过先行先试，探索可复制、可推广的经验模式，引领全国生态环境质量的整体提升。二是加强减污降碳协同治理，以更加严格的标准和更加坚定的决心，持续打好蓝天、碧水、净土三大保卫战，努力在生态环境保护领域取得新的突破。三是加强政策统筹协调，将绿色低碳、生态环保同扩大投资消费、增强发展动能紧密结合，通过绿色转型促进经济社会的高质量发展，实现经济繁荣与生态保护的双赢。

二　强化生态环境保护，全面建设美丽中国

（一）生态环境部对全面推进美丽中国建设作出安排

1. 把美丽中国建设作为全年工作重点

生态环境部于 2024 年 3 月 19 日召开部务会议，对 2024 年生态环境保护重点工作进行安排，要求积极推进美丽中国先行区建设；聚焦改善生态环境质量这一核心任务，持续深入打好污染防治攻坚战；紧盯服务支撑高质量发展，推动发展方式绿色低碳转型；突出补短板、强弱项，加大生态保护和修复监管力度；强化底线思维和忧患意识，守牢美丽中国建设安全底线；坚持深化改革创新，不断健全现代生态环境治理体系。

2. 建设美丽中国要加强生态环境分区管控

生态环境部 2024 年 3 月的例行新闻发布会聚焦“加强生态环境领域科技创新，助力美丽中国建设”，生态环境部宣教司司长、新闻发言人裴晓菲就《中共中央办公厅　国务院办公厅关于加强生态环境分区管控的意见》发布强调了以下几点。一是构建生态环境分区管控体系，强化从国家到地方的三级联动。国家层面提供宏观战略指引，省级层面负责统筹规划与协调工作，市级层面负责细化实施工作，确保生态环境分区管控方案持续优化，实现定期评估、动态调整与信息高效共享。二是赋能经济社会高质量发展，依托生态环境分区管控策略，强化区域整体保护与系统治理，紧密对接国家重大发展战略，加快绿色低碳转型进程，为政策制定与综合决策提供坚实的生态支撑。三是推行更为严格的生态环境保护标准，实施差异化、精准化的环境治理措施，筑牢生态安全防线，推动环境质量迈向更高水平，并加强环保政策间的协同配合，形成政策合力。四是健全监督考核体系，构建跨部门协作机制，对分区管控实践实施全方位、全过程的监督，将发现的问题纳入中央及省级环保督察体系，同时，将分区管控情况纳入污染防治攻坚战成效考核体系，确保生态环境分区管控得到有效执行与落实。

3. 把美丽中国建设关键措施落到实处

2024 年 5 月 29 日，在生态环境部例行新闻发布会上，生态环境部宣教司司长、新闻发言人裴晓菲对《中共中央　国务院关于全面推进美丽中国建设的意见》实施情况做了阐述。生态环境部主要采取了以下几项措施：一是跨部门协同，联合 44 个相关部门制定详尽的实施方案，明确任务与责任分工，加速构建以美丽中国先行区建设为总抓手，涵盖城市、乡村、河湖、海湾等多领域，辅以科技和金融双重驱动力的“1+N”综合实施框架。二是完善评估体系，研究建立了科学的考核指标体系与办法，加强生态环境监测网络建设，推进体制机制改革，确保建设责任落到实处。三是强化科研与人才支撑，聚焦关键技术需求，加强科研与高端智库建设。裴晓菲说，美丽中国建设已在全国范围内掀起热潮，各地积极响应，31 个省（自治区、直辖市）及新疆生产建设兵团正结合地方特色制定实施文件，其中多地已取得显著进展，涌现出丰富多样的地方实践案例，如浙江的“美丽浙江十大样板地”活动、福建打造的“五美”体系及厦门的示范实践等。

4. 构建美丽中国建设成效考核指标体系

生态环境部于 2024 年 6 月 13 日召开构建美丽中国建设成效考核指标体系研究座谈会，会议主要内容体现在三方面。一是要高度重视指标体系构建。二是要明确考核目的。要以美丽中国建设进程评估和监测评价为支撑，构建美丽中国建设考核评价体系，其中美丽中国建设成效考核指标体系是基础和关键。三是要客观公正。美丽中国建设成效考核是一项政治性、科学性与业务性都很强的工作。在此过程中，必须不断提高政治站位，确保工作方向与国家发展战略紧密契合。同时，需将关注点精准聚焦核心领域与关键绩效指标，通过深入细致的调研与论证，构建一套既具有明确导向性，又客观公正、科学严谨的考核评价体系，为考核评估工作奠定坚实的基础，更为推动我国生态文明建设迈上新台阶提供有力支撑。

（二）加快工业绿色化转型，助力美丽中国建设

2024 年 7 月 5 日，国务院新闻办公室举行“推动高质量发展”系列主题新闻发布。会上，工业和信息化部新闻发言人、总工程师赵志国强调，工业是我国能源消耗与碳排放的重要领域，绿色低碳不仅是科技革新与产业升级的必然趋势，也是加速新型工业化进程的关键动力，有助于加快全面建设美丽中国的步伐。他表示，要秉承“绿水青山就是金山银山”的理念，落实工业碳达峰行动方案，加速推动工业绿色转型。重点从以下三个方面发力。

在推进绿色低碳改造方面，加大节能降碳的力度，特别针对钢铁、有色、石油化工、建材等重点行业，以及数据中心、通信基站等关键信息基础设施，实施协同增效策略，协同推进数字化与绿色化改造，实现能源利用效率的提升。鼓励企业构建数字化能源与碳排放管理平台，运用前沿信息技术，细化能源管理，精准控制碳排放，为绿色转型奠定坚实的技术基础。加

速资源循环利用体系建设，推动工业固体废弃物与再生资源高效利用，减少对自然资源的依赖，降低对环境的影响，构筑资源安全防线，为工业绿色发展奠定基础。

在构建绿色制造体系方面，制订并执行制造业绿色低碳发展的专项计划，实施绿色制造工程，培育绿色工厂与绿色工业园区，树立绿色生产的标杆，引领制造业整体迈向绿色低碳发展的新阶段。特别是在航空、船舶、新能源汽车、新能源电子等领域，率先构建绿色供应链网络，促进产业链各环节协同减碳。探索工业产品碳足迹管理的创新路径，开发科学高效的管理工具与核算标准，助力企业精确掌握碳排放情况，增强绿色竞争力。

在绿色产业的培育与壮大方面，聚焦绿色低碳技术装备的研发与供应，推动氢能、新型储能、环保装备、绿色智能计算及智能微电网等绿色产业快速发展。持续打造并巩固产业竞争新优势，为经济社会的绿色转型与可持续发展注入强劲动力，共创绿色繁荣的未来。

（三）把“全面推进美丽中国建设”作为六五环境日主题

2024 年 6 月 5 日，生态环境部携手中央精神文明建设办公室及广西壮族自治区人民政府，在绿城南宁举办了 2024 年六五环境日国家主场活动。此次活动以“全面推进美丽中国建设”为主题。生态环境部负责人在活动中强调，全面推进美丽中国建设，要坚定不移地践行“绿水青山就是金山银山”的理念。应持续聚焦污染防治攻坚战，不断提升治理成效，力求环境质量持续改善；应大力倡导绿色低碳的生产与生活方式，引领社会向更加环保、可持续的方向发展。此外，增强生态系统的多样性、稳定性及可持续性，是推动高质量发展的必然要求，有助于为经济社会发展提供坚实的生态环境保障。中央精神文明建设办公室的负责人强调，深入学习并广泛传播习近平生态文明思想至关重要，需扎实有效地开展生态环保领域的文明实践活动，并确保这些活动融入群众性精神文明建设的各个环节之中。通过讲述生态环保故事，激发社会各界对环境保护的激情与热情，共同推动生态文明建设迈上新台阶。

（四）构建数字化治理体系，赋能美丽中国建设

2024 年 5 月 24 日，第七届数字中国建设峰会数字生态文明分论坛在福州召开，主题是“构建数字化治理体系，赋能美丽中国建设”。生态环境部有关负责人指出，以数字化、信息化、智能化赋能生态文明建设，是提升现代环境治理能力、构建美丽中国数字化治理体系、促进新质生产力发展、建设绿色智慧的数字生态文明的重要内容。要深入学习贯彻习近平总书记关于网络强国的重要思想，认真落实党中央、国务院关于建设数字生态文明的决策部署，坚持把数字化作为把握环境治理现代化转型新机遇的战略抉择，构建智慧高效生态环境保护新格局的核心引擎，推进健全美丽中国建设保障体系新任务的有力支撑。要充分发挥数字技术驱动引领作用，不断夯实生态环境治理数字基础，拓宽数字技术应用场景，在建设人与自然和谐共生的现代化新征程上奋力谱写数字生态文明建设新篇章。

（五）推广美丽中国建设的“厦门实践”经验

2024 年 4 月 28 日，生态环境部海洋生态环境司副司长张志锋在例行新闻发布会上阐释了美丽中国建设的“厦门实践”经验。多年来，厦门市按照习近平总书记的战略擘画探索出一条人与自然和谐共生的中国式现代化发展道路，美丽厦门建设取得可喜成果。厦门市的主要经验包括：一是深入贯彻习近平总书记“依法治湖”的重要论述，不断强化生态文明领域的法治建设，为生态文明建设的持续深化筑牢法律防线。二是坚持科学决策、科学施策，组建海洋专家团队，为全市生态文明建设提供智力支持，通过生态系统调研、环境治理与生态保护技术应用等手段，统筹陆海生态环境保护。三是精准施策，积极将筼筜湖治理的成功经验推广至流域上游及污染源头地区，实施源头控制、精准截污，从根本上解决污染问题，实现治理效果的最大化。四是强化系统思维，立足海湾型生态城市的发展愿景，坚持系统治理原则，连续推进多个海湾（如海沧湾、五缘湾等）的综合整治，促进生态环境整体质量的提升。五是促进区域协调发展，主动作为，构建闽西南协同发展区生态环境保护合作机制，加强九龙江流域与厦门湾的跨区域协同治理，开创“大厦门湾”治理新局面，打造跨区域生态环境保护的典范。美丽中国建设的“厦门实践”是对习近平生态文明思想的生动诠释，为新时代推进生态文明建设、构建人与自然和谐共生的美丽中国提供了宝贵的经验借鉴。

三 未来全面推进美丽中国建设的政策措施

（一）积极推动全民共同参与美丽中国建设

生态文明建设是关乎全民福祉的伟大事业，其核心在于全体人民的共同参与。美丽中国建设不只是政府部门或组织机构的责任，更是所有人的共同责任与追求。《中共中央 国务院关于全面推进美丽中国建设的意见》强调了“全社会行动”的重要性，鼓励每一个人都将建设美丽中国视为己任，从少使用一次性塑料制品、节约用水用电、参与植树造林等日常生活中的小事做起，鼓励园区、企业、社区、学校等基层单位发挥引领作用，通过绿色、清洁、零碳的生产生活方式，为全社会树立榜样。生态文明建设不是一朝一夕之功，需要全社会的共同努力和持续推动。只有当我们每个人都将环保理念内化于心、外化于行时，美丽中国的愿景才能真正变为现实。

（二）开展形式多样的宣传活动

2024年6月5日，即六五环境日，各地开展了形式多样的宣传活动。以河南为例，河南六五环境日主场活动呈现了三大亮点。一是全面展示美丽河南建设成果，邀请了“绿水青山就是金山银山”实践创新基地、生态文明建设示范区的众多代表亲临现场，讲述他们在推动美丽河南建设过程中的感人故事，为观众勾勒出一幅幅生态环境良好、生活富裕的美丽画卷。通过“豫见美丽中国——全面推进美丽中国建设河南实践”展览，图文并茂、生动直观地展现了河南各地在美丽中国建设中的积极探索与显著成效，让人感受深刻。二是大力培育弘扬生态文化。2023年，河南省生态环境厅联合省文联启动了“大地文心·河之情”生态文学作品征集活动，征集到小说、散文、诗歌等作品2000余篇，评选出110篇优秀作品，并邀请优秀生态文学作品作者分享创作体会。三是持续深入开展全民行动。河南省生态环境厅联合有关部门持续深入开展“美丽中国，我是行动者”系列活动。河南省宣传活动的创新做法值得参考。

（三）各部门要切实扛起重大责任

《中共中央　国务院关于全面推进美丽中国建设的意见》要求制定地方党政干部生态环境保护规定，建立覆盖全面、权责一致、奖罚分明、环环相扣的责任体系。各级政府部门要认真贯彻习近平生态文明思想，坚决扛起环保责任，打赢污染防治攻坚战，推动生态环境质量提升，为高质量发展奠定绿色基础。

（四）要加快深化改革和构建各项机制

中国式现代化是人与自然和谐共生的现代化，这要求我们必须建立健全生态文明制度体系，同步推进碳减排、污染控制、生态扩容与经济发展，积极应对气候变化挑战，坚持“绿水青山就是金山银山”的理念。为实现这一目标，必须加速构建美丽中国建设的实施体系与推进落实机制，确保各项任务具体化、清单化、责任到人，强化跨部门协调、动态调度、科学评估及监督管理。各级党委、政府及社会各界组织需深刻领会并切实执行党的二十届中央委员会第三次全体会议所作出的各项战略部署，将全面深化改革的总体要求与构建美丽中国的战略目标紧密结合，以更加坚定的步伐、更加务实的行动，携手共进，推动美丽中国建设迈上新的台阶。

（五）发挥高端智库职能，推进美丽中国建设理论创新

《关于加强中国特色新型智库建设的意见》明确指出，要充分发挥中国特色新型智库政策咨询、理论创新、舆论塑造、社会服务及公共外交等关键

作用。习近平总书记在全国生态环境保护大会上的重要讲话为中国特色新型智库有效发挥作用指明了方向。《红旗文稿》2023 年第 19 期刊载的《进一步深化习近平生态文明思想的大众化传播》一文，由习近平生态文明思想研究中心撰稿，这正是高端智库理论创新能力的生动展现。文章深刻剖析了习近平生态文明思想，强调其作为马克思主义中国化最新理论成果，不仅是新时代引领美丽中国建设、促进人与自然和谐共生的现代化的核心思想动力，更展现出高水平的科学性和鲜明的时代烙印。深入贯彻落实习近平生态文明思想，不仅是党的宣传思想工作的重要任务，也是生态环境保护事业蓬勃发展的内在需求。习近平生态文明思想在凝聚社会共识、激发全民参与热情、塑造良好生态形象方面发挥着无可替代的作用。让习近平生态文明思想成为广大党员干部的思想武器，有助于教育引导人民群众树立正确的生态文明观，指导社会实践向更加绿色、低碳、可持续的方向发展。这一过程将有力地促进理论转化为推动社会全面进步、改善自然环境的实际行动，为构建人与自然和谐共生的美丽中国注入不竭的精神动力和强大实践能量。习近平生态文明思想研究中心的理论创新与实践探索，为其他专业领域的高端智库提供了宝贵的经验借鉴与深刻启示，其成功模式值得社会各界广泛学习与应用，以共同推动中国乃至全球生态文明建设迈向新高度。

参考文献

[1]《习近平：高举中国特色社会主义伟大旗帜　为全面建设社会主义现代化国家而团结奋斗——在中国共产党第二十次全国代表大会上的报告》，求是网，2022 年 10 月 25 日，http://www.qstheory.cn/yaowen/2022-10/25/c_1129079926.htm。

[2]《习近平在全国生态环境保护大会上强调全面推进美丽中国建设　加快推进人与自然和谐共生的现代化》，中华人民共和国中央人民政府网站，2023 年 7 月 18 日，https://www.gov.cn/yaowen/liebiao/202307/content_6892793.htm。

[3]《中共中央　国务院关于全面推进美丽中国建设的意见》，新华网，2024 年 1 月 11 日，http://www.xinhuanet.com/20240111/84aa3eef006248e8a1c75c141036dec3/c.html。

[4]《李强主持召开国务院常务会议》，新华网，2024 年 6 月 26 日，http://www.

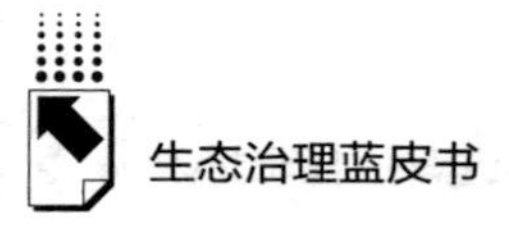

news. cn/politics/leaders/20240626/6d078e9f4f534fbbaf5bd6635a23691c/c. html。
[5]《生态环境部召开部务会议》，中华人民共和国生态环境部网站，2024 年 3 月 19 日，https：//www. mee. gov. cn/ywdt/hjywnews/202403/t20240319_ 1068787. shtml。
[6]《生态环境部召开 3 月例行新闻发布会》，中华人民共和国生态环境部网站，2024 年 3 月 27 日，https：//www. mee. gov. cn/ywdt/xwfb/202403/t20240327_ 1069445. shtml。
[7]《国新办举行“推动高质量发展”系列主题新闻发布会（工业和信息化部）图文实录》，中华人民共和国国务院新闻办公室网站，2024 年 7 月 5 日，http：//www. scio. gov. cn/live/2024/34226/tw/。
[8]《2024 年六五环境日国家主场活动在南宁举办》，中华人民共和国生态环境部网站，2024 年 6 月 5 日，https：//www. mee. gov. cn/ywdt/hjywnews/202406/t20240605_ 1075086. shtml。
[9]《生态环境部召开美丽中国建设成效考核指标体系研究座谈会》，中华人民共和国生态环境部网站，2024 年 6 月 13 日，https：//www. mee. gov. cn/ywdt/hjywnews/202406/t20240613_ 1075739. shtml。
[10]《5 月例行新闻发布会答问实录》，中华人民共和国生态环境部网站，2024 年 5 月 30 日，https：//www. mee. gov. cn/ywdt/xwfb/202405/t20240530_ 1074457. shtml。
[11]《中国环境科学学会 2024 年科学技术年会召开》，中华人民共和国生态环境部网站，2024 年 5 月 27 日，https：//www. mee. gov. cn/ywdt/hjywnews/202405/t20240527_ 1074211. shtml。
[12]《第七届数字中国建设峰会数字生态文明分论坛在福州召开》，中华人民共和国生态环境部网站，2024 年 5 月 25 日，https：//www. mee. gov. cn/ywdt/hjywnews/202405/t20240525_ 1074039. shtml。
[13] 程维嘉：《发展新质生产力是全面推进美丽中国建设的根本之策》，《中国环境报》2024 年 6 月 5 日。
[14]《生态环境部召开 4 月例行新闻发布会》，中华人民共和国生态环境部网站，2024 年 4 月 28 日，https：//www. mee. gov. cn/ywdt/xwfb/202404/t20240428_ 1071914. shtml。
[15]《提升公众生态环境意识　全面推进美丽中国建设》，《中国环境报》2024 年 6 月 6 日。
[16] 黄超：《各地各校深入开展生态文明教育，引导广大学生——努力成为美丽中国建设参与者和推动者（深聚焦）》，《人民日报》2023 年 12 月 17 日。
[17] 习近平生态文明思想研究中心：《进一步深化习近平生态文明思想的大众化传播》，《红旗文稿》2023 年第 19 期。

B.5
"走在前，做示范"，全面推进美丽江苏建设

张立伟*

摘　要： 江苏省贯彻落实习近平总书记重要指示精神，全面推进美丽江苏建设，通过制定和实施《江苏省"十四五"生态环境基础设施建设规划》，加强生态环境基础设施建设，提升生态环境治理能力，促进经济社会高质量发展。本文总结了江苏省在加快美丽江苏建设、推动人与自然和谐共生方面的多项具体措施，包括开展长江大保护、加快新一轮太湖综合治理的进度、持续深入打好蓝天碧水净土保卫战、全域"无废城市"建设、发展方式绿色低碳转型、建设新型能源体系等。这些措施展示了江苏省在加强生态文明建设方面的决心，也为江苏省实现碳达峰碳中和、实现人与自然和谐共生的现代化目标奠定了坚实基础。

关键词： 美丽江苏建设　环境保护　生态治理

一　制定生态环境基础设施建设规划，为美丽江苏建设提供坚强保障

2022年2月，江苏省正式颁布了《江苏省"十四五"生态环境基础设

* 张立伟，21世纪马克思主义研究院经济社会文化发展战略研究中心副主任，主要研究方向为金融等。

施建设规划》（以下简称《规划》），旨在加速推进全省生态环境基础设施的建设进程，从而为生态环境治理体系与治理能力现代化奠定基础。

（一）《规划》编制的背景和重要意义

全面加强生态环境基础设施建设，提升生态环境治理能力，是深入践行习近平生态文明思想不可或缺的必然要求和根本保证。江苏省委、省政府对此给予了高度重视，在“十三五”期间，江苏省已出台并实施了《江苏省环境基础设施三年建设方案（2018—2020年）》，该方案成功推动了众多关键工程项目的落地实施，显著增强了全省环境基础设施的整体能力，为顺利完成污染防治攻坚战的阶段性目标任务奠定了坚实基础。然而，江苏省委、省政府也清醒地认识到，当前的生态环境基础设施建设仍存在明显的短板与不足，与深入打好污染防治攻坚战、实现“争当表率、争做示范、走在前列”的宏伟目标相比，仍有不小差距。为了进一步推动江苏省生态环境基础设施的建设与完善，充分发挥江苏省在生态文明建设中的战略引领、基础支撑和先行探索作用，根据江苏省委、省政府的统一部署，江苏省生态环境厅携手相关部门精心编制了《规划》。《规划》的发布，标志着江苏省在加快弥补生态环境基础设施领域短板、进一步提升生态环境治理能力、促进经济社会高质量发展方面迈出了重要一步，其意义深远而重大。

一是有利于“十四五”生态环境保护目标的顺利实现。在全省层面对生态环境基础设施建设进行系统谋划部署，实现规划统领、力量统筹、任务统分、标准统一，进一步强化源头治理、治本攻坚，提升区域生态环境承载能力，为深入打好污染防治攻坚战、推动减污降碳协同增效，实现“双碳”目标和省第十四次党代会提出的空气质量“30”和水环境质量“90”目标提供强有力支撑。

二是有利于加快推进生态环境治理体系和治理能力现代化。《规划》的深入实施将加速补齐增强江苏省现存的短板弱项，优化空间布局，保障生态环境领域基础设施高效供给，为江苏省生态环境治理体系和治理能力现代化水平的全面提升，提供坚实的物质基础与硬件支撑，为未来江苏省的可持续发展奠定牢固基石。

三是有利于为推动高质量发展注入新动能。生态环境基础设施在经济发展中扮演着双重角色，它既属于供给端，又属于需求端；它本身是重大项目，又服务于各类重大项目。因此，加速推进生态环境基础设施建设，不仅能够有效提升环境扩容能力，为经济发展腾出更多空间，还能刺激投资、扩大市场需求、推动经济增长。

四是有利于提升人民群众的安全感获得感。污水、垃圾、危险废物、雾霾等环境问题人民群众高度关注，蓝天、碧水、青山、净土人民群众时刻期盼，《规划》着眼于抓源头、打基础、管长远，着力于解决人民群众最关心、最直接、最现实的生态环境问题，力争让人民群众更强烈地感受到生态环境保护与治理的成效，切实增强人民群众的优美生态环境获得感。

（二）《规划》的主要内容

《规划》共包括五个章节。

第一章为规划背景。总结概括“十三五”时期江苏省生态环境基础设施建设取得的成效和存在的不足，研究分析“十四五”时期江苏省生态环境基础设施建设所面临的机遇和挑战。

第二章为总体要求，明确了指导思想、基本准则和主要目标。为了更具体、更精准地响应“十四五”期间江苏省生态环境基础设施建设的总体需求，第二章将总体需求分解为九个类别的具体目标指标，以确保各项工作能够有的放矢地稳步推进。

第三章为主要任务，共涵盖四个方面，具体包括十大项具体工作任务。其中“补短板”任务 3 项，聚焦城镇污水收集处理、农村生活污水治理以及工业废水集中处理；“促提升”任务 3 项，聚焦生活垃圾收运处置、危险废物与一般工业固体废物处置利用以及清洁能源供应；“强支撑”任务 3 项，聚焦自然生态保护、环境风险防控与应急处置以及生态环境监测监控；“提水平”任务 1 项，即提升管理能力现代化水平。

第四章为重点工程。对应《规划》中的主要任务，明确提出了“十四

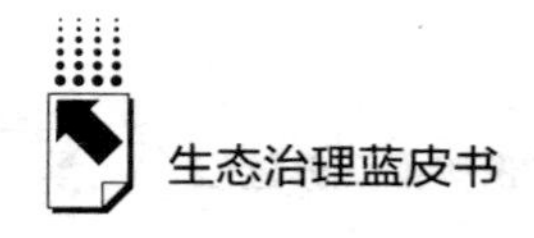

五”期间需重点推进的九大类重点工程。这些工程以专栏形式详细列出，旨在确保各项目标任务的落地与落实。其中，城镇污水收集处理工程将提升污水收集率与处理效率，改善城镇水环境质量；工业园区废水集中处理工程则针对工业废水排放问题，通过集中处理、循环利用等方式，降低工业活动对环境的负面影响；农村生活污水治理工程、生活垃圾收运处置工程、危险废物与一般工业固体废物处置利用工程、清洁能源供应工程等，覆盖了生态环境保护的多个方面，旨在全面提升生态环境基础设施的服务能力与水平；自然生态保护工程、环境风险防控与应急处置工程以及生态环境监测监控工程，则进一步强化了生态环境保护的支撑体系，为应对环境风险、保护生物多样性、提升监管效能提供了有力保障。一系列重点工程的实施，将有力推动《规划》目标的实现，促进生态环境质量的持续改善，为经济社会的高质量发展奠定坚实基础。

第五章为保障措施，包括 6 个方面。一是强化组织协调，通过建立健全跨部门、跨地区的协作机制，形成工作合力；二是严格评估考核，建立科学完善的评估体系，定期对《规划》实施情况进行监测与评估，确保各项任务保质保量完成；三是加大资金投入力度，积极拓宽融资渠道，保障生态环境基础设施建设的资金需求；四是完善政策支持，制定出台一系列配套政策，为《规划》实施提供有力政策保障；五是夯实科技支撑，加强生态环境保护领域的科技创新与应用，提升治理效能；六是扩大公众参与，增强公众环保意识，鼓励社会各界积极参与生态环境基础设施建设与监督。此外，为进一步强化项目支撑，江苏省生态环境厅在规划编制阶段即启动了广泛的项目征集工作，面向省直相关部门及各地市广泛收集工程项目建议，并据此建立了“十四五”期间生态环境基础设施重点工程项目库。这一举措不仅丰富了项目储备，也为《规划》的落地实施提供了支撑。

（三）《规划》的主要特点

一是更加突出系统性。《规划》涵盖了城乡生活污水治理、工业废水处理、生活垃圾管理、危险废物与一般工业固体废物处置、清洁能源、自然生态保护以及生态环境监管等多个重要领域，涉及发展改革、住房城乡建设、农业农村、水利等近 20 个政府部门的工作范畴，整合了各部门、各领域在生态环境基础设施建设上的任务与职责，构建了一个紧密相连、协同工作的完整体系，为全省提供了统一且有力的抓手，能够确保各项任务高效推进。

二是更加突出导向性。《规划》紧密围绕江苏省生态环境基础设施存在的突出问题与薄弱环节，如污染治理能力尚存不足、部分设施运维水平有待提升、信息化与智能化水平还不够高、管理体制机制需进一步完善等挑战，提出了一系列具有针对性的解决方案。这些解决方案不仅为当前江苏省存在的问题提供了应对之道，更为未来一个时期内江苏省的工作明确了奋斗的方向与实现目标的路径。

三是更加突出统筹性。《规划》既严格落实了上级政策，又充分考虑了各地的实际情况，还积极与省级其他相关规划进行对接，形成政策合力，避免重复建设与资源浪费。更为关键的是，《规划》创新性地提出，要依托现有的污染防治攻坚战指挥体系，构建一个协同推进的工作机制。这一机制将统筹协调多个部门，共同推动生态环境基础设施建设。

四是更加突出工程性。《规划》聚焦工程设施，对各类关键设施的建设能力与规模均设定了明确而具体的要求。为确保这些要求得以实现，《规划》特别设立了重点工程专栏，对主要任务进行了分解，并将责任进一步细化为具体的工程量与建设任务，明确到各个设区市。《规划》还提出要构建全省生态环境基础设施重点工程项目库，为项目的规划、实施与监督提供平台支持，确保《规划》可量化、可考核。

二　加快美丽江苏建设的规划部署

（一）政府工作报告对加快美丽江苏建设的部署

江苏省于 2024 年 1 月 23 日发布的政府工作报告明确提出要深入贯彻习近平生态文明思想，着力打造绿色低碳发展高地，全面推进人与自然和谐共生的现代化。

一是扎实开展长江大保护。建立健全长江水生态考核评估体系，以科学手段监测、评估长江水生态状况。同时，开展长江水生态系统的全面修复工作，坚定不移地执行长江“十年禁渔”政策。实施长江干流通江支流水质稳定达标等专项行动，确保长江江苏段的水质长期稳定在Ⅱ类以上标准，持续提升生物多样性保护水平，维护长江生态安全。

二是加快推进新一轮太湖综合治理。聚焦上游的洮滆片区，加大治理力度，特别是针对湖西地区入湖河流及涉磷企业的环境问题，采取更加严格的整治措施。同时，加大污水收集处理设施建设力度，推进底泥清淤等关键工程，以高标准实现“两保两提”目标，即保障水质安全、保护湖泊生态，提升水体自净能力、提升生态景观品质，努力构建太湖健康生态系统。

三是持续深入打好蓝天碧水净土保卫战。为持续提升环境质量，江苏省将执行空气质量改善行动计划，集中力量减少氮氧化物与挥发性有机物的排放。同时，加快美丽河湖与美丽海湾的建设步伐，特别重视洪泽湖、骆马湖等湖泊的保护与治理工作，加大城镇生活污水处理力度，确保水质持续改善。构建覆盖全过程的土壤污染风险防控体系，以保障土壤安全。

四是大力建设全域“无废城市”，扎实抓好新污染物治理。努力实现城市固体废物的减量化、资源化和无害化，推动建设全域“无废城市”。深入实施新污染物治理计划，强化噪声污染等专项治理行动，营造更加宁静宜居的环境。

五是加快推动发展方式绿色低碳转型。为实现国家碳达峰碳中和目标，江苏省将全面贯彻落实碳达峰碳中和“1+1+N”政策体系，推动能耗双控逐步转向碳排放双控。促进碳排放权、用能权等环境权益的市场化交易，激发市场活力，并积极探索碳市场与绿电市场的创新发展模式，为发展方式的绿色低碳转型提供强大动力。

六是构建完善的绿色产业体系，引领节能降碳新风尚。江苏省聚焦重点领域与关键行业，推动实施节能降碳增效策略。建设一批具有示范意义的零碳工厂与零碳园区，引领产业向更加绿色、低碳的方向转型升级。

七是加速建设新型能源体系，推动可再生能源发展。为应对能源转型挑战，江苏省正加快建设新型能源体系，其中海上风电与光伏发电是重要的发展方向。积极支持沿海地区建立可再生能源发展示范区与绿色低碳发展示范区，通过政策引导与技术创新，促进可再生能源的规模化、高效化利用。

八是加大生态保护修复力度，共筑美丽家园。通过健全生态环境分区管控制度，完善生态产品价值实现机制，实施生态环境安全与应急管理"强基提能"工程，全面提升生态环境治理水平。加快生态环境基础设施建设，推进"国家山水工程"，强化山水林田湖草沙一体化保护和系统治理，努力守护万物共生的美丽家园。

（二）出台美丽江苏建设制度文件

2024 年 7 月，江苏省正式颁布《关于全面推进美丽江苏建设的实施意见》（下文简称《实施意见》），以此作为指导全省生态文明建设的纲领性文件。

《实施意见》明确指出，"强富美高"的新江苏是习近平总书记亲自为江苏省擘画的宏伟蓝图，建设美丽江苏是江苏省在推进中国式现代化中走在前、做示范的重要任务。为全面推动美丽江苏建设，必须立足于人与自然和谐共生的战略高度，精心规划发展路径，协同推进碳减排、污染防治、生态扩容与经济增长，力求生态环境质量改善实现从量到质的飞跃。以高质量的生态环境为基石，支撑并引领经济社会的高质量发展，积极培育和发展新质生产力，在建设美丽中国先行区、推进中国式现代化中走在前、做示范。

《实施意见》明确了美丽江苏建设的分阶段目标，即"十四五"深入攻坚、"十五五"巩固拓展、"十六五"整体提升。具体而言，到 2025 年，绿色低碳发展深入推进，生态环境质量持续改善，环境治理体系健全完善。江苏将凭借高品质的生态环境，在全国范围内引领高质量发展的潮流，美丽江苏建设成效显著。到 2030 年，绿色生产与生活方式广泛形成，生态环境迎来根本性好转，现代环境治理体系基本构建完成。生态文明理念深入人心，

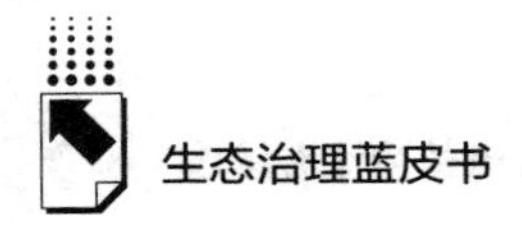

美丽江苏的宏伟蓝图将基本实现。到 2035 年，生态文明全面提升，绿色发展方式和生活方式全面形成，人与自然和谐共生的美丽江苏全面建成。

《实施意见》围绕 6 个方面——加快发展方式的绿色低碳转型、推动生态环境实现根本性好转、打造美丽江苏建设的示范样板、开展全民参与的美丽江苏建设行动、健全美丽江苏建设的保障体系、坚持党的全面领导，精心部署了 20 多项具体工作要求。

三 《江苏省生态环境保护条例》为美丽江苏建设增添法治保障

习近平总书记强调，要把建设美丽中国摆在强国建设、民族复兴的突出位置。① 为加强生态文明建设，促进经济社会可持续发展，以美丽江苏建设全面推进人与自然和谐共生的现代化，江苏省施行了《江苏省生态环境保护条例》（下文简称《条例》）。

（一）《条例》制定的背景和意义

绿水青山就是金山银山，要坚持统筹山水林田湖草沙系统治理，用最严格的制度保护生态环境。江苏省深入贯彻落实习近平生态文明思想和习近平总书记对江苏工作的重要讲话、重要指示精神，坚持精准治污、科学治污、依法治污，尤其注重在法治轨道上推进全省生态环境保护工作。江苏省现有省级生态环境保护法规 13 件，各设区市相关法规 48 件。这些地方性法规涵盖了大气、地表水、土壤、噪声、危险废物、生态、海洋、湿地等主要环境要素，同时也涉及太湖、通榆河、长江、机动车等重点流域和领域，为深入打好污染防治攻坚战，促进全省生态环境质量持续改善，提供了坚强有力的法治保障。当前，江苏省进入美丽江苏建设新阶段，对生态环境法治建设提

① 洪向华、杨润聪：《把建设美丽中国摆在强国建设民族复兴的突出位置》，人民网，2024 年 1 月 19 日，http：//theory. people. com. cn/n1/2024/0119/c40531-40162387. html。

出更高要求，在习近平生态文明思想的指引下，江苏省生态环境厅 2021 年启动《条例》制定工作，经过 3 年的调研立法准备，《条例》于 2024 年 3 月正式通过。可以说《条例》的出台，在江苏省生态环境法治建设中具有里程碑意义。

一是制定《条例》是贯彻落实习近平生态文明思想的重大举措。习近平生态文明思想为推进生态文明建设和生态环境保护工作提供了根本遵循和科学指引，既是方法论，又是实践论。《条例》通篇贯彻习近平生态文明思想，把其中的精神要义和实践要求落实为具体制度设计、监管要求、法律责任等，是习近平生态文明思想在江苏生态环境立法实践中的具体成果。

二是《条例》为推进美丽江苏建设提供了强大保障。中共江苏省委十四届四次全会和江苏省生态环境保护大会全面贯彻全国生态环境保护大会精神，提出要推进美丽江苏建设，充分展现自然生态之美、绿色发展之美、城乡宜居之美、水韵江苏之美、区域善治之美。这“五美”构成了美丽江苏的基本特质。《条例》紧紧围绕美丽江苏建设的部署安排，以法律的善治为推进美丽江苏建设提供坚实保障。

三是制定《条例》是提升江苏省生态环境治理现代化水平的客观要求。近年来，江苏省深入推进与生态环境部共建生态环境治理体系和治理能力现代化试点省工作，持续推出了一系列行之有效的创新性做法，这些做法需要进一步制度化和规范化。《条例》系统总结了成功经验，有利于坚持问题导向，建立完善制度，不断提升生态环境治理现代化水平，更好推进人与自然和谐共生的现代化江苏新实践。

（二）《条例》的主要内容和贯彻落实的举措

《条例》共 7 章 84 条，主要内容体现在以下几个方面。

一是压紧压实各方责任。在政府责任方面，《条例》第四条规定，地方各级政府对本行政区域的生态环境质量负责；第五条规定，县级以上政府应当加强对生态环境保护工作的领导，充实基层生态环保工作力量，地方各级人民政府应加大对生态环境保护的财政投入力度；第五十三条规定，县级以上政府应当加强对长江船舶污染物的污染防治，完善港口岸电设施建设。在部门责任方面，《条例》第六条规定，建立生态环保责任清单制度，明确部门生态环保责任，生态环境主管部门对生态环保工作实施统一监督管理，其他有关部门和机构在各自职责范围内做好生态环保工作。在乡镇、街道等基层组织责任方面，《条例》第七条规定，乡镇（街道）应当将生态环保工作纳入网格化社会治理，建立日常巡查制度，及时发现制止生态环境违法行为；第八条规定，开发区等各类园区管理机构应当明确机构和人员，做好生态环保工作。

根据《条例》和相关规定，江苏省生态环境厅将组织开展问题排查，加强自查自纠，切实发现整改突出生态环境问题；把中央生态环保督察和省级生态环保督察有力结合起来，发挥督察的法治利剑作用。近年来，江苏省生态环境厅深入开展了省级生态环保督察，督促地方政府、省有关部门和省属企业开展生态环境保护问题整改，扎实推进问题的解决，切实压紧压实政府部门及企业等各方主体的责任。

二是聚焦生态保护与修复工作。《条例》设立了“生态保护修复”专章，详尽阐述了生态保护与修复措施、生物多样性保护以及生态环境损害赔偿等相关内容。

在生态保护与修复措施层面，《条例》第四十条创新性地提出编制自然生态保护修复行为的负面清单，以规避不当行为；第三十二条强调省政府需定期实施生态状况调查，并由省生态环境部门公开调查结果，提升透明度；第三十四条则要求省生态环境部门构建涵盖长江等关键水系的水生态监测网络，实施科学的水生态状况评估；第三十七条进一步指出，县级及以上地方政府需积极推动生态安全缓冲区的建设，筑牢生态防线。

在生物多样性保护层面，《条例》第三十六条明确指出，省生态环境主管部门需牵头制定生物多样性保护战略与行动计划，实施生物多样性监测，编制包括生物多样性红色名录、外来入侵物种名录及生态环境质量指示物种清单在内的系列管理文件，以全面守护生物多样性。

在生态环境损害赔偿方面，《条例》第四十六条明确规定，任何造成生态环境损害的单位或个人均须承担修复与赔偿责任，并允许采用替代修复方案；第四十七条则细化了损害发生后的索赔流程，指出政府或其指定部门、机构应与赔偿义务人进行磋商，并提供了简易评估认定与简易磋商程序，使得损害责任追究更加高效、深入。这一系列规定显著增强了生态环境损害修复与赔偿责任承担的可操作性。

根据《条例》和相关规定，江苏省生态环境厅将持续加强生态保护，深入推进生态状况调查评估，建立健全陆域海域调查监测评估技术标准体系，开展生态环境质量指数（EQI）监测评价，推进生态岛试验区、多类型生态安全缓冲区建设，出台自然生态保护修复行为负面清单2.0版，扎实开展长江水生态考核试点。持续加强生物多样性保护，印发实施《江苏省生物多样性保护战略与行动纲要（2023—2035年）》，谋划建设生物多样性保护重大工程项目，推动生物多样性本底调查"全覆盖"；制定第二批江苏省生物多样性红色名录和生态环境质量指示物种清单，加快生物多样性观测体系建设。落实生态环境损害修复与赔偿责任认定，深化案例实践，推进行政处罚与损害赔偿相衔接，依法应赔尽赔；推行全流程简易办理和多元赔偿修复，确保生态环境得到充分修复。

三是持续强化污染防治。水污染防治方面，《条例》第五十二条规定，长江、太湖等重要流域的县级以上地方人民政府应当采取措施控制总磷等污染物排放。大气污染防治方面，《条例》第五十五条规定，包装印刷、木材加工、纺织等行业企业要使用低挥发性有机物含量的涂料、油墨、胶粘剂、清洗剂等；第五十六条规定，建筑工地、码头等应当防治扬尘污染。农业农村污染防治方面，《条例》第五十九条规定，各级政府应当支持农村生活污水处理、畜禽养殖污染防治等环境设施建设和运维，加强农业面源污染防治和农村水环境治理等。

根据《条例》和相关规定，江苏省生态环境厅将进一步加强水污染防治，深入打好长江保护修复攻坚战，开展长江干流通江支流水质稳定达标专项行动，确保长江干流水质稳定达到Ⅱ类标准，通江支流水质稳步改善，对全省列入国家美丽河湖建设清单的168条河流、18个湖泊持续开展美丽河湖建设。扎实开展新一轮太湖综合治理，研究出台太湖流域禁止和限制的产品、产业目录，制订实施好一二级保护区企业关闭淘汰、转型升级计划，尽快完成涉磷企业的排查整治，实施太湖、滆湖清淤，构建太湖湖滨消纳圈和沿岸拦截圈，推动太湖重现碧波美景，重回国家良好湖泊的行列。进一步加强大气污染防治，深入推进清洁替代工作，以工业涂装、包装印刷、木材加工、纺织等行业为重点，对具备替代条件的，列入治理清单，推进实施低VOCs（挥发性有机物）原辅材料清洁替代，禁止生产和使用高VOCs的涂料、油墨、胶粘剂等；强化扬尘污染治理，开展“清洁城市行动”，实施降尘考核，推进建筑工地落实“六个100%”的要求，深入推进港口码头封闭式料仓建设，加快干散货码头环保设施建设，深入治理港口大气污染物排放。进一步加强农业农村污染防治，推进农村生活污水治理管控和农村生活污水资源化利用，提升既有设施的运行水平；加大农村黑臭水体整治力度，年内要完成纳入国家监管清单的农村黑臭水体整治和验收销号；开展畜禽养殖污染排查整治提升专项行动，在小散养殖区推进畜禽粪污集中收集处置中心建设，不断提升农业面源污染防治水平。

四是加大监管执法力度。《条例》第六十三条要求第三方机构出具的所有数据、结论及报告必须真实准确，严禁任何形式的弄虚作假行为，一旦查实，将对违规的运维与治理机构依法予以严惩；第六十七条规定，排污单位面对可能引发重大环境风险的安全隐患，必须制定隐患治理方案。

依据《条例》及最新政策导向，江苏省生态环境厅将秉持最严格的监管原则，采取“零容忍”态度，针对危险废物非法处置、污染源监测数据造假、废水偷排直排等行为，发起专项打击行动，通过树立一批典型，综合运用行政处罚、资质剥夺、行业禁入等多种手段实施严厉制裁，形成强大震慑力。此外，依据《条例》，对于排污单位在环境风险隐患治理上的不作为或敷衍了事行为，江苏省生态环境厅将依法启动行政处罚程序，全面升级环境安全风险的预防与控制措施。

五是加快建设环境基础设施。《条例》第五十九条规定，地方各级政府要支持农村生活污水处理、养殖池塘尾水治理、农田退水治理等环境基础设施建设和运行维护；第六十五条规定，地方各级政府及有关部门、园区管理机构应当加大环境基础设施建设投入力度，组织建设污水处理及配套管网、固体废物、危险废物收集处置等环境基础设施。

根据《条例》和相关规定，江苏省生态环境厅将加强水污染物平衡核算管理，推动各地加快推进城镇污水收集处理设施建设，按照省统一部署，以每年不低于5%的比例提升全省污水收集率，计划到2025年，全省城市建成区污水集中收集处理率达到80%以上，有条件的县级市要达到全收集的要求；持续推进工业废水与生活污水分质处理，尽快实现应分尽分；全面开展规模以上水产养殖池塘生态化改造，试点开展农田退水治理，进一步提升农村生活污水处理率，持续推进危险废物利用处置等一系列结构性基础设施的建设。

《条例》发布后，江苏省生态环境厅将继续深入贯彻落实习近平生态文明思想，严格推动落实《条例》各项规定，全方位加强《条例》的宣传和教育，把《条例》纳入领导干部培训范畴，通过制作宣传视频、印发宣传手册、开展送法进企入园等活动大力宣传《条例》，推动法规制度落地落实，推动法律责任转化为实际成效，始终在法治的轨道上推进生态文明建设和生态环境保护，以当表率、走在前、做示范的担当，凝聚全面推进人与自然和谐共生美丽江苏建设的强大动力和合力，为谱写“强富美高”新江苏现代化建设新篇章作出更大的贡献。

四　全面推进美丽江苏建设，以高品质生态环境支撑高质量发展

2024年1月31日，江苏省生态环境厅召开2024年全省生态环境保护工作会议，对全省生态文明建设和生态环境保护等工作作出安排。会议明确，2024年江苏省生态环境治理要重点抓好7个方面的任务。

一是始终牢记“国之大者”，坚决落实长江大保护战略与太湖治理行

动。持之以恒地深化长江生态环境保护，以更加坚决的态度和扎实的步伐，推进太湖新一轮综合治理任务，促进长江经济带实现高质量发展，并推动长三角区域生态环境的共同保护与协同治理。

二是深入打好污染防治攻坚战。聚焦工程项目建设，以项目为抓手，推动空气质量持续改善，巩固并提升水生态环境质量，深入实施土壤污染防治策略，加大对农业农村环境的治理力度，并强化对固体废物及新污染物的有效管控与治理，全方位、多层次地推进污染防治工作。

三是增强服务发展意识，引领经济社会迈向绿色转型之路。着力推动减污降碳，实现环境效益与经济效益的双赢，积极应对全球气候变化挑战，发挥生态环境要素对经济社会发展的支撑作用。深化生态环境领域的改革创新，以更加主动的姿态，贴近基层、服务企业，实现经济社会高质量发展与高品质生态环境建设的良性循环。

四是全面系统地推进自然生态保护与修复工作。加强对生态空间的保护与监管，实施一系列重大生态保护修复工程项目，提升生态系统的质量和稳定性，注重提升生物多样性保护水平。积极推进生态文明示范区建设，树立典型、推广经验，引领全社会共同参与生态文明建设。

五是持续优化生态环境治理体系，强化生态环境监测，确保数据精准、全面，为决策提供科学依据；加强科技创新在生态环境保护中的应用，提升治理效率与效果；积极培育与弘扬生态文化，促进全社会形成绿色发展的共识。

六是加大生态环境保护督察与执法监督力度。准确把握督察方向，聚焦关键领域与重点问题，严明督察纪律，确保督察工作公正、透明，不断提升执法效能，加大对违法行为的查处力度，形成有效震慑，推动生态环境法律法规的严格执行。

七是深入实施生态惠民、生态利民、生态为民的各项举措，将提升生态环境质量作为增进人民福祉的重要途径；扎实做好生态环境信访工作，及时回应群众关切，有效化解矛盾纠纷；持续提升生态环境质量，为人民群众创造更加安全、健康、宜居的生活环境。

五　抓好河湖治理保护，充分展现水韵江苏自然生态之美

2024年6月11日，江苏省总河长会议召开，会议聚焦深入学习贯彻习近平总书记关于水治理的重要论述及习近平总书记对江苏工作的重要讲话和重要指示精神，对当前全省河湖治理所面临的新挑战、新态势进行了全面剖析，旨在明确方向，精准施策。会议进一步对河湖长制工作进行了周密部署，以确保各项治理措施有效落地。

河湖长制作为习近平生态文明思想的具体实践，正展现出强大的生命力。自2023年以来，江苏省构建了完善的河湖网格化管理体系，聚焦“两河两湖”的治理工作，加大管护力度，提升工作效率，实现了河湖环境面貌的显著改善。展望未来，江苏省将进一步提高政治站位，深刻领会并全面贯彻“节水优先、空间均衡、系统治理、两手发力”的治水思路，将其内化于心、外化于行。以强烈的政治责任感和使命感，扎实有效地推进河湖治理与保护工作，让江苏的水韵之美熠熠生辉，让江苏充分展现自然生态的独特魅力，为建设美丽中国贡献江苏力量。

水旱灾害防御是河湖治理保护工作的首要任务。当前防汛工作的复杂性和严峻性前所未有，江苏省坚持牢固树立底线思维和极限思维，将防范大洪水与应对大干旱作为工作的出发点和落脚点。积极完善监测预报预警体系，深入开展风险隐患的排查与整治工作，构建全方位、多层次的灾害综合防御机制，做好应急救援力量储备，制定与演练各类应急预案。秉持“从最坏处准备，向最好处努力”的坚定信念，全力以赴防御水旱灾害。在此基础上，坚持“一盘棋”的统筹协调理念，将防汛救灾的责任细化到每一个环节、每一个层级，确保责任到人、到岗，形成上下一心、协同作战的良好局面。针对极端天气可能带来的挑战，蓄滞洪区、行洪区等关键区域，提前组织预案演练，动员群众参与，确保在有防洪需要时能够迅速、有效地采取应对措施。对于城市中的地铁、隧道等地下空间以及低洼地带，制定严格的应

急响应机制，一旦遭遇紧急情况，立即果断采取封闭、停运等措施，坚决守护人民群众的生命安全，将人民群众的生命安全置于所有工作的首要位置。

为打赢碧水保卫战，江苏省从源头抓起，强化防控措施，实现上下游、左右岸、干支流的整体规划与协同治理。继续加大对大江大湖、城市水体及农村黑臭水体的治理力度，不断完善区域间联防联控联治机制，确保碧水保卫战取得更为显著的成效。坚持综合施策，积极推动山水林田湖草沙生态系统的一体化保护和系统治理，特别是将长江生态环境的修复作为首要任务，努力实现构建幸福河湖的美好愿景。在水空间管理方面，扎实开展相关工作，努力提升水生态系统的稳定性、原真性和完整性，确保水资源的可持续利用。为强化刚性约束，持续加大水资源保护力度，严守用水总量控制、用水效率控制和水功能区限制纳污三条"红线"。通过实施工业节水减排、农业节水增效和城镇节水降损等措施，加快形成节水型的生产方式和生活方式，为水资源的可持续利用和碧水保卫战的全面胜利奠定坚实基础。

把河湖长责任制落到实处。河湖长制的核心在于落实责任，关键在于制度的完善与执行力的提升。江苏省水利厅积极承担牵头协调的重任，促进各部门之间紧密合作、责任共担。各相关部门主动肩负起治水责任，强化协同联动机制，形成河湖治理的合力，共同推动治理工作的深入开展。各级河湖长将巡河工作常态化，通过频繁的实地考察，及时发现河湖治理中存在的问题，并协调各方力量迅速有效解决，确保河湖长制不停留在制度层面，而是真正转化为治理行动。

六　加快林业高质量发展，筑牢美丽江苏绿色基底

2024 年 5 月 1 日，《江苏省湿地保护条例》开始实施，标志着江苏省湿地保护工作迈入新阶段。为深入解读这一条例，围绕推进林业高质量发展，服务建设人与自然和谐共生的美丽江苏，江苏省人民政府网携手新华日报、交汇点新闻客户端、新江苏·中国江苏网及"北京西路瞭望"微信公众号，共同推出了"加快林业高质量发展　筑牢美丽江苏绿色基底"在线访谈节

目。江苏省林业局党组书记、局长王国臣作为特邀嘉宾，分享了江苏在推动林业高质量发展方面的宝贵经验及未来战略规划。本部分内容摘自节目访谈。

（一）科学推进国土绿化，扩绿、兴绿、护绿并举

江苏，这片被誉为"一山二水七分田"的平原沃土，正以其独特的地理风貌展现着生态之美。江苏省已成功创建 9 个国家森林城市及 46 个全国绿化模范市、县（市、区），林木覆盖率高达 24.09%，绿意盎然，生机勃勃。江苏立足平原水乡的独特条件，科学规划，精心实施国土绿化工程，努力将习近平总书记提出的"环境美"愿景转化为触手可及的现实美景。自 2013 年起，全省上下齐心协力，累计完成造林绿化面积超过 640 万亩，成绩斐然。

江苏省依托沿江、沿海、沿京杭大运河以及沿淮河和黄河故道四大优势，建设了"两纵两横"的生态廊道。江苏省积极响应"长江大保护"的国家战略，以高标准推动长江江苏段的绿化工作，基本建成一条自然景观优美、生物多样性丰富、生态功能较为齐全的沿江生态景观廊道，这条廊道绵延千里，成为江苏生态文明建设的一张亮丽名片。

（二）湿地保护修复与科技创新并举

江苏省在湿地保护修复与科技创新的驱动下，成功修复了长江、太湖等区域的湿地约 100 万亩，显著提升了湿地生态系统的服务功能。通过构建湿地公园、湿地保护小区等保护网络，全省的自然湿地保护率实现了较大幅度的提高，从 2011 年底的 25.9%跃升至 2024 年的 65.1%，这一成就标志着湿地保护已成为江苏绿色发展的鲜明标识。

在湿地保护领域取得的卓越成效，让江苏的多座城市和自然保护区在国际舞台上大放异彩。常熟市、盐城市荣获"国际湿地城市"称号，大丰麋鹿国家级自然保护区、盐城湿地珍禽国家级自然保护区及淮安白马湖国家湿地公园被纳入国际重要湿地名录，黄（渤）海候鸟栖息地更是成为我国首

个滨海湿地类的世界自然遗产，彰显了江苏在全球湿地保护领域的重要地位。

在湿地保护修复的道路上，江苏始终走在前列，开展了一系列具有开创性的实践活动。江苏省率先将自然湿地保护率纳入地方党委政府工作考核体系，强化责任落实；率先将重要湿地划入为生态保护红线，并通过财政转移支付支持其保护与发展；率先推动湿地公园与湿地保护小区建设，拓宽保护路径；率先构建湿地生态系统动态监测体系，实现科学监管；率先探索小微湿地与乡村湿地建设，促进湿地资源均衡分布；率先开设湿地自然学校，普及湿地知识，培养公众生态保护意识。这些创新举措，不仅为江苏湿地保护事业注入了强劲动力，也为全国乃至全球提供了可借鉴的宝贵经验。

（三）保护陆生野生动植物，守护好其赖以生存的重要栖息地

江苏省秉持尊重自然、和谐共生的原则，开展野生动植物保护工作。江苏省生物多样性丰富，陆栖脊椎动物种类多达 628 种，其中 46 种被列为国家一级重点保护野生动物，113 种被列为国家二级重点保护野生动物。江苏省拥有超过 3700 种高等植物，其中林业部门管理的国家重点保护野生植物 15 种。

江苏省的自然景观同样令人瞩目，在南京老山国家森林公园，常年有黑鸢、凤头蜂鹰、红隼等猛禽振翅翱翔；在迁徙季节，南通的如东小洋口勺嘴鹬栖息地保护小区万鸟齐飞；在盐城湿地珍禽国家级自然保护区，每年都有大量候鸟停歇越冬，这些都是自然之美的生动诠释。

为了更好地守护这些宝贵的生态资源，江苏省不断加强对自然保护地的管理。2020 年 2 月，江苏省林业局启动了自然保护地整合优化工作，通过科学规划，将全省自然保护地优化调整为 144 个，包括 8 个自然保护区以及 136 个自然公园（涵盖 19 个风景名胜区、36 个森林公园、7 个地质公园、3 个海洋公园和 71 个湿地公园），构建起更加完善、高效的自然保护体系。

七　江苏建立生态产品价值实现机制

2024年5月24日，《中国环境报》刊发的《江苏形成生态产品价值实现六大转化机制》一文对江苏省的生态产品价值实现问题进行了分析研究。文章指出，党的十八大以来，习近平总书记先后6次到江苏视察或对江苏作出重要指示，要求江苏进一步拓展生态产品价值实现路径，为高质量发展注入新动能、塑造新优势。江苏省积极响应习近平总书记的号召，坚定不移地践行"绿水青山就是金山银山"的理念，将新发展理念全面融入各项工作之中。通过建立和完善生态产品价值实现机制，江苏省成功探索出生态产品价值六大转化模式，这些模式不仅促进了自然资源与生态环境的经济价值转化，还催生了一系列范例与试点项目，彰显了江苏省在生态产品价值实现方面的先行先试精神，为全国其他地区树立了"走在前、作示范"的标杆。

一是生态科技转化机制。该机制强调充分利用当地得天独厚的自然资源，审慎而积极地发展大数据、高精度电子元器件等对环境要求较高的产业。这一机制，不仅能够延伸生态产品的产业链，还能够促进生态优势向产业优势的转化。以溧阳市为例，该地建立了生态科技转化机制，大力发展储能产业，成功吸引了行业内的多家领军企业入驻。通过产业创新与技术升级，加大人才引进与培养力度，溧阳市不断推动动力（储能）电池产业向千亿级规模迈进，实现了生态效益与经济效益的双赢。

二是生态文化转化机制。这一机制旨在盘活废弃矿山、工业遗址、古旧村落等闲置资源，推动资源权益集中流转经营。通过系统性的生态环境整治和配套设施建设，显著提升这些资源的开发潜力与价值。以无锡市滨湖区为例，该区域持续推进了太湖郊野公园、太湖植物园、雪浪山生态景观园综合提升等一系列项目建设。在项目建设过程中，注重对长广溪流域内森林、河流、湿地等自然生态要素的保护与利用，不仅促进了生态环境保护与旅游发展的深度融合，还加速了产学研旅成果的转化应用。最终，滨湖区成功打造了一个集科普教育、深度体验、观赏娱乐及生物多样性保护功能于一体的综合性文旅基地，充分展现了该区域独特的自然风貌与文化底蕴。

三是生态旅游转化机制。该机制旨在引领自然生态旅游的新潮流，充分利用得天独厚的自然风光和丰富的历史文化遗存，积极引进专业的设计与运营团队，秉持最小化人为干扰的原则，精心打造旅游观光与康养休闲完美融合的生态旅游发展模式。以盐城市射阳县洋马镇为例，该镇深入挖掘菊花文化内涵，全力推动乡村旅游的创新发展，成功打造了千亩规模的花田景观、全国最大的室内精品菊花文化展馆，以及十里菊香旅游环线，进一步提升了乡村旅游的吸引力和竞争力。

四是生态补偿转化机制。扬州市邗江区检察院携手邗江区自然资源和规划局，于 2022 年在北湖湿地公园揭牌成立了全市首个标志性的湿地保护实践基地——“检源守护林”，打造了一个集生态司法修复、法治宣传、警示性教育、生态保护理念传播以及生态文明推广等功能于一体的综合性、开放式修复平台。“检源守护林”的建立，不仅加大了生态损害的司法修复力度，还加深了社会各界对生态保护法律法规的了解，进一步提升了公众的环保意识和参与度。

五是生态产业转化机制。该机制旨在激发经济高质量发展的活力，聚焦生态产品供给侧结构性改革，通过探索并丰富生态产品价值的多元化实现路径，使良好的生态环境成为推动经济社会持续健康发展的坚实后盾。以盐城市亭湖区为例，该区坚定不移地走产业绿色化、绿色产业化的发展道路，通过发挥龙头企业的引领作用，优化产业布局，形成产业集群效应，推动产业链上下游协同发展，实现了环保科技城的“二次创业”。

六是绿色金融转化机制。该机制旨在激励企业和个人在遵守法律法规的前提下，积极开展水权、林权等使用权抵押，以及基于产品订单的绿色信贷业务，以此拓宽融资渠道，支持绿色经济的发展。探索“生态资产权益抵押+项目贷”的创新模式，为区域内的生态环境改善项目和绿色产业项目提供更加灵活多样的金融支持。在此机制下，银行机构被鼓励按照市场化、法治化的原则，勇于创新，开发更多适应绿色经济需求的金融产品和服务，加强对生态产品经营开发主体的中长期贷款支持，通过降低融资成本，提升金融服务的效率。积极探索生态产品资产证券化的新路径和新模式，进一步拓宽生态产品价值实现的金融渠道，为生态产品市场的活跃与繁荣提供有力支撑。

八　为长三角一体化贡献江苏力量

（一）更大力度构建长三角一体化的绿色本底

2024 年 6 月 6 日上午，第六届长三角一体化发展高层论坛在浙江省温州市举行。此次论坛汇聚了长三角区域三省一市的主要领导及众多知名专家学者，他们紧密围绕“谱写长三角一体化新篇章　勇当中国式现代化先行者”的核心议题，展开了深入的交流。上海市委书记陈吉宁在论坛上发言，他指出，2023 年 11 月习近平总书记亲自召开深入推进长三角一体化发展座谈会，会上习近平总书记高瞻远瞩，为新征程上长三角一体化发展绘制了宏伟蓝图。陈吉宁指出，我们要深刻领会并坚决贯彻习近平总书记的重要讲话精神，始终胸怀国家大局，紧抓“一体化”与“高质量”两大关键词，保持战略定力，勇立潮头，不断前行。长三角地区应勇于担当，积极作为，加强统筹协调，深化改革开放，力求在新的发展阶段取得突破性进展。通过不懈努力，推动一体化发展向更深层次、更广领域拓展，切实提升区域发展的整体竞争力，让长三角成为展现我国社会主义制度优越性的亮丽名片。

江苏省积极参与长三角一体化发展。江苏省委书记信长星指出，“长三角”作为三省一市的共同的名字不仅增强了我们的归属感，更凝聚着区域协同发展的强大力量。发展新质生产力，是推动江苏乃至长三角地区高质量发展的核心引擎和关键所在。作为中国式现代化的先行者，我们必须将“一体化”与“高质量”深刻融入加快发展新质生产力的全过程，充分发挥引领作用，探索新路径，树立新标杆，带动周边区域共同进步。为实现这一目标，三省一市应携手加强创新体系建设，高效整合区域内科技创新资源，跨地域、跨部门协同攻克核心技术和前沿技术，加速产出具有全球影响力的科技创新成果。同时，加速构建一体化的产业体系，前瞻布局未来产业，深化政策协同与产业合作，重塑产业升级的新范式，引领产业向更高质量、更高水平迈进。在绿色转型方面，江苏将不遗余力地夯实绿色发展生态本底，联合长三角各地共同推进生态环境科技攻关与成果转化，大力发展绿色制造业、绿色服务业和绿色能源产业，全面促进生产生活方式向绿色低碳转型，为区域可持续发展奠定坚实基础。江苏还将积极参与一体化的制度机制建设，加强改革举措的系统集成与协同配合，打破要素流动壁垒，优化资源配置，构建新型生产关系，使长三角真正成为人才汇聚、土地高效利用、物资流通顺畅、商品市场繁荣的区域发展共同体。在上海的龙头引领下，江苏将全力配合，与浙江、安徽联动，加速打造发展新质生产力的战略高地，为中国式现代化在长三角地区的生动实践贡献江苏智慧和力量。

（二）奋力开创长三角生态环境保护协作新局面

2024 年 6 月 6 日下午，长三角区域生态环境保护协作小组第四次工作会议在浙江省温州市召开。会议深入学习贯彻习近平生态文明思想和习近平总书记关于长三角生态环境保护工作的重要论述与重要指示精神，特别是深刻领会习近平总书记在深入推进长三角一体化发展座谈会上的重要讲话精神，分析了区域生态环境保护协作的核心任务与战略部署。上海市委书记陈吉宁指出，全体成员需深刻领会并坚决贯彻习近平生态文明思想的核心理念，将习近平总书记关于长三角一体化发展的座谈会精神落到实处，把握新任务新要求，以更大决心、更强责任、更高标准、更实举措，进一步提高共保联治水平，奋力开创长三角生态环境保护协作新局面。

江苏省委副书记、省长许昆林指出，江苏深入贯彻习近平生态文明思想，全力落实协作小组第三次工作会议重点任务，坚持以高水平保护支撑高质量发展，环境空气质量连续 3 年达到国家空气质量二级标准，长江干流江苏段水质连续 6 年保持Ⅱ类，太湖连续 16 年实现安全度夏、2023 年上半年首次被评为良好湖泊，美丽江苏更加可触可感可享。江苏将全面贯彻习近平总书记在深入推进长三角一体化发展座谈会上的重要讲话精神，落实协作小组和生态环境部工作部署，牢牢把握高质量发展这个首要任务，以培育新质生产力促进经济社会发展全面绿色转型，更高标准打好蓝天碧水净土保卫战，联合应对区域重污染天气，深入开展跨界水体共保联治，合力推进新一轮太湖综合治理，促进生态环境地方标准统一、监测数据共享、执法跨区联动，携手共建绿色美丽长三角，书写美美与共新篇章。

生态环境部主要负责人指出，推动长三角一体化发展是党中央在习近平总书记的坚强领导下作出的具有深远意义的重大战略决策。近年来，长三角区域三省一市紧密围绕习近平生态文明思想，积极作为，深入实践，共同推进生态环境保护的协同治理，探索出了一条跨区域共建共享、生态文明与经济社会发展双赢的创新路径，区域生态环境协作成绩斐然。展望未来，面对新的发展阶段与挑战，我们必须保持清醒头脑，深刻认识长三角生态环境保护所面临的复杂形势，持续强化协作机制的有效性，以更高的战略站位、更广阔的视野格局、更强劲的推进力度，精心谋划并扎实推进长三角区域生态环境保护工作。我们的目标是，在引领绿色低碳发展、促进生态环境质量根本性改善、构建稳固的生态安全体系、深化生态文明体制创新等方面勇当先锋、树立标杆，协同促进区域的高质量发展与高水平保护，加快构建美丽中国先行区，全面深化区域生态环境保护领域的合作，携手共创长三角一体化发展的新辉煌。三省一市在会前还签署了一系列重要文件，包括《和衷共济　勇立潮头——携手推动高水平建设绿色美丽长三角宣言》，彰显了长三角地区共筑绿色梦想、同绘发展蓝图的坚定决心与实际行动。

参考文献

［1］《省“十四五”生态环境基础设施建设规划新闻发布会》，江苏省人民政府网站，2022 年 4 月 19 日，https：//www. js. gov. cn/art/2022/4/19/art_ 46548_ 238. html。

［2］许昆林：《政府工作报告——2024 年 1 月 23 日在江苏省第十四届人民代表大会

第二次会议上》，《新华日报》2024 年 1 月 29 日。
[3]《中共江苏省委江苏省人民政府关于全面推进美丽江苏建设的实施意见》，《新华日报》2024 年 7 月 3 日。
[4]《贯彻〈江苏省生态环境保护条例〉暨 2023 年江苏省生态环境状况新闻发布会》，江苏省人民政府网站，2024 年 5 月 30 日，https：//www. js. gov. cn/art/2024/5/30/art_ 46548_ 296. html。
[5]《全面推进美丽江苏建设以高品质生态环境支撑高质量发展——2024 年全省生态环境保护工作会议在宁召开》，江苏省生态环境厅网站，2024 年 2 月 2 日，http：//sthjt. jiangsu. gov. cn/art/2024/2/2/art_ 84025_ 11143961. html。
[6] 黄伟：《扎扎实实抓好河湖治理保护充分展现水韵江苏自然生态之美》，《新华日报》2024 年 6 月 12 日。
[7] 王拓、吴琼、王静：《加快林业高质量发展筑牢美丽江苏绿色基底》，《新华日报》2024 年 5 月 1 日。
[8] 朱德明、王蒲、周审言：《江苏形成生态产品价值实现六大转化机制》，《中国环境报》2024 年 5 月 24 日。
[9] 黄伟、许愿：《牢记嘱托勇担当改革创新再出发更好发挥先行探路引领示范辐射带动作用》，《新华日报》2024 年 6 月 7 日。

创新实践篇

B.6
盐城创新打造美丽中国建设样本实践

张　筱*

摘　要：　盐城市委、市政府高度重视生态文明建设和生态治理，通过“十四五”发展规划、政府工作报告、市委全会等重要文件和会议，加强盐城市生态文明建设的顶层设计和战略部署，形成了一系列特色做法，展现了盐城市在生态文明建设方面的显著成效，为其他地区加强生态文明建设提供了盐城样板。

关键词：　生态文明建设　生态环境保护　美丽盐城

* 张筱，21世纪马克思主义研究院经济社会文化发展战略研究中心主任助理，主要研究方向为人工智能等。

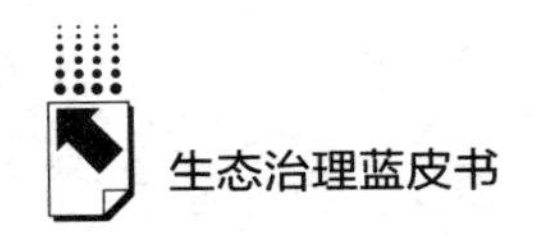

一 盐城市委、市政府高度重视生态文明建设和生态治理

（一）盐城市“十四五”发展规划突出强调生态文明建设和生态环境治理的重要性

2021年3月4日，盐城市人民政府正式颁布了《盐城市国民经济和社会发展第十四个五年规划和二〇三五年远景目标纲要》，即盐城市“十四五”规划。盐城市“十四五”规划第三十一章聚焦“切实提升生态环境质量”的核心议题，明确提出了生态环境保护工作的新要求与新方向。积极响应污染防治攻坚战从“坚决打好”向“深入打好”的深刻转变，强调坚持精准治污、科学治污、依法治污的原则，在生态环境治理方面实现质的飞跃。盐城市“十四五”规划不仅为盐城市全面打造美丽宜居的城乡环境制定了规划，还明确了盐城市未来发展的重点任务与战略思路，为盐城市迈向生态文明建设的新征程指明了方向。

1.深入打好污染防治攻坚战

一是持续开展大气环境深度治理。盐城市致力于对$PM_{2.5}$与臭氧浓度进行“双重控制与削减”，开展扬尘污染、挥发性有机物排放、机动车尾气净化、餐饮油烟管理等专项治理行动，以全面提升空气质量。在能源结构优化方面，持续推动煤炭消费的减少，促进清洁能源的广泛应用。加强工业污染的全链条控制，深入实施大气污染防治的“一企一策”定制化方案，推动重点行业企业进行技术升级与排放标准提升，实现超低排放目标。针对挥发性有机物排放重点园区与企业，采取综合治理措施，降低其对环境的影响。全面推行“绿色施工”，确保施工过程环保合规。对于主要港口堆场，全面建设防风抑尘设施或实现货物的封闭存储，以减少扬尘污染。实施大气污染移动源全过程监管，从源头上控制污染物排放。到2025年，全市空气质量优良天数比例达到90%，$PM_{2.5}$的平均浓度降低至30微克/米^{3}以下，为市民提供更加清新、健康的空气环境。

二是切实保障水质安全稳定。系统性推进实施“水安全、水资源、水生态、水文化”四位一体的综合治理策略，全面开展“五水共治”行动，确保城乡饮用水源的安全可靠。重点推动通榆河、新洋港、串场河等流域的全面治理，并逐步将这一治理范围扩展至全市所有入海河流，实现水环境的整体改善。通过科学调水补水措施，促进水体自然循环与水质自我净化能力的提升，力争至2025年，全面建成全市污水处理厂配套尾水湿地净化工程，进一步提升污水处理效能。严格执行河湖长制、断面长制与湾滩长制，加强清水廊道的建设与维护，保障水生态系统的健康稳定。在工业废水处理方面，完成园区内企业的清污分流与雨污分流改造工程，并在重点行业全面推行“分类收集、分质处理、一企一管”的工业废水管理模式，确保废水得到高效、专业的处理。此外，加强城镇污水处理设施的建设与升级，提升污水处理能力。在农业面源污染治理方面，实施化肥农药使用减量增效策略，减少农业活动对水质的潜在威胁，加强对水域滩涂养殖活动的监管与指导，有效控制养殖污染，保护水域生态环境。至2025年，确保国家和省级考核断面、入海河流断面的水质均达到省级标准，所有考核断面的水质均达到或优于Ⅲ类标准，饮用水源地水质达标率达到100%，为人民群众提供安全、优质的饮用水资源。

三是提升土壤治理修复水平。聚焦土壤安全利用与重金属污染防控，进一步完善土壤污染的源头预防体系，建立健全土壤污染调查评估与风险管控机制，确保土壤环境得到全面保护。建立详尽的污染地块名录，明确开发利用的负面清单，建立历史遗留污染地块数据库，实现信息的精准管理。严格执行建设用地土壤环境准入标准，确保工业退役地块的土壤污染得到全面调查评估，优先对人口密集区、农用地等重点区域的污染地块进行修复治理，以保障人民群众的生命健康。在农用地管理方面，实施分类管理策略，建立区域受污染农用地分类管理清单，开展耕地土壤与农产品的协同监测评价。加强部门间的信息沟通与联动，特别是在土地征收、收回、收购、转让及用途变更等关键环节，采取更加严格的监管措施，防止污染扩散。到2025年，受污染耕地和地块的安全利用率显著提升，达到95%以上。

2. 防范化解重大环境风险

一是建立和完善化工园区环境风险防控体系。加强化工园区的规范化管理，针对滨海经济开发区沿海工业园、大丰港石化新材料产业园等关键区域，持续推进环境污染与环境安全隐患的细致排查，使排查工作成为常态。制定严格的环保专项检查制度，对化工企业的废水、废气排放及危险废物处理进行全方位监督。为恢复生态环境，重点推进响水生态化工园区的生态修复工程，并以此为契机推动园区向绿色、安全、高效的方向转型，确保所有活动均满足最严格的安全环保要求。严格执行化工行业负面清单制度，以及化工项目的联合会审制度，从源头上把好项目环保准入关，坚决遏制低端落后、高风险、高能耗、高污染的化工项目入驻。推动所有化工园区实现封闭式管理，加强园区内部的环境监管，全面提升化工园区的发展质量与可持续发展水平。

二是构建高效的环境应急响应体系。遵循“一中心两区域多站点”的建设思路，对全市生态环境监测监控机构进行优化重组，提升监测监控的效率。不断完善突发环境事件应急预案与响应机制，通过定期举办应急演练活动，提升市、县两级应急处置能力。针对排放重金属、危险废物、持久性有机污染物及生产使用重点环境管理危险化学品的污染源，建立详尽的重点环境风险源清单，并实施动态管理。在此基础上，加强重点流域与区域的环境风险预警系统建设，特别是针对滨海经济开发区沿海工业园、大丰港石化新材料产业园等高风险区域，构建更为严密的风险预警机制。深入推动环境风险企业的环境安全达标建设，要求企业严格按照环境安全标准进行自我评估与改造，对未达到标准的企业，加快实施环境安全达标改造工程，确保所有环境风险企业均能在安全可控的状态下运营，为全市生态环境安全保驾护航。

三是强化固体废弃物处置管理。实施为期三年的危险废物安全专项整治行动，构建覆盖危险废物产生、收集、贮存、转移、运输、利用、处置的全过程监管体系，确保每一环节都处在严格监控之下。为增强危险废物处理能力，提升集中处置设施的建设与运营管理水平，确保处置设施的高效、稳定运行。对违法违规处置危险废物的行为，采取零容忍态度，坚决予以打击，维护市场秩序与生态环境安全。在危险废物运输环节，建立健全监管体系，引入电子联单系统与车辆定位系统，实现运输过程的透明化、可追溯化管理，有效遏制运输过程中的环境风险。严格控制废弃物输入性污染，依法依规禁止建设以外地固体废物为原材料的加工项目，从源头上降低潜在的环境风险。积极推进“无废城市”建设试点工作，实现大宗工业固体废物贮存处置总量的零增长目标，推动主要农业废弃物的全量化利用，以及生活垃圾减量化、资源化水平的全面提升，确保危险废物得到有效管控。

3. 推动生态文明建设相关制度创新

一是探索并实践生态环境保护制度的创新路径。率先建立流域生态补偿机制，特别是在通榆河等关键水系增设考核断面，逐步推行流域上下游的“双向补偿”模式，强化市、县两级的生态补偿协作，进一步完善生态红线区域的生态补偿转移支付体系。持续改善近岸海域水质，分批启动“美丽盐城海滩”建设项目，通过综合治理与生态修复，提升海域生态环境质量。在金融政策方面，积极推行绿色信贷政策，以信贷杠杆促进企业的可持续发展，全面开展企业环境行为信用评价工作，对环保表现优异的企业给予信贷优惠，同时加大对节能环保领域及绿色新兴产业的金融支持，引导社会资本向绿色产业流动。为有效应对环境污染风险，构建“政府信用+商业信用+专业保险服务”三位一体的环境污染责任保险制度，通过引入市场机制，强化企业的环境责任意识。

二是健全生态环境监管体系，提升监管效能。全面推行以排污许可制为核心的固定污染源监管制度，构建地上地下、陆海联动的全方位生态环境治理网络，持续优化监管体制机制，确保监管工作的科学性、系统性和有效性。在固定源排污管理方面，进一步完善管理制度链条，确保环境影响评价、污染物排放标准、总量控制、排污权交易、排污收费等关键环节的有效衔接，形成固定源排污管理体系。增强环境监察能力，加快工业园区数字化

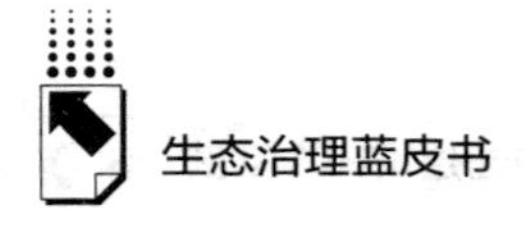

环境在线监控系统的建设与升级，实现生态环境要素的智能化、自动化监控，提高监管的精准度和时效性。构建覆盖市、县、镇、村四级的网格化环境执法监管体系，确保环境执法全覆盖。完善环境执法与司法的协作机制，加强合作，形成打击环境违法行为的强大合力。

三是构建科学合理的生态环境考核评价体系。进一步完善领导干部的实绩考核机制，提升绿色经济发展和生态环境保护的指标权重，确保发展成果充分体现生态文明建设的成效。明确生态环境保护的责任主体，建立市级生态环境保护责任清单，列明各级领导干部在生态环境保护方面的具体职责与任务，实现责任到人、任务到岗。建立健全生态环境损害责任追究制度，对于在生态环境保护工作中失职渎职、造成严重后果的领导干部，依法依规严肃追究责任。积极开展领导干部自然资源资产离任审计试点工作，通过审计手段对领导干部在任期间自然资源资产的开发利用和保护情况进行全面评估，探索优化责任界定和结果运用的机制，为生态环境保护工作提供更加坚实的制度保障。

（二）盐城市政府工作报告明确生态文明建设工作重点

2024 年 1 月 16 日，盐城市市长张明康在市九届人大四次会议上作政府工作报告。报告总结了盐城市 2023 年生态文明建设成果，对 2024 年生态文明建设工作重点作出安排。

1. 2023年：生态文明建设成效显著

高水平举办全球滨海论坛会议，“盐城共识”被纳入第三届“一带一路”国际合作高峰论坛多边合作成果。持续打好蓝天、碧水、净土保卫战，中央和省级生态环保督察反馈问题整改成效明显，空气优良天数比例居全省前列，国省考和入海河流断面水质优Ⅲ比例、县级以上集中式饮用水水源地达标率、受污染耕地和重点建设用地安全利用率均达到 100%。开展生态修复工作，治理互花米草面积全省最大，达 11. 8 万亩，大陆自然岸线保有率全省最高，达 43. 6%。新造成片林 1. 5 万亩，林木覆盖率 25. 2%，高于全省 1. 14 个百分点，“雨水洗春”盐城园获第十二届省园博会特等奖。世界级滨海生态旅游廊道加快建设，“到盐城·嗨周末”获评文化和旅游部旅游宣传推广优秀案例，川东港入选美丽海湾优秀案例，盐都大纵湖、东台条子泥创成省级生态旅游示范区，市博物馆、阜宁马家荡、盐都桃花源创成国家4A级旅游景区，建湖创成中国天然氧吧，大丰跻身国家生态文明建设示范区，美丽盐城底色更加鲜明。

2. 2024年：推进生态文明建设，打造美丽中国的盐城样本

深入贯彻习近平生态文明思想，牢固树立“绿水青山就是金山银山”理念，在建设美丽盐城过程中实现人与自然和谐共生。

一是持续深入打好污染防治攻坚战。加强中央和省级生态环保督察反馈问题整改，解决好突出环境问题，守住生态环境质量“只能更好、不能变坏”的底线。打好蓝天保卫战，实施重污染天气消除、臭氧污染防治、柴油货车污染治理三大攻坚行动，确保$PM_{2.5}$和臭氧浓度双下降、空气优良天数比例再提升。打好碧水保卫战，全域建设幸福河湖，下大力气治理城乡黑臭水体，提升城镇污水处理一体化建设和运营水平，展现“百河之城”新风貌。打好净土保卫战，加强固体废物综合治理，严格污染地块用地准入管理，推进“无废城市”建设，确保土地资源可持续利用。

二是提升生态系统保护修复水平。实施湿地生态修复工程，健全自然保护地管理体系，开展“生态岛”试验区、生态安全缓冲区建设，有效遏制外来物种入侵，不断提升生态系统多样性、稳定性、可持续性。创建“美丽海湾”，全面开展侵蚀性海岸治理，有序扩大盐碱地造林试点，新造林面积不少于1.6万亩，着力把全省最长海岸线打造成最美海岸线。

三是培育壮大“生态+”经济。积极争取全球滨海论坛秘书处在盐城设立，打造滨海生态领域全球交流合作平台。推动生态与文旅、体育、康养等产业深度融合，拓展更多“两山”转化通道。以建设世界级滨海生态旅游廊道为抓手，加快国家5A级旅游景区、国家级旅游度假区、国家级生态旅游示范区创建步伐，叫响盐城文旅品牌。办好国际马拉松、中华龙舟大赛等特色品牌赛事，打造更多体育旅游精品线路。

（三）中共盐城市委八届七次全会对美丽盐城建设提出新要求

2024年6月7日，中共盐城市委八届七次全会召开。会议强调以习近平新时代中国特色社会主义思想为引领，深入贯彻党的二十大及党的二十届二中全会精神，落实习近平总书记对江苏工作的重要讲话和重要指示精神，特别是2024年习近平总书记在全国“两会”期间参加江苏代表团审议时的重要讲话精神，按照省委十四届六次全会的战略部署，激励全市上下统一思想，凝聚共识，以更加坚定的信心、饱满的干劲和勇于担当的精神，紧抓高质量发展的核心要务，立志成为江苏省乃至全国新质生产力发展的“碳路先锋”，引领和推动中国式现代化在盐城的生动实践。经过深入审议，全会通过了《中共盐城市委关于深入学习贯彻习近平总书记重要讲话精神因地制宜加速发展新质生产力扎实稳健推进中国式现代化盐城新实践的决定》。该决定旨在通过一系列具体措施，将学习成果转化为推动盐城高质量发展的强大动力，确保盐城在中国式现代化的道路上稳健前行，展现新作为，创造新辉煌。

全会对全面推进美丽盐城建设提出新要求。全会强调，要聚焦转型升级，增强绿色发展主导力。提升优势领域“含新量”，扬长禀赋优势竞逐绿色能源“新赛道”，用好机遇优势激活海洋经济“强引擎”，发挥保供优势在发展现代农业上“挑大梁”，持续培植绿色动力源、打造蓝色增长极。提升发展方式“含绿量”，推动新兴产业培优育强、未来产业前瞻布局、传统产业焕新升级，更大力度引导生产性服务业向专业化和价值链高端发展，着力构建绿色低碳循环经济体系。提升大美生态“含金量”，持续深入打好污染防治攻坚战，全面推进美丽盐城建设，用好“世遗”金字招牌，深化文旅融合发展，打造世界级滨海生态旅游廊道。

（四）盐城市党政主要领导深入一线督促开展生态治理工作

1. 持续深入打好污染防治攻坚战，全力抓好突出问题整改

2024年上半年，盐城市委、市政府主要负责人高频率到基层调研并指

导生态治理工作。

2024 年 6 月 17 日，盐城市委相关领导深入基层调研污染防治攻坚战工作，在调研现场强调，要全面落实中央精神和省委全会、市委全会部署要求，持续深入打好污染防治攻坚战，全力抓好突出问题整改，加快补齐短板弱项，推动生态环境持续改善，实现生态环境高水平保护与经济社会高质量发展协同并进，为勇当“碳路先锋”打好基础多作贡献，努力建设人与自然和谐共生的现代化。

盐城市委相关领导先后来到盐都区第一沟、亭湖区大新河、射阳县黄沙港镇东方中心河、响水县四排河等现场，检查黑臭水体、污水直排等问题整治情况，要求摸清底数、精准溯源，一体推进截污纳管、污水净化、活水补水等措施，健全常态长效机制，以治水管河的实际成效取信于民、造福于民。在通榆河阜宁县城北大桥国考断面，盐城市委相关领导察看河道水质，仔细分析症结所在，要求精准排查污染源、风险点，强化监测预警研判，扎实开展汛期水质攻坚，推动水环境质量持续稳定向好。

在富之源农业发展科技（盐城）有限公司，盐城市委相关领导肯定问题整改成效，叮嘱企业要强化主体责任，用好污水处理设施，确保养殖尾水达标排放。在绿旺农业发展有限公司，盐城市委相关领导检查气味扰民问题整改情况，要求企业优化管理模式，构建清洁的粪污收集、转运、处置体系。滨海县丁字港沿线环境经过整治面貌焕然一新，盐城市委相关领导要求巩固整改成果，为土地资源综合利用创造良好条件。“整改结果群众满意不满意?”在响水县通榆河连申线航道提升工程现场，盐城市委相关领导强调要严格落实“六个 100%”要求，严把安全关、质量关，加快工程进度，积极策应“水运江苏”建设。

饮用水水源地和自然保护区，是深入打好污染防治攻坚战的重点领域。盐城市委相关领导先后来到盐龙湖水源地二级保护区、金沙湖湿地公园，检查相关问题整改情况，要求耐心做好政策解读，靠前为企业发展提供保障，政企携手营造良好生态环境。在亭湖区金滩公司、盐城港海昌公司，认真比对整治前后效果，要求切实统一思想，依法依规积极稳妥化解历史遗留问题，齐抓共管、标本兼治。在大丰东川片区，盐城市委负责人检查了水产养殖排口整治情况，要求精准溯源、科学施策、强化协作，尽快实现水质提升。

安全环保是化工园区的生命线。盐城市委相关领导走进滨海经济开发区沿海工业园，认真检查园区土壤修复、地下水风险管控进展，察看尾水末端生态缓冲区建设、固体废物处治中心运行等情况，要求园区坚定不移走生态优先、绿色低碳发展之路，始终绷紧安全生产这根弦，全面消除环境安全风险隐患，提升建设和管理水平，放大优势招引更多优质项目。调研人员还来到响水工业经济区，检查了退出企业地块的土壤修复情况。

盐城市委相关领导在调研中强调，污染防治工作是系统工程、民生工程，只有进行时，没有完成时。各地各部门要完整准确全面贯彻新发展理念，深入推进“蓝天、碧水、净土”三大保卫战，依靠新技术新手段推动治理效能跃升，牢牢守住生态环境“只能更好、不能变坏”的底线。要不折不扣落实重点环境问题整改，坚持系统治理，做好跟踪问效，确保条条改到位、件件有着落、事事见成效。要严格落实各方责任，各司其职、紧密协作，动真碰硬、真抓实干，坚决完成各项工作任务，推动全市生态文明建设和生态环境保护工作再上新台阶。

2. 坚决打好水环境治理攻坚战，全域建设美丽盐城

盐城市委相关领导调研水环境整治和污水处理厂运行情况时，强调要全面落实省委全会和市委全会部署，坚持系统整治、精准施策，持之以恒、久久为功，坚决打赢水环境治理攻坚战，擦亮“百河之城”名片，全域建设美丽盐城。

盐城市委相关领导在跃东生产沟、民灶沟，察看水体状况，听取情况介绍，查找问题成因，要求落实属地责任，全面拉网式排查，找准问题根源，分类处置、标本兼治，加强日常监测，持续提升水环境质量。在已投入运行十多年正在积极筹备提标改造的城北污水处理厂，盐城市委相关领导了解工艺流程、处理能力、污泥处治等情况，比对各项进出水指标，要求认真细致

抓好管理运行，强化监管抽测，尽快实施提标改造工程，全面提升处理能力水平。对于新建成的盐城经济技术开发区第三污水处理厂，盐城市委相关领导了解片区污水种类、各污水处理厂分工等情况，肯定打破行政区划开展污水处理服务的做法，要求各污水处理厂各司其职，明确分工、加强协同，提高处理能力，确保生活污水、工业污水应处尽处，全力保障河道水质安全。

盐城市委相关领导认真听取市区水体抽测、污水处理厂监管和城镇污水集中攻坚、黑臭水体专项行动推进等情况，同市有关部门和市区有关板块负责同志深入分析研判当前水环境治理形势，寻找破解难题之策。盐城市委相关领导指出，盐城有“百河之城”之称，治水护水责任重大、任务艰巨。各地各部门要全面落实省总河长会议部署，进一步提高政治站位，扛牢生态环境保护责任，推动水环境整治各项工作落实落地。

盐城市委相关领导强调，要坚持监测全覆盖，严格落实河湖长制，建立健全河湖网格化管理机制，精准掌握入海河流、支流、中心城区河道的水质情况，详细了解污水处理厂分布和运行现状，全面摸排查找存在的问题。要坚持重点再突出，聚焦超标严重、群众投诉量大、人口集聚区的河道，重点重抓、全力突破，迅速改变现状，尽快实现河道清洁、水质达标。要坚持措施再精准，加快推进雨污分流工程，避免错接、混接，对已有管道进行常态化“体检”，避免跑冒滴漏。对污水处理厂加强管理，创新体制机制，优化污泥生态处置，确保正常运转和仪器精准。要坚持沟通再加强，积极向上争取支持，靠前指导各地各部门开展工作，齐抓共管、协同发力，确保河道水质稳定提升，守牢生态环保底线。

3. 深入打好污染防治攻坚战专项行动

2024 年 7 月 2 日，盐城市政府负责人主持召开全市深入打好污染防治攻坚战专项行动推进情况汇报会，强调要深入践行习近平生态文明思想，提高政治站位，坚持综合施策，突出问题导向，压紧压实责任，持续深入打好蓝天、碧水、净土保卫战，加快建设人与自然和谐共生的美丽盐城。会前，盐城市政府负责人率队现场督导相关污染防治突出问题整改现场。

在大丰区斗龙港，盐城市政府负责人现场察看清水通道维护区违规侵占问题整改情况，要求健全完善地方日常巡查机制，加大巡查力度，强化监督执法，依法依规严肃追责问责，推动各项措施落到实处，坚决杜绝乱搭乱建、侵占河道等现象。在大丰区阜北六排河和盐南高新区庄沟河，盐城市政府负责人仔细察看水体水质，全面了解黑臭水体整治情况，要求树牢系统思维，坚持标本兼治，强化源头管控，加快污水处理厂和雨污分流管网改造等工程进度，全面提升各类污水纳管入厂处理率。在盐城高新水务有限公司，盐城市政府负责人走进监控室和污水处理现场，了解工艺流程、处理能力等情况，强调要加强技术创新和设备改造提升，认真细致抓好管理运行，不断提高污水处理的标准化、规范化、智慧化水平，确保污水处理更加高质高效。

在专题推进会上，盐城市政府负责人认真听取各地区相关工作推进情况，并就尚未整改到位的问题进行交流探讨，要求明确专人挂钩，压实责任，确保如期整改到位。各地各部门要从忠诚捍卫“两个确立”的政治高度，深入践行习近平生态文明思想，坚决扛起省委、省政府赋予的绿色低碳发展示范区建设使命，下大气力医治好生态环境的“病症”，追根溯源医治好思想和作风上的“病根”，着力打造美丽中国的盐城样本。

盐城市政府负责人强调，要紧紧围绕年度目标任务，持之以恒打好污染防治攻坚战，推动空气质量持续改善，系统推进水环境治理，强化土壤污染风险管控，加强自然保护区生态保护，依法严厉打击各类违法犯罪行为，坚决守住生态环境质量“只能更好、不能变坏”的底线。要突出问题导向，扎实抓好督察反馈问题和信访事项整改工作，坚持举一反三、标本兼治，边整改、边排查，持续提升主动发现问题、解决问题的能力，确保整改工作取得实实在在的成效，特别是要站稳群众立场，高度重视并及时解决群众反映强烈的环境问题。要压紧压实各层各级责任，完善生态环境监测网络体系，严格监督管理和执法检查，强化典型案例警示教育，增强环境执法威慑力，凝聚起全社会保护生态环境的整体合力，以高品质生态环境支撑经济社会高质量发展。

二　谋划长远，制定美丽盐城建设发展规划

2021年，盐城市出台《美丽盐城建设总体规划（2021–2035年）（初稿）》。该规划是指导当前和今后一个时期美丽盐城建设的纲领性文件，是制定相关规划和政策的依据。该规划共分为9章，主要内容如下。

（一）指导思想

以习近平新时代中国特色社会主义思想为指导，牢固树立“绿水青山就是金山银山”理念，统筹推进“五位一体”总体布局，协调推进“四个全面”战略布局，坚持“三市”战略，坚定“两海两绿”路径，坚持走绿色发展、生活富裕、生态良好、社会文明程度高的发展道路，紧扣“东方湿地之都，黄海水绿名城”定位，聚焦美丽内涵、顺应人民诉求、彰显盐城特色，以优化空间布局为基础，以改善生态环境为重点，以绿色可持续发展为支撑，以美丽宜居城市和美丽镇村建设为主抓手，推动人与自然和谐相处、共生共荣，推进开发与保护协调发展，充分彰显盐城水清岸绿的自然生态之美、城乡一体的幸福宜居之美、亮点纷呈的人文光华之美、政通人和的社会文明之美、低碳循环的绿色发展之美，全力建设“世界级生态会客厅、国际绿色能源之城、全国碳中和示范区”，打造有形态、有韵味、有温度、有质感的美丽中国样板城市。

（二）基本原则

生态优先、绿色发展。践行“绿水青山就是金山银山”理念，擦亮“东方湿地，百河之城”品牌，用好太平洋西海岸面积最大的淤泥质潮间带湿地资源，坚持人与自然和谐共生，统筹推进经济生态化与生态经济化，推动生产方式绿色转型和生活方式绿色革命，努力实现天更蓝、地更绿、水更清、景更美，为长三角、全国碳达峰与碳中和贡献盐城力量。

以人为本、可观可感。把以人民为中心作为价值取向，把以塑造可观可

感的美丽盐城作为建设导向。积极回应群众关切，满足人民日益增长的高品质生活需要。强化宜居宜业宜游宜养的城市功能，提高人民群众获得感、幸福感、安全感，既塑造可观的“外在美”，又提升可感的“内在美”。

系统谋划、彰显特色。强化规划引领作用，坚持统筹协调、联动发展，立足盐城资源禀赋，保护传承历史文化，充分彰显盐城自然生态、人居风貌、特色人文、时代精神和文明素养。搭建全球生态文明理念对话接触平台，增强盐城长三角国际生态合作领域的影响力话语权，切实发挥世界遗产品牌效应，着力建设国际湿地生态城市。

整体推进、重点突破。聚焦重点领域和关键环节，以建设宜居宜业宜游宜养的美丽盐城为导向，协同推进绿色发展、生态环境保护修复、人民生活品质提升、社会文明程度提高。着力补短板、强弱项，促提升，多措并举，建立健全推进美丽盐城高质量建设的长效机制。

全民参与、共建共享。建立健全政府、社会和公众协同推进机制，增强价值认同，凝聚整体合力。探索共建共治共享新路径、新机制、新载体，通过“互联网+”、新闻融合媒体等平台，加强政府引导与宣传，充分调动全民参与美丽盐城建设的积极性，形成全社会共建共治共享的良好氛围。

（三）目标愿景

至2025年，“东方湿地，百河之城”这一城市品牌将更加璀璨夺目，美丽盐城的空间布局、发展路径、动力机制基本确立，为生态安全筑起更加坚实的屏障。生态环境质量显著提升，主要污染物的排放量稳步下降，环境治理成效显著。城乡面貌焕然一新，绿色低碳的生产、生活方式深入人心。绿色经济焕发勃勃生机，展现出前所未有的发展活力，资源配置与利用效率达到新高度。社会文明与和谐程度进一步提升。盐城不仅成为宜居宜业的典范，更将作为美丽中国建设中的一颗璀璨明珠，树立起样板城市的标杆，引领全国乃至全球绿色发展的潮流。

生态环境更加秀美。打造长三角的生态绿肺，提供最好的空气。山水林田湖草生态系统健康得到有效保障、服务功能稳定恢复，生物多样性得到明显改善，环境风险得到有效管控，环境健康得到有力保障，生态环境治理体系和治理能力现代化建设迈上新台阶。到 2025 年，湿地保护率达到 60% 以上，空气质量优良天数比例达到 90% 以上，地表水国考断面水质达到或优于Ⅲ类比例达到 100%。

绿色发展更加精美。将盐城打造成为国际绿色能源之城。绿色创新能力显著提高，绿色产业发展水平不断提高，生态产品价值实现机制基本建立，生态经济的规模和质量走在全省前列，资源能源利用集约高效，新旧动能转换取得显著成效。到 2025 年，清洁能源占比超 44%，非化石能源占一次能源消费比重达到 35%。

城乡环境更加优美。精致靓丽的城乡风貌基本形成，优质共享的居住条件总体实现，2000 年底前建成的需改造城镇老旧小区改造任务基本完成，农民群众有改善意愿的老旧房屋和“空心村”得到有效改造，舒适畅行的交通网络进一步完善。到 2025 年，全市垃圾分类集中处理率达到 90%，城市建成区绿化覆盖率提高到 40% 以上。

人文特色更加隽美。勤劳诚实的盐阜文化底蕴不断彰显，黄海湿地世界遗产品牌不断擦亮，全域旅游、全景世遗的旅游空间格局全面构建，世界闻名、令人向往的生态旅游目的地初步打造成功，绿色智能的生活方式初步形成。到 2025 年，全市游客接待量破亿人次，旅游总收入破千亿元。

社会文明更加淳美。充满博爱与包容精神的社会氛围初步形成，打造人人皆可融入、共享福祉的民生“幸福圈”，并且随着时间的推移不断向外拓展民生“幸福圈”的边界。安居乐业的社会环境持续优化，为民众提供更加稳定与和谐的生活空间，社会文明程度保持领先地位。至 2025 年，全市社会文明程度测评指数跃升至 90 以上，社会整体文明风貌达到新的高度。大市区及超过一半的县（市）成功跻身全国文明城市的行列，成为全国文明建设的典范。超过 70% 的行政村荣获县级以上文明村的称号，进一步缩小城乡差距，加快城乡一体化发展进程。

到 2035 年，人民群众过上现代化的高品质生活，人的全面发展和全体人民共同富裕充分展现，生态系统实现良性循环，自然和人居环境质量与基本实现社会主义现代化相适应，绿色可持续发展态势全面形成，碳排放达峰后稳中有降，滨海湿地蓝色碳汇能力逐步提高，城市文化软实力显著增强，全民道德素质与社会文明程度达到新高度，成为具有全球影响力的生态优先、绿色发展的碳中和示范区，全面建成独具特色的生态良好、绿色发展、生活宜居、文化繁荣、社会文明的美丽中国样板城市。

三 2023年盐城市生态治理现状

（一）2023年盐城市生态环境状况

2023 年以来，盐城市深入贯彻习近平生态文明思想，坚持生态优先、绿色发展，坚决扛起“走在前、做示范”的使命担当，持续深入打好污染防治攻坚战，扎实推进绿色生态之城建设，切实提升城乡人居环境质量，交出了绿水青山“新答卷”。

大气污染防治方面，全市 $PM_{2.5}$平均浓度降至 27.7 微克/米^3，空气优良天数比率为 83.4%，二者均居全省第二；空气质量综合指数为 3.46，连续 8 年全省第一，2023 年 2 月、8 月、9 月盐城成为全国空气质量排名前 20 的城市。

水污染防治方面，全市 17 个国考、34 个省考、21 条入海河流断面和 14 个集中式饮用水水源地达标率均达到“100%”；近岸海域优良海水面积比例达 94.5%，同比上升 6.1 个百分点，高于省定目标 31.5 个百分点，达到盐城市有监测记录以来最高水平。

土壤污染防治方面，受污染耕地和重点建设用地安全利用率均达到 100%，100 项年度目标任务和 3 项省政府挂牌督办项目全部完成。2024 年，江苏省攻坚办、江苏省生态环境厅连续第四年对盐城市在治污攻坚方面取得的成效给予充分肯定。

（二）突出攻坚重点

一是持续深入打好蓝天保卫战。坚持“控扬尘、治臭氧、抓减排、强执法”，强化市县同治、部门联动，持续推进重点行业深度治理和绿色低碳转型，深入开展重污染天气消除、臭氧污染防治和柴油货车污染治理三大攻坚行动，推动1240项重点治气工程项目和427项挥发性有机物污染治理工程项目建成见效。淘汰国三及以下排放标准柴油货车3519辆，超额完成省定任务。

二是持续深入打好碧水保卫战。聚焦全优Ⅲ目标，坚持工业源、农业源、生活源“三源”同治，持续开展“消劣提质争优”水质攻坚，切实加强农田退水、养殖尾水、支流支浜管控，有针对性地部署“十无整治”和“五个全覆盖”工作，强化对直排、偷排、超排、数据造假等问题的执法检查。重点推进生活污水、养殖粪污、“六小”行业、农村黑臭水体、入河排污口等五个方面的治理工作，定向监测，精准溯源，靶向整治。持续开展水污染物平衡核算，积极推进42家涉氟企业、130家涉磷企业分类整治，全面推动淮河流域入河（湖）排污口排查整治。按序时推进完成41个水污染防治工程、24个水环境基础设施项目建设，建成农村生态河道1159公里。

三是持续深入打好净土保卫战。全面启动“无废城市”建设，推动将全市1518家危险废物产生单位、27家危险废物经营单位纳入省危险废物全生命周期监控系统进行管理。持续推进农村生活污水治理，全市新增农村生活污水治理行政村275个，农村生活污水治理率达43.4%，20吨及以上集中式农村生活污水处理设施正常运行率达90%以上，超额完成省定目标任务。103个高风险地块风险管控措施落实率、34家土壤污染重点监管单位隐患排查完成率均达到100%。加强畜禽水产养殖污染整治，全市万头猪场视频监控安装率达85.7%；督促指导规模养殖场建立畜禽粪污资源化利用台账，全市4180家规模养殖场备案率达100%。

（三）强化生态修复

一是优化生态空间布局。依托全市自然生态资源禀赋，积极推进东部沿海区域开展“美丽海湾”创建，西部湖荡区域开展“生态岛”试验区建设。大丰区川东港创成第二批国家级“美丽海湾”。大丰区创成国家级生态文明建设示范区，已实现省级生态文明建设示范区全覆盖。

二是科学推进国土绿化行动。先行开展盐碱地造林试点工作，试点面积4300多亩，积极推动更多的盐碱荒滩成为林海绿洲。2023年全市完成新造成片林1.47万亩，为省下达任务量的1.15倍（含新增造林5423亩），林木覆盖率达25.2%。实施“绿美村庄211提升工程”，新建绿美村庄18个，改造原绿美村庄11个。全市8个村庄被评为江苏省特色田园乡村，累计获评省特色田园乡村83个，数量位列全省第二。

三是大力做好“生态+”文章。大力拓展“两山”转化通道，擦亮“美丽生态”靓丽名片，绿色生态在保护和价值转化上取得新成效。推动绿色生态与文旅、康养、文创等深度融合，生态旅游蓬勃兴起，累计接待游客超4630万人次，同比增长近90%。建湖县获评“中国天然氧吧”，黄海海滨国家森林公园、东台条子泥景区创成全国零碳旅游景区，大纵湖等景区创成省生态旅游示范区，马家荡等3个景区新晋国家4A级旅游景区，建湖县九龙口村入选中国美丽休闲乡村。

（四）全面提升环境治理能力

一是补齐短板弱项。大力提高城镇污水集中收集处理率，2023年全市生活污水集中收集处理率达到60%，完成住宅小区雨污分流改造任务388个，“小散乱”排水整治项目2817个，新增城镇污水处理能力10.9万吨/日，新建污水管道232公里、污水处理厂尾水湿地2个。持续改善农村人居环境，全市新增实施行政村农村环境整治项目50个、农村生活污水治理农户数3.1万户，完成农村改厕9.6万户。

二是强化法治保障。出台《盐城市关于贯彻落实生态环境损害赔偿管理规定的实施意见》，细化落实相关部门生态损害赔偿职责分工。推动行政处罚案件办理与生态损害赔偿工作相衔接，全市生态环境系统累计启动索赔案件358件，完成索赔金额1516万元。全面推行非现场监管执法，行政执法全过程使用移动执法平台并录入省生态环境执法业务管理系统。全市执法条线共上传标准移动执法记录17714条，累计下达行政处罚决定466件，运用《环保法》配套办法查处案件 31 件。

三是提升监测能力。2023 年开展环境监测 1128 次、污染源监督性监测 1396 次、执法监测 779 次，获取手工监测数据 147071 个，出具监测报告 1789 份。建成盐城市生态环境监测监控平台，实现生态环境感知数据、管理数据、企业数据等一站式采集汇聚，累计采集数据约 1. 4 亿条。推进站点站网建设，完成 16 个工业园区污染物排放限值限量监测监控能力建设，建成水质自动站 26 个、空气自动站 35 个、微型空气站 653 个、挥发性有机物特征站 32 个，共建成乡镇空气质量自动监测站 122 个，盐城滨海站（湿地）入选第一批国家生态质量综合监测站。

四是推动“强基提能”。扎实推进“强基提能”三年行动，不断强化应急体系、应急能力建设，落实地区、部门环境应急责任，持续做好全天候 24 小时应急值守工作，发布全市应备案突发环境事件应急预案企业名录（包含 1859 家企业），完成环境隐患整改 455 个，妥善处治突发事件 4 起，建设完成 7 个园区防范体系工程。评估更新全市环境应急物资储备现状，扎实开展盐城市突发环境事件应急演练，全面提升应急处置能力。

四　盐城市生态治理的实践创新

（一）生物多样化工作独树一帜

盐城市生物多样化工作特点鲜明，独树一帜。盐城市围绕推进人与自然和谐共生，坚持以习近平生态文明思想为指引，积极践行“绿水青山就是金山银山”理念，充分发挥“天蓝地绿基因红”独特优势，持续守护世界自然遗产、国际湿地城市两张国际名片，推动生物多样性保护工作取得了阶段性成果。

一是制度体系进一步完善。研究出台《盐城市黄海湿地保护条例》《盐城市绿化条例》等地方性法规，印发《盐城市生物多样性保护与建设规划》《盐城市湿地保护总体规划》《关于进一步加强生物多样性保护工作的实施方案》等文件，建立和完善自然保护区管理工作联席会议、野生动物保护联席会议、生态环境损害赔偿等制度，开展环境资源保护执法司法联动机制，设立黄海湿地环境资源法庭，让生物多样性保护走上法治化、规范化轨道。

二是能力建设进一步加强。深入开展“绿盾”自然保护地强化监督工作，实施“生态岛”、生态安全缓冲区、“美丽海湾”等生态保护修复工程。在完成全市域本底调查的基础上，以世界自然遗产地、国家级自然保护区为重点，切实加强监测监控能力建设。由江苏省大丰麋鹿国家级自然保护区与江苏省盐城环境监测中心联合申报的“江苏盐城滨海站（湿地）”获批生态环境部“第一批国家生态质量综合监测站”称号。大丰麋鹿、盐城条子泥湿地生物多样性观测站被纳入江苏省生物多样性观测网络。

三是协同保护进一步深化。高质量承办全球滨海论坛，打造滨海生态领域交流合作平台，构建生态治理合作长效机制，共同推进人与自然和谐共生。结合“国际生物多样性日”“世界环境日”等，定期组织生物多样性保护主题宣传活动，开展“徐秀娟”式生态卫士评选活动，在全社会营造保护生物多样性的浓厚氛围。

截至 2024 年 5 月 22 日，盐城市共记录生物物种 4692 种，其中陆生维管植物 1041 种、陆生脊椎动物 513 种、陆生昆虫 1011 种、水生生物 2127 种，列入国家重点保护野生动、植物名录的保护物种共计 142 种，包括 35 种国家一级保护物种，以及 107 种国家二级保护物种。全市物种数量较 2018 年增加了 1384 种，其中鸟类增加了 24 种，验证了盐城市污染防治攻坚和生物多样性保护工作取得的良好成效。[①]

（二）美丽盐城建设措施有力，效果明显

《关于全面推进美丽中国建设的意见》将建设美丽中国定位为全面建设

① 资料来源：《2024 年盐城市六五环境日暨生物多样性保护工作新闻发布会》，2024 年 5 月 22 日，https：//www. gancheng. gov. cn/art/2024/05/22/art_ 2173_ 10338. html。

社会主义现代化国家的重要目标，以及实现中华民族伟大复兴中国梦的重要内容。该意见精心规划了美丽中国建设的三个阶段性目标：至2027年，美丽中国建设成效显著；至2035年，美丽中国目标基本实现；到21世纪中叶，美丽中国全面建成。生态环境治理领域，同样要经历三个阶段："十四五"时期深入攻坚，实现生态环境持续改善；"十五五"时期，巩固拓展，实现生态环境全面改善；"十六五"时期整体提升，实现生态环境根本好转。盐城市的具体做法包括以下三个方面。

一是制定工作方案。盐城市全面贯彻落实党中央、国务院《关于全面推进美丽中国建设的意见》和省委、省政府对美丽江苏建设的系统部署，研究出台《全面推进美丽盐城建设行动方案》，坚持全链条保护、全要素发力、全市域提升、全社会参与，积极推进美丽盐城建设全面起势。

二是抓好生态治理重点工作。以美丽盐城建设为牵引，持续打好污染防治攻坚战，积极推进绿色低碳高质量发展，加大生态保护修复监管力度，全面推进人与自然和谐共生的现代化。充分挖掘盐城生态优势，持续扩大世界自然遗产地国际国内影响力，做好"生态+"文章，因时因地制宜，积极开展美丽河湖、美丽海湾等示范创建，推动形成从"一处美"到"一片美"再到"全域美"的大美格局，更好展现新时代盐阜大地的"最靓颜值""幸福底色"，努力打造美丽中国建设市域典范。

三是推动全社会齐心协力落实美丽中国建设。盐城市将美丽中国建设，作为一项惠及广大人民群众的全社会共建共享的事业来抓，力争使得不论是城市，还是乡村，不论是单位、社区，还是家庭、个人，都成为行动者、实干家。推动全社会积极开展绿色、清洁、零碳行动，把建设美丽中国转化为每一个人的行动自觉。

（三）盐城六五环境日活动丰富多彩

2024年6月5日，盐城市于亭湖区举办了"全面推进美丽中国建设"生态环境知识竞赛（决赛）暨2024年六五环境日活动。活动以"美丽中国，你我都是行动者"为响亮口号，以"全面推进美丽中国建设"为主题，旨在激发社会各界及广大人民群众参与生态文明建设的热情，共同绘制蓝天碧水净土的美好图景。近年来，盐城市坚定不移地以习近平生态文明思想为引领，深入贯彻“绿水青山就是金山银山”的发展理念，全力以赴打好污染防治攻坚战，生态环境质量稳居全省领先地位。2024 年六五环境日活动彰显了盐城市在生态环境保护领域取得的显著成就，分享了社会各界参与美丽中国建设的感人故事，进一步在全市范围内强化了“绿水青山就是金山银山”理念，推动生态文明建设与环境保护工作继续勇攀高峰。盐城市强调每一位市民都应成为习近平生态文明思想的传播者、生态环境保护的实践者以及绿色生活方式的倡导者，以实际行动书写人与自然和谐共生的现代化盐城新篇章，共创美好未来。

盐城市各县（市、区）生态环境部门围绕习近平生态文明思想、生态环境保护领域法律法规等内容面向全社会开展了生态环境知识竞赛预选赛，各地区、各单位好中选优分别派出 4 名选手参加现场决赛，13 支代表队的参赛队员精神饱满，充分展示了扎实的理论功底和默契的团队配合精神。经过多轮角逐，最终盐城市生态环境局机关代表队、盐城市滨海生态环境局代表队荣获一等奖，盐城市经开区安环局代表队等 7 支代表队获评二等奖和三等奖，市局机关代表队选手张大全等 13 名选手获得优秀选手称号。

（四）美丽海湾建设成效显著

近年来，盐城市始终将习近平生态文明思想作为行动指南，深入学习并贯彻党的二十大精神，坚决执行党中央、国务院以及省委、省政府关于生态文明建设和生态环境保护的一系列重要决策部署，深刻领会并牢固树立了“绿水青山就是金山银山”的绿色发展理念，将生态环境保护视为重大责任与使命，全力以赴推动工作落实。

在海洋生态环境保护方面，盐城市取得了显著成效。一系列扎实有效的措施，成功促进了海洋生态环境质量的持续改善，湿地资源的保护与修复工作顺利开展。如今，一幅幅“水清滩净、鱼鸥翔集、人海和谐”的美丽画卷正在盐城的海岸线上徐徐展开，充分展示了盐城市在美丽海湾建设工作中的卓越成就。

在生态环境部2021年组织的美丽海湾优秀案例征集活动中，盐城东台条子泥岸段从全国脱颖而出，成为全国首批四大美丽海湾优秀案例之一。盐城东台条子泥湿地是我国首个滨海湿地类世界自然遗产黄（渤）海候鸟栖息地的核心区域。2022年12月，江苏省生态环境厅公布了第一批美丽海湾省级示范项目名单，盐城市东台梁垛河口—方塘河口岸段、大丰川东港2个项目位列其中。大丰川东港项目还被江苏省生态环境厅推荐申报参加全国美丽海湾优秀案例评选。2023年3月，大丰川东港项目已通过生态环境部组织的专家初审。此外，盐城市还组织射阳、滨海、响水3个县区申报省级美丽海湾示范项目创建，相关材料已经按照要求上报给江苏省生态环境厅。

盐城市美丽海湾建设工作得到了生态环境部和江苏省生态环境厅的认可，这是盐城市深入践行习近平生态文明思想，坚定不移走生态优先、绿色低碳发展之路，全面贯彻落实党中央、国务院关于推进美丽中国建设部署要求的体现。下个阶段，盐城将坚定不移走人与自然和谐共生的中国式现代化道路，持续推进海洋生态环境保护，坚持陆海统筹，强化源头治理，深入做好生物多样性保护等工作，努力建设更多的美丽海湾，打造美丽海湾建设盐城样板，为奋力谱写中国式现代化盐城新篇章贡献力量。

（五）学习运用“厦门实践”经验，助推美丽盐城建设

2024年6月8日，2024年世界海洋日暨全国海洋宣传日主场活动在福建厦门举行，厦门、北京、成都、西安、深圳、盐城等12个城市共同发布倡议书，争当“厦门实践”经验的传播者、践行者，努力构建“从山顶到海洋”的保护治理大格局，不断书写人与自然和谐共生的中国式现代化新篇章。盐城是江苏唯一参与发布倡议书的城市。

厦门是习近平生态文明思想的重要孕育地和先行实践地。1988年，时任厦门市委常委、常务副市长习近平同志，创造性提出“依法治湖、截污

处理、清淤筑岸、搞活水体、美化环境”筼筜湖综合治理20字方针。在过去的36年中，厦门市以筼筜湖的综合治理为起点，开辟了一条独具特色的生态文明实践道路，协同推进生态环境保护与高质量发展，探索可持续发展模式。通过不懈努力，厦门市在保护生态环境的同时，实现了经济社会的全面繁荣，为国内外城市树立了绿色发展的标杆。

12个城市共同倡议，深入践行习近平生态文明思想，牢固树立“绿水青山就是金山银山”的理念，学习运用“厦门实践”经验，以高水平保护支撑高质量发展，坚定不移走生态优先、绿色低碳的高质量发展之路，加快建设人与自然和谐共生的中国式现代化。

倡议提出，要坚持以人民为中心的发展思想；坚持节约优先、保护优先、自然恢复为主的方针；坚持国土空间规划的战略引领，坚持山水林田湖草沙一体化保护和系统治理；坚持循序渐进、久久为功，一张蓝图绘到底；坚持胸怀天下，深度参与全球生态治理，为促进人类可持续发展、建设清洁美丽世界贡献中国智慧、中国力量。

在学习运用“厦门实践”经验专题交流研讨活动中，盐城代表围绕学习运用“厦门实践”经验，分享了盐城在生态文明建设及生态保护修复工作中的成功经验。

盐城立足实际探寻生态保护修复最佳方案，先后实施海岸线整治提升、沿海生态防护林建设、全域土地综合整治、盐碱地改良等重大生态保护与修复工程；促进“绿水青山”向“金山银山”转化，不断释放生态红利，积极打造世界级滨海生态旅游廊道，已与国内外100多个城市签订旅居康养协议；率先制定全国首个陆海生态产品统筹核算技术标准，深入推进GEP核算试点工作，全市生态资产存量价值已达19.9万亿元，每年的生态服务总价值达9760亿元。

深入践行习近平生态文明思想，盐城牢固树立“山水林田湖草沙是生命共同体”理念，科学统筹陆海生态系统的保护、修复和利用，走出了一条具有本地特色的高水平保护与高质量发展互促并进之路，在全国产生重要影响，受到与会代表高度评价。

（六）加快构建生态产品价值实现机制，为生态文明建设作出实实在在的贡献

2024年4月，盐城市政协以“加速构建生态产品价值实现机制，培育发展新质生产力”为主题召开调研座谈会。此次活动旨在根据江苏省政协“加强生态环境保护，以高水平保护支撑高质量发展”深度调研的要求，深入探索盐城绿色低碳发展的新路径。

会议期间，政府部门负责人及政协委员积极讨论，探讨了盐城市在坚持绿色低碳发展战略、推动生态产品价值转化等方面的实践成果，并就如何进一步优化工作策略提出了宝贵建议。会议强调构建完善的生态产品价值实现机制，是深入实践习近平生态文明思想、将“绿水青山就是金山银山”理念转化为现实生产力的重要举措。此次专题调研座谈会汇聚了各界智慧，有助于推动生态产品价值的实现，推动新质生产力发展，为盐城打造绿色低碳发展示范区注入强劲动力。

盐城市政协调研组将立足当前政策红利、发展基础及资源特色等优势条件，重点围绕加强生态保护、丰富优质生态产品供给、培育生态产业、提升生态产品价值、优化政策机制、促进绿色生态与富民产业深度融合，以及探索多元化价值实现路径等方面，开展深入细致的调研工作，提出精准有效的政策建议。同时，盐城市政协调研组将细致整理并充分吸纳座谈会上的建议，形成高质量的调研报告，为市委、市政府提供更加科学、更具针对性的决策支持，助力盐城在绿色发展道路上迈出坚实步伐。

参考文献

［1］《盐城市国民经济和社会发展第十四个五年规划和二〇三五年远景目标纲要》，盐城市人民政府网站，2021年3月4日，https：//www. yancheng. gov. cn/module/download/downfile. jsp? classid=0&filename=1db2a5734b1644eba88ffd72c632d65e. pdf。

［2］《2024年政府工作报告——2024年1月16日在盐城市第九届人民代表大会第

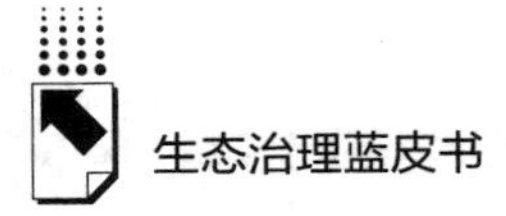

四次会议上》，盐城市人民政府网站，2021 年 1 月 29 日，http：//www.yancheng. gov. cn/art/2024/1/29/art_ 13200_ 4140270. html。

［3］王叶州：《坚决整改问题建设美丽盐城为勇当“碳路先锋”打好基础多作贡献》，《盐阜大众报》2024 年 6 月 17 日。

［4］《盐城市委书记周斌：坚决打赢水环境治理攻坚战，全域建设美丽盐城》，2024 年 6 月 24 日，江苏省生态环境厅网站，https：//sthjt. jiangsu. gov. cn/art/2024/6/24/art_ 84025_ 11278099. html。

［5］赵伟伟：《坚持综合施策强化系统治理全力推动生态环境质量持续稳定向好》，《盐阜大众报》2024 年 7 月 3 日。

［6］盐城市人民政府：《美丽盐城建设总体规划（2021-2035 年）（初稿）》，2021 年 5 月 7 日，https：//fgw. yancheng. gov. cn/module/download/downfile. jsp？ classid = 0& filename = 4e51b524d6244d1c9c2301e81c160fb0. pdf。

［7］《2024 年盐城市六五环境日暨生物多样性保护工作新闻发布会》，2024 年 5 月 22 日，盐城市人民政府网站，http：//www. yancheng. gov. cn/art/2024/5/22/art _ 2173_ 10338. html。

［8］《盐城市“全面推进美丽中国建设”生态环境知识竞赛（决赛）暨 2024 年六五环境日主场活动在亭湖举行》，盐城市生态环境局网站，2024 年 6 月 6 日，https：//jsychb. yancheng. gov. cn/art/2024/6/6/art_ 12551_ 4197446. html。

［9］《2023 年盐城市六五环境日暨生物多样性保护工作新闻发布会》，2023 年 5 月 16 日，盐城市人民政府网站，http：//www. yancheng. gov. cn/art/2023/5/16/art _ 2173_ 307. html。

［10］江汉超、丁中明：《盐城参与发起学习运用“厦门实践”经验倡议》，《盐阜大众报》2024 年 6 月 9 日。

［11］《市政协召开加快构建生态产品价值实现机制调研座谈会羊维达出席并讲话》，盐城市生态环境局网站，2024 年 4 月 23 日，https：//jsychb. yancheng. gov. cn/art/2024/4/23/art_ 12551_ 4180482. html。

B.7
盐城创新推动绿色低碳发展实践

马兆余*

摘　要：　盐城市高度重视绿色低碳发展，将其作为“十四五”规划的核心战略，制定了详细的实施方案。盐城市积极推动能源绿色低碳转型，大力发展可再生能源，严格控制化石能源消费，全面提升能源利用效率。同时，盐城市还致力于推动重点行业碳达峰，建设绿色低碳产业体系，开展（近）零碳产业园区试点建设，不断提升城市绿色能级。通过一系列创新举措，盐城市在绿色低碳发展方面取得了显著成效，为全国提供了可复制可推广的经验。

关键词：　绿色低碳　能源转型　美丽盐城

一　盐城市高度重视绿色低碳发展

（一）盐城市“十四五”规划强调绿色低碳发展

2021年3月4日，盐城市人民政府正式颁布了《盐城市国民经济和社会发展第十四个五年规划和二〇三五年远景目标纲要》，对“加速绿色低碳循环发展”作出战略部署。要求盐城市进一步健全资源总量管理和全面节约制度，以此为基础，大力推动节能减排工作，优化现有能源结构，增强森林碳汇能力。这一系列举措旨在构建一个高效、可持续的绿色低碳循环发展经济体系，加速实现盐城市绿色发展转型跨越。

* 马兆余，21世纪马克思主义研究院经济社会文化发展战略研究中心副主任，主要研究方向为文化建设等。

1. 推动资源有序高效利用

一是优化自然资源配置体系。构建一套科学合理的自然资源管理体系，加强资源总量管理，科学配置，推行全面节约制度，促进资源的循环利用。通过市场化手段配置土地、水、森林、湿地、滩涂、岸线、海域、能源等传统资源，以及排污权、碳排放权、用能权、水权等非传统资源，提高资源利用的效率。集约用海、科学用海，完善海域有偿使用制度，建立健全自然资源资产产权制度，加强对自然资源的全面调查、评价与监测。

二是提升土地资源使用效能。创新土地利用计划调控机制，采用"计划跟着项目走"的新模式，引导土地要素向市区、县城、开发园区等重点发展区域高效集聚。加快盘活城镇存量建设用地，深化现有建设用地的再利用，支持低产盐田功能转换，加大低效和废弃盐田的复垦与再利用力度，统筹规划沿海岸线的分类管理，确保各类岸线资源得到合理开发与保护。

三是加强水资源保护与节约。建立严格的水资源刚性约束制度，遵循"以水定需、量水而行"的原则，严守用水总量控制、用水效率控制和水功能区限制纳污"三条红线"。优化重点区域和行业的水资源配置与管控体系，推动水资源的统一调度，建立跨区域、跨行业的节水量转让机制。深化节水型社会与节水型城市建设，推广节水型企业、单位和社区的经验，加强现代农业水利基础设施和基层水利服务体系建设，加快城镇节水基础设施的改造升级，减少供水管网漏损，促进再生水的利用。

四是坚持并完善能耗"双控"机制。持续完善固定资产投资项目的节能审查与区域能评制度，对能耗强度达标且发展迅速的地区，市级层面统筹能源消费增量控制指标时给予一定的支持。坚决推进煤炭消费等量减量替代工作，加强对重点用能单位的管理，实施能效提升计划，推广先进高效的节能技术产品。构建能耗总量与能效的监测预警系统，定期发布全市节能目标完成情况评估报告。在建筑、交通和公共机构等领域深化节能工作，推广合同能源管理模式，并探索实施用能权的有偿使用和交易制度。

2. 加快发展方式绿色转型

一是推动产业绿色发展。推动产业向绿色化、生态化方向转型，重点发展节能环保、新能源、生态旅游等绿色新兴产业，因为这些产业具有生态友好、循环高效、低碳清洁等多重特征。通过实施绿色创新企业培育计划，扶持一批绿色技术创新先锋企业和绿色工厂，并建设绿色产业示范基地，引领行业绿色升级。在新能源汽车、能源储存、生态农业、静脉产业等领域，规划实施一批重大绿色技术创新项目，加速技术突破与应用。围绕生态环境治理项目，积极发行绿色金融债券，为项目提供资金保障。针对钢铁、建材、印染等传统高耗能行业，持续推动清洁生产改造，促进传统制造业的绿色蜕变。加快建设国家清洁能源高比例消纳试点示范城市，加快构建城市能源互联网，至2025年，实现清洁能源占比超44%，电能终端占比超40%，非化石能源占一次能源消费的比重达到35%，形成能源与产业协同发展的绿色增长新范式。

二是发展循环经济。为构建循环经济体系，推动产业园区生态化改革，探索多功能混合布局与复合开发模式，搭建资源共享与废物处理的公共服务平台。实施一系列绿色循环化改造项目，如余热余压回收、中水回用、废渣资源化等项目，促进企业内部循环生产、园区循环化改造及产业间循环链接，打造绿色循环经济示范园区。提升盐城静脉产业园的规划建设标准，推动建筑垃圾、餐厨垃圾及工业固体废弃物的无害化处理和资源化利用。完善再生资源回收体系，构建废旧农膜回收、农作物秸秆收集转运等循环利用网络，并大力发展大宗固体废弃物综合利用产业。推动城乡垃圾分类网络与再生资源回收网络“两网融合”，实现垃圾分类与资源回收的高效对接。

三是加速低碳转型步伐。为实现低碳发展目标，推动实施碳排放总量与强度“双控”策略，积极落实二氧化碳排放达峰行动，加强对甲烷等非二氧化碳温室气体的管控。支持环保科技城在全国碳排放权交易市场中发挥积极作用，建立健全碳排放监测报告核查机制及市场风险防控体系。探索温室气体与大气污染物协同减排路径，推动碳排放报告监测核查制度与排污许可制度有机融合。鼓励并支持有条件的地区（企业）创建国家和省级低碳试点，积极探索开发“零碳城市”“零碳园区”“零碳工厂”的建设模式。加强应对气候变化的基础统计工作，定期编制市、县级温室气体排放清单，为科学决策提供依据。

3. 倡导推行绿色生活方式

积极动员民众参与爱国卫生运动，全面开展节约型机关、绿色家庭、绿色学校、绿色社区、绿色商场、绿色建筑及绿色出行创建行动，树立并推广一系列绿色生活典范。至2025年，全市绿色出行比例提升至70%，绿色出行成为市民出行的新常态。

坚持绿色消费理念，鼓励社会各界养成珍惜粮食、节约用水用电用气、拒绝食用野味、偏好低碳出行等健康环保的生活习惯，共同营造绿色文明的社会风尚。在生活垃圾处理方面，坚决实施强制分类制度，确保厨余垃圾得到独立收集与处理，全面构建起涵盖投放、收集、运输、处理的生活垃圾分类体系，至2025年，全市垃圾分类集中处理率达到90%。

积极推进节约型机关建设，通过精细化管理有效降低机关运行成本，至2025年，全市70%的机关单位达到省级节约型机关创建标准，树立公共机构节能减耗的典范。

为贯彻绿色生活理念，盐城市将在全国低碳日、世界环境日等重要时间节点，举办丰富多彩的绿色低碳主题活动，传播绿色生活知识，激发公众参与热情，让绿色生活方式成为引领社会新风尚的强大力量，共同推动全社会向绿色、循环、低碳的方向迈进。

（二）盐城市政府工作报告对绿色低碳发展工作作出安排

2024年1月16日上午，盐城市市长张明康在盐城市第九届人民代表大会第四次会议上作政府工作报告。报告总结了盐城市2023年绿色低碳发展成果，对2024年绿色低碳发展工作作出了安排。

1. 2023年：绿色低碳转型步伐加快

盐城市坚持以重大项目建设和科技创新驱动为支撑，全面推进绿色转型发展，入选全国首批碳达峰试点城市、全国首批数字化绿色化协同转型发展综合试点城市。产业能级不断攀升，围绕“5+2”新兴产业和23条重点产业链，聚力强链补链延链，新开工、新竣工亿元以上产业项目750个、450个，通威、晶澳、蜂巢等百亿级项目建成投产，新一代信息技术产业规模突破千亿元，工业经济总量迈上万亿元台阶。新能源产业集群入选首批省级战略性新兴产业融合示范集群，中欧海上新能源发展合作论坛成功举办。东台特钢材料、射阳风电装备、建湖石油装备、响水不锈钢4个产业集群获评省级中小企业特色产业集群。企业培育成效明显，新增国家高新技术企业466家，新增国家专精特新“小巨人”企业33家、省级专精特新中小企业266家；完成IPO报会企业3家、股改企业28家。立铠、富乐华、画你爱萌3家企业获评省独角兽企业，获评数量列苏北苏中地区首位。创新动力显著增强，深入开展“科技创新提升年”活动，高新技术产业产值突破4000亿元，北京、上海、深圳、南京、常州等地的5个“科创飞地”全面运营，江苏沿海可再生能源技术创新中心获批省级技术创新中心。新建省级以上研发机构71家，规上工业企业研发机构建设认定率突破50%，大丰金风科技入选全国首批“赛马争先”创新平台名单，东台获评国家创新型县（市）。数实融合步伐加快，数字经济核心产业规模超2500亿元，规上工业企业数字化转型覆盖率超70%，国家智能工厂建设实现“零”的突破。新增省级现代服务业高质量发展集聚示范区6家，数量居苏北地区首位。绿色低碳发展示范区建设全面推进，厅市共建事项加快落地，省公共机构节能低碳示范单位和能效领跑者数量全省第一，盐城高新区、环保科技城分别创成国家级和省级绿色园区，射阳港经开区、大丰港经开区、黄海新区和盐城经开区列入省新型电力系统园区级试点，低（零）碳产业园建设取得阶段性成果。

2. 2024年：全面建设绿色低碳发展示范区，不断塑造发展新动能新优势

一体推进绿色低碳发展示范区和全国碳达峰试点城市、数字化绿色化协同转型发展综合试点城市建设，努力为全国提供更多可复制可推广的盐城经验。

一是提升新能源资源开发水平。坚持风光火气氢一体化布局、源网荷储用一体化发展，推动输配电网升级，促进新能源高水平消纳，加快构建新型

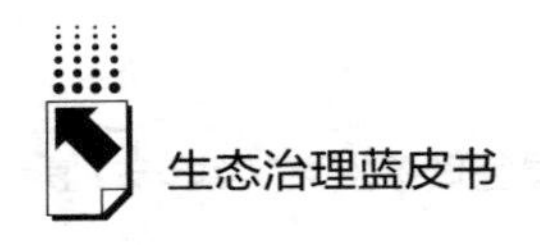

能源体系。推进604万千瓦海上风电项目竞争性配置，开工建设265万千瓦海上风电项目，实施100万千瓦“小改大”升级等陆上风电项目，推动290万千瓦市场化集中式光伏项目并网投运。开展海上风光渔、海上风光氢、海上能源岛等综合应用示范，新建10个新型共享储能电站项目。持续办好中欧海上新能源发展合作论坛。

二是加快低（零）碳产业园建设。围绕能源清洁化、产业绿色化、设施低碳化、管理智慧化、认证国际化，推动射阳港经开区、大丰港经开区、黄海新区低（零）碳产业园得到国家认定、国际认可。探索建立产品碳足迹核算标准体系，推动碳足迹国际衔接与认证，率先在晶硅光伏和动力电池产业链搭建碳足迹核算认证体系，为企业扩大出口提供支撑。

三是积极稳妥推进“双碳”行动。加强海洋、湿地、森林碳汇试点核算，推进碳排放交易，加快破解能耗排放瓶颈制约。引导重点行业、企业开展节能降碳改造，新培育省级以上绿色工厂20家，提升滨海、大丰化工园区绿色发展水平。积极探索“LNG冷能+算力”等路径，推进“东数海算”“东数绿算”海洋算力中心建设。加快推进智能建造、绿色建造，推动建筑业工业化、数字化、绿色化发展，打造“盐城建造”品牌。大力倡导简约适度、绿色低碳的生活方式，加快全社会各领域绿色低碳转型。

（三）盐城市强调以实际行动践行绿色发展理念

2024年6月7日，盐城市委八届七次全会召开。全会以习近平新时代中国特色社会主义思想为引领，深入贯彻党的二十大及二十届二中全会精神，落实习近平总书记对江苏工作的重要讲话及重要指示精神，特别是2024年习近平总书记在全国“两会”期间参加江苏代表团审议时的重要讲话精神，积极响应江苏省委十四届六次全会的战略部署，号召全市上下凝聚共识、振奋精神、勇于担当，将高质量发展视为核心使命，立志在江苏省乃至全国绿色低碳发展道路上引领潮流。全会强调，要扎实稳健地推进中国式现代化盐城新实践，不仅要在经济社会发展中追求高质量，更要在生态文明建设上树立新标杆，以实际行动践行绿色发展理念，为全省乃至全国贡献盐城力量，展现盐城风采。

一是加快发展新质生产力，推进高质量发展。要把握好一个重大要求、一个重要定位、一个重点任务，不断开创盐城高质量发展新局面。一个重大要求，就是把握好“先立后破、因地制宜、分类指导”这个重要方法论，以新化旧、以立促破，形成多点支撑、协同联动、优势互补的良性发展格局。一个重要定位，就是勇当发展新质生产力重要阵地“碳路先锋”，在（近）零碳园区、绿色产业、循环经济、生态家园等领域先行探索。一个重点任务，就是构建以先进制造业为支撑的现代化产业体系，坚持新型工业化与新质生产力良性互动，推动短板产业补链、优势产业延链、传统产业升链、新兴产业强链。

二是要聚焦链群融合，增强科技创新驱动力。强化企业科技创新主体地位，壮大科技型企业集群，提升企业研发能力，让企业真正成为创新决策、研发投入、科研组织和成果应用的主体。推进科技创新平台能级提升，集中打造一批资源高度集中、比较优势突出、辐射带动效应强劲的创新平台，持续打造以盐南高新区“创新之核”为重点的科技创新平台矩阵，高标准规划建设西伏河绿色低碳科创园，全力突破提升一批具有全国影响力的新型研发机构，让更多的科技之花在盐城结出产业之果。促进产学研用深度融合，坚持供需对接导向，围绕市场应用意向，聚焦技术变革走向，推动科技成果从样品到产品再到商品的转化，形成现实生产力，努力抢抓未来发展先机。

三是要聚焦转型升级，增强绿色发展主导力。提升优势领域“含新量”，扬长禀赋优势竞逐绿色能源“新赛道”，用好机遇优势激活海洋经济“强引擎”，发挥保供优势在发展现代农业上“挑大梁”，持续培植绿色动力源、打造蓝色增长极。提升发展方式“含绿量”，推动新兴产业培优育强、未来产业前瞻布局、传统产业焕新升级，更大力度引导生产性服务业向专业化方向和价值链高端延伸，着力构建绿色低碳循环经济体系。提升大美生态“含金量”，持续深入打好污染防治攻坚战，全面推进美丽盐城建设，用好“世遗”金字招牌，深化文旅融合发展，打造世界级滨海生态旅游廊道。

四是要聚焦畅通循环，增强改革开放牵引力。突出深层次改革撬动，更好地推动政府和市场“两只手”协同发力，创新沿海高质量发展推进机制，深化开发园区管理体制创新，持续推动农业农村改革，积极实施医共体建设三年行动计划，坚持“两个毫不动摇”，统筹优化传统生产要素的配置，推动新型要素与传统要素高效组合，不断提高全要素生产率。突出高水平开放互动，推进全方位开放合作，用好绿电优势，持续加大项目引建力度，进一步优化营商环境，积极响应“水运江苏”建设，打造江苏高水平开放新支点。突出全方位区域联动，主动融入全国全省区域协同发展大局，深层次接轨上海大都市圈，进一步深化东西部协作，持续深化河海联动，积极响应江淮生态经济区建设，打造长三角产业发展新空间、保障保供大基地、生态休闲大花园。

五是要聚焦引培并重，增强人才队伍支撑力。瞄准需求引进人才，建立灵活、多元、适宜、科学的人才引进机制，充分利用乡贤力量，鼓励在外人员返乡就业创业，精准用好“黄海明珠人才计划”，充分发挥平台作用，进一步提高驻盐高校毕业生留盐率，为人才梯队“蓄好水”“育好苗”。围绕产业培养人才，聚焦产业发展之需、企业用人之需，用好柔性引才方式，让更多“千里马”为企所用。创新机制用好人才，构建更加精准有效、可持续的人才政策体系，更加大气包容的容错机制，更加周到细致的人才服务体系，营造海纳百川、近悦远来的人才生态。

（四）盐城市将推动绿色低碳发展作为各项工作的重中之重

1. 召开绿色低碳发展示范区建设工作会议，助推高质量发展

2024 年 2 月底 3 月初，盐城市绿色低碳发展示范区建设暨高质量发展项目推进会召开。会议强调要深入贯彻习近平总书记对江苏工作的重要讲话精神、在盐城考察时的重要指示精神，认真落实江苏省委“开年就是开工、开工就是实干”的要求，进一步增强责任感使命感紧迫感，争分夺秒拼经济、抓招商、上项目，高质量建设绿色低碳发展示范区，奋力推动各项工作开好局起好步。

盐城市委、市政府相关领导先后调研了东台天合光能 10GW 高效光伏电

池组件、智泰储能电池、领胜3C产业研究院、晶澳10GW光伏电池组件、浩瑞生物科技、恒禾丰农产品精深加工和大丰天合储能电池、明月海洋系列食品、凯林格新能源电池循环利用、纬景液流储能、创一新能源汽车零部件、理研新能源汽车零部件等12个产业项目，强调要在现有的产业发展的新格局、新气象基础上进一步造浓比学赶超、争先进位的氛围，并对未来盐城绿色低碳发展工作作出安排。

一是抓机遇抓创新，强信心强企业。经过调研，盐城市委、市政府相关领导认为东台市和大丰区奋进新产业有定力、敢坚守，探索新科技有实效、敢创新，抢占新赛道有目标、敢争先，展现新气象有担当、敢作为，折射出全市积极向好的发展态势和紧张快干的精神状态。未来，盐城市要对标先进，拼经济拼发展，抓机遇抓创新，强信心强企业，加速挺进“第一方阵”，积极抢滩布局“未来产业”，奋力冲出“资本洼地”，在擦亮绿色能源、现代农业、美丽生态“三张名片”上走在前、做示范，加快推动低（零）碳产业园建设，更大程度地实现生态价值的蝶变转化，为全市绿色低碳发展探出新路子、拓出新空间。

二是坚定信心，顺势而为。盐城市委、市政府相关领导指出，绿色低碳发展是当今时代科技革命和产业变革的方向，是最有前途的发展领域。2024年是绿色低碳发展示范区建设积厚成势、聚沙成塔的攻坚突破之年，全市上下要坚定信心，顺势而为扛起使命担当。这份信心来自习近平总书记的科学指引，来自江苏省委、省政府的期望重托和盐阜大地的生动实践。高质量建设绿色低碳发展示范区是盐城市赢得区域竞争新优势的制胜之道，必须持之以恒推进，在新赛道中塑造更大的绿色优势、彰显更多的盐城特色。

三是当好示范，乘势而上。盐城市委、市政府相关领导指出，要当好示范，乘势而上先行探索突破。要抓住产业这个根本，坚定不移实施工业强市战略，聚焦“5+2”战略性新兴产业和23条重点产业链，不断做强工业经济，做大海洋经济，“做特”农业经济，在经济转型升级上勇于突破。要抓住生态这个基础，打好生态治理组合拳，跑出生态经济加速度，塑造生态家园“高颜值”，不断提升生态系统多样性、稳定性、持续性（与生态环境部的要求一致），畅通生态产品价值实现多元化路径，推动“生态资源”形成“生态产业”、支撑“生态富民”，在打造“美丽盐城”上成为典范。要抓住能源这个关键，大力推动能源资源开发利用，加快打造长三角综合能源保障基地，持续推进低（零）碳产业园建设，大力推动“风光氢储”一体融合发展，加快形成更多可执行、可参照、可复制的地方标准，在发挥比较优势上下更大功夫。

盐城市委、市政府相关领导指出，高质量建设绿色低碳发展示范区是一项系统工程，既要有信心雄心，更要有定力毅力。要保持定力，聚势而强永葆实干姿态。进一步树牢正确政绩观，既做让老百姓看得见摸得着的实事，也做打基础利长远的好事，统筹把握时度效，下最大的功夫、求最好的效果。着力构建全链闭环体系，及时把市委决策部署细化为时间表、任务书、施工图，确保责任落实到位、工作推进到位。积极营造实干争先氛围，发扬不怕困难、不畏艰险，勇于斗争、敢于胜利的精神，深入开展新时代“四下基层”活动，努力成为推动绿色低碳发展的行家里手，为谱写“强富美高”新盐城现代化建设新篇章作出应有的贡献。全市各级各部门要以“时时放心不下”的责任感，切实抓好社会稳定、风险防范、安全环保、民生保障等各项工作，确保社会大局和谐稳定。

2. 推进重大水利设施和低（零）碳产业园建设，助推绿色低碳发展

2024 年 4 月 12 日，盐城市委、市政府相关领导到射阳县、滨海县调研水利基础设施项目和低（零）碳产业园建设，强调要认真学习贯彻习近平新时代中国特色社会主义思想和习近平总书记关于治水的重要论述，按照中央和江苏省委部署，高标准高质量推进水利基础设施和低（零）碳产业园建设，切实筑牢防汛减灾安全防线，全力推动绿色低碳发展取得新成效。

水利，既关乎发展，也关乎安全，更关乎民生。海堤建设事关城市安全和群众安危，必须坚持百年大计，高质量实施海堤防护和保滩工程，同步推进沿线环境整治、景观提升，打造最美海岸带。淮河入海水道二期工程是国家重大水利项目，盐城市委、市政府相关领导重点察看了已通过验收的先导项目张家河闸站，并强调要始终牢固树立“百年大计、质量第一”理念，进一步优化施工方案，全力打造精品水利工程，确保淮河安澜。

建设低（零）碳产业园，是盐城市绿色低碳发展示范区建设的引领性、标志性工程。盐城市委、市政府相关领导来到滨海港低（零）碳产业园，察看了解规划展示厅展示的智慧能碳管理平台建设、核心区产业布局、冷能综合利用示范区规划等情况，要求园区强化规划引领，坚持高点定位、高标准建设、节约集约发展，深入挖掘“绿电+冷能”资源禀赋，突出全链低碳，引进科技含量高、碳税竞争力强、示范带动效应显著的优质项目，打造绿色产业基地，构建绿色制造体系，创塑绿色转型示范，以低（零）碳产业园区建设实实在在的成果，不断提升盐城发展的含新量、含绿量和含金量。对于正在进行设备安装的中科融能储能专用锂电池项目，盐城市委、市政府相关领导详细了解了企业技术路线、专利申报、生产能力等情况，要求企业加快施工进度，争取早日投产创造效益，并加大固态电池研发力度，换道超车做大做强，为盐城绿色低碳发展贡献更大力量。

3. 制定具体措施助推基层绿色低碳发展

2024 年 3 月，盐城市委、市政府相关领导到大丰港国际合作绿色低碳产业园调研，强调要深入学习贯彻习近平总书记参加江苏代表团审议时的重要讲话和在盐城考察时的重要指示精神，坚定信心、大胆探索，全力打造国内领先、国际一流的低（零）碳产业园，争当绿色低碳发展新赛道领跑者，为全省乃至全国绿色低碳发展大局积累经验、作出示范。具体措施如下。

一是推动经济社会绿色低碳转型。盐城的生态禀赋独特、“绿电”资源丰富，低（零）碳产业园，既是盐城建设绿色低碳发展示范区的重中之重，更是在绿色低碳发展新赛道上充分彰显盐城潜力优势的“拳头产品”。要坚定不移走好生态优先、绿色发展之路，以低（零）碳产业园先行先试为抓手，全面推进产业结构、能源结构、交通运输结构等调整优化，加快构建绿色低碳循环发展经济体系，为推动盐城市高质量发展注入源源不断的新动能。

二是要坚持高水平规划先行。建设绿色低碳产业示范园，要坚持高水平规划先行，合理设置园区功能布局，加强智慧管理体系建设，丰富更多场景模式，把低碳理念、低碳材料、低碳方式和低碳标准贯穿于园区规划建设全过程、体现到生产生活生态各方面。要强化创新引领，围绕产业绿色化、绿色产业化，积极推进各类创新载体平台建设，深入开展全周期碳足迹核算，努力形成国家认定、国际认可的相关标准体系。要严格园区准入门槛，科学设置相关限制进入清单和禁止进入名录，着力提高经济绿色化程度。要牢固树立全球视野、国际眼光，坚持“做就做到最好”的理念，加强与国内外相关企业、机构组织的对接，合力打造具有盐城特色、全球影响的低（零）碳产业园，在绿色低碳高质量发展上不断展现新作为、取得新成效。

二　制定《国家碳达峰试点（盐城）实施方案》

为深入贯彻落实中共中央、国务院关于碳达峰碳中和战略决策部署，根据国家和江苏省碳达峰实施方案有关部署要求，积极推进碳达峰试点城市建设，盐城市制定了《国家碳达峰试点（盐城）实施方案》。方案包括主要目标、主要任务、科技创新、重点工程、政策创新、全民行动、保障措施七个方面的内容。下面重点对主要目标和主要任务部分做简单介绍。

（一）主要目标

1. 总体思路

坚持以习近平新时代中国特色社会主义思想为指导，全面贯彻党的二十大精神，完整、准确、全面贯彻新发展理念，全面落实“四个走在前”“四个新”重大任务，深入推进“四个三”工作布局，以经济社会发展全面绿色转型为引领，以能源绿色低碳发展为关键，以改革创新为根本动力，以（近）零碳产业园建设为载体推进生产方式绿色转型，以新型电力系统为依托推动能源生产消费方式变革，以重点产业链碳标识认证管理为抓手积极应对国际绿色贸易规则，高质量建设绿色低碳发展示范区，在推动长三角地区乃至全国能源转型和促进绿色发展方面争做表率，为实现双碳目标贡献盐城方案。

一是勇为先锋做好风光文章，建设绿色能源之城。盐城是长三角地区首个千万千瓦新能源发电城市，获批全国首批新能源示范城市，建成了全球单体规模最大的滩涂风光电产业基地。要以构建清洁低碳、安全高效能源体系为方向，推动能源生产消费方式绿色低碳变革，加快能源系统向适应新能源大规模发展方向演变，依托风光资源优势和产业基础，以“风光氢储”一体化融合发展为重点，持续做强风电、光伏两大地标产业，聚力布局氢能、储能两大未来产业，加快建设世界级新能源产业集群，打造世界新能源产业城市名片。

二是先行先试迈向零碳未来，建设绿色制造之城。明确将高端化、绿色化、智能化作为核心发展方向，坚定不移地走产业绿色化与绿色产业化并重的道路。通过深度整合数字技术力量，推动减污降碳工作协同增效，加速构建起一个高效、环保的绿色制造体系，以此驱动制造业在质量、效率及动力三方面实现根本性变革。汇聚绿色低碳创新要素，不断提升产业的绿色竞争力，力求将盐城得天独厚的风光资源优势，转化为绿色产业发展的核心竞争优势。积极探索并实践具有盐城鲜明特色的（近）零碳产业园建设模式，力求在省内树立标杆、在国内领先示范、在国际舞台上产生深远影响，为全球绿色低碳发展贡献盐城智慧与力量。

三是厚植基底挖掘蓝绿碳汇，建设绿色生态之城。盐城，作为长三角中心区独有的世界自然遗产所在地，已创成国际湿地城市、国家森林城市及国家生态文明建设示范区，其海洋、森林与湿地资源共同构筑了强大的碳汇体系。在此基础上，盐城应紧抓生态系统碳汇巩固与提升的双重关键，采取全方位措施保护自然生态的每一个要素。具体而言，需强化国土空间规划引领管制，确保生态空间的科学布局与合理利用；着重提升湿地的碳汇功能，通过科学管理与生态修复增强湿地的固碳能力；推进森林生态系统的精细化抚育，促进林木健康生长，进一步提升森林碳汇效率；深入挖掘海洋碳汇的巨大潜力，探索海洋保护与碳汇能力增强的双赢路径。在城乡绿地生态系统建设方面，优化布局，构建更加完善的绿地网络，提升城乡生态环境的整体质量和碳汇能力。通过这一系列举措，实现碳汇价值的最大化，让生态系统在应对气候变化、促进绿色低碳发展中发挥更加积极的作用。

四是品质引领推进城乡降碳，建设绿色宜居之城。坚持以优化空间布局为基石，将改善生态环境置于核心地位，依托绿色低碳发展的强大支撑，致力于实现人与自然和谐共生的美好愿景，为公众创造高品质的绿色幸福生活。加速推进城乡建设向绿色低碳方向转型，特别注重绿色建筑的高质量发展。通过提升建筑能效标准，优化建筑能源使用结构，力求在保障居住舒适度的同时，最大限度地减少能源消耗与碳排放。从全局出发，系统规划并推进绿色交通体系的建设。致力于构建一个绿色、高效的交通运输网络，聚焦关键领域与环节，大力推广节能低碳型交通工具，积极引导公众选择低碳出行方式。通过这一系列举措，在交通领域加速形成绿色发展的新模式，并引领社会向更加环保、可持续的生活方式转变。

2. 分阶段目标

到 2025 年，一个以绿色低碳循环为核心特征的经济体系将基本构建完成，绿色低碳发展示范区初具规模。在此期间，重点行业的能源利用效率将显著提升，达到国内外领先水准，可再生能源装机容量实现历史性突破，跨越 1700 万千瓦大关。非化石能源在能源消费结构中的占比攀升至 35%以上，能源结构进一步优化。单位地区生产总值的能耗与二氧化碳排放量将分别下降 13. 5%和 20%以上，为全面实现碳达峰目标奠定坚实基础。

到 2030 年，经济社会发展绿色转型成效显著，低碳技术创新与低碳产业发展迎来关键性突破，可再生能源的广泛应用将成为现实。重点耗能行业的能源利用效率达到国际顶尖水平，二氧化碳排放达到峰值后稳中有降。单位地区生产总值的能源消耗与二氧化碳排放完成省级下达的减排目标，实现全行业碳达峰目标。部分区域在碳中和领域取得积极进展，为全球应对气候变化贡献重要力量。

（二）主要任务

1. 推动能源绿色低碳转型

在确保能源供应稳定安全的基础上，积极扩大可再生能源的应用规模，对化石能源的使用实施严格管理与调控，加速构建一个既清洁又低碳、既安全又高效的能源体系，将盐城建设成为一座绿色能源之城，推动盐城引领未来能源发展的绿色转型。

一是大力发展可再生能源。发挥资源禀赋优势，率先实现以可再生能源为主体的能源变革，着力打造国际绿色能源之城、世界级新能源产业基地和国家新能源创新示范城市。

在风电领域，采取科学有序的方式，加速推进海上风电的规模化开发进程，目标是建立千万千瓦级别的近海与深远海海上风电示范基地。重点推进射阳、滨海、大丰等地的百万千瓦级海上风电示范项目，并推动超大功率海上风机、海上风电柔性直流输电等的示范应用。谨慎而积极地探索深远海风电的试点应用，深入研究海上"能源岛"，即多种能源资源集成平台的建设可行性，实现盐城海上风电与光伏发电的有机融合与高效发展。推动研发设计、装备制造、风场开发、工程安装及运维服务等各个环节的一体化协同发展。通过打造先进的风电装备制造产业集群，扶持并壮大具有竞争优势的企业，引领风电产业向高附加值环节攀升，促进风电产业的全链条升级。在此过程中，增强关键技术的自主研发能力，推动市场拓展的国际化进程，实现运维服务的一体化覆盖。建设国家级海上风电检验中心，以高标准、严要求提升产业整体竞争力，最终将盐城打造成为全球具有影响力的风电产业基地。至 2025 年底，全市风电装机总规模达到约 1050 万千瓦，其中海上风电装机规模跃居全球城市之首。

在光伏领域，秉持集中式与分布式发展并重的策略，稳步推进 7 个整县（市、区）的屋顶分布式光伏开发试点工作。积极倡导并鼓励利用企业厂房、车棚顶部及公共建筑屋顶等闲置空间，大力推动屋顶分布式光伏发电系统及光伏建筑一体化项目的建设。注重因地制宜，充分利用垦区农场空置地块、沿海滩涂、鱼塘水面等特色空间资源，创新光伏发电的布局模式，打造一系列集发电与生态保护于一体的“光伏+”综合利用示范基地。支持并鼓励探索“光伏+”的跨界融合应用，如“光伏+高速”“光伏+铁路”“光伏+机场”“光伏+道路”等示范工程，展现光伏技术的应用潜力和社会价值。到2025年，全市光伏发电装机规模达到约650万千瓦，为绿色能源发展贡献重要力量。

在其他方面，有序发展农林生物质能，探索生物质能新发展模式，统筹推进全市城镇生活垃圾发电项目建设。因地制宜推进地热能、海洋能开发利用，加快布局促进储能、氢能等产业发展，鼓励综合能源站建设，支持开展海上“风光渔”、海上“风光氢”、海上“能源岛”等未来能源开发利用示范，开展氨能利用前期研究。

二是加强新能源消纳与应用。积极推进以新能源为主体的新型电力系统建设，注重发输配用衔接，推进新能源电站与电网协调同步，推动清洁电力资源大范围优化配置，提升电力系统综合调节能力。积极发展“新能源+储能”、推动源网荷储一体化和多能互补，支持与电网公司合作建设虚拟电厂。支持分布式新能源合理配置储能系统，加强源网荷储协同，开展多元化应用的新型储能示范项目建设，规划建设10余个独立共享储能项目，到2025年，新型储能装机容量达到171万千瓦左右。大力发展新能源微电网、分布式能源微电网。开展电力需求侧管理，完善需求响应机制，提升全社会需求响应能力。深入推进清洁能源高比例能源互联网试点示范城市建设。在射阳港经开区、大丰港经开区、黄海新区、盐城经开区规划布局绿电专变专线，推动绿电就近接入园区。推动重点行业企业建立绿色用能监测与评价体系，引导企业提升绿色能源使用比例。鼓励企事业单位、公共机构和个人优先使用可再生能源，主动认购绿电绿证。有序推进终端消费全方位电气化发展，推动工业、建筑、交通等重点领域电能替代。

三是严格控制化石能源消费。加强煤炭消费总量管控，有序淘汰煤电行业的落后产能，确保能源利用的高效与清洁。除国家明确规划并批准的电源项目和必要的原料用煤项目外，严格限制新增煤炭消耗项目，并禁止新增自备煤电机组。对于新建燃煤机组，设定国际领先的煤耗标准，以确保其能效达到最优。优化热电联产的布局，推动大型机组在合理供热半径内实施供热改造，以提高能源的综合利用效率。持续实施煤电项目“三改联动”，即节能降碳改造、灵活性改造和供热改造联动，以逐步降低发电煤耗。在能源替代方面，有序推动电代油、电代气以及煤改气、油改气等工作，科学调控成品油消费总量，并力争在“十四五”期间达到消费总量峰值。加快天然气基础设施的建设，包括滨海 LNG 接收站、中俄东线及沿海输气管道等，加速构建市域天然气长输支线管网，促进城市间天然气管网的互联互通。在天然气利用方面，积极优化消费结构，合理引导消费方向，优先保障民生用气，同时保持天然气消费的适度增长。到 2025 年，煤电机组的供电煤耗相较于全省平均水平下降约 10 克/千瓦时，以此推动能源消费的全面绿色化转型。

四是强化能源安全保障。发挥化石能源在能源保障体系中的兜底作用，在新能源实现安全可靠替代的前提下，推动传统能源的有序退出。促进煤炭等化石能源与新能源的优化组合，加速推进国信滨海和国电投滨海的 4×100 万千瓦超超临界二次再热火电机组等重大能源项目建设，引导煤电角色转变，推动煤电从主体电源向更具调节性和支撑性的电源方向发展。加强能源储备体系的建设与完善，严格执行重点电厂的最低存煤制度，提升市级层面的自主调配能力和安全运行管理水平。在油气领域，加快收储设施建设，增强对煤电油气运等关键环节的调节能力，并建立健全能源预警机制与应急预案机制，以显著提升应对极端天气及突发事件的能源供应应急响应速度与事后恢复能力。加速构建坚强的智能电网，遵循“整体结构强健、关键节点坚韧、系统运行灵活”的原则，加快推进高荣 500 千伏、牡丹 220 千伏等输变电工程及其配套项目的实施，以充分满足沿海风电、光伏等大型清洁能源基地的电力输送需求。同时，注重电网建设与产业布局调整及跨区电力流动的协调，优化沿海 220 千伏电网的分区布局，提升区域间在紧急情况下的相互支援与负荷转供能力，确保能源网络的稳定与高效运行。

2. 全面提升能源利用效率

坚持节约优先，实施全面节约战略，把节能摆在突出位置，推动各领域、各环节、各行业节能增效，不断提升节能管理能力。

一是优化并完善能耗双控制度体系。坚持节能优先的原则，增强能耗强度的刚性约束，灵活调整能源消费总量的管理方式，以创造有利条件，加速实现从能耗双控向碳排放总量与强度双控的转变。明确原料用能和非化石能源消费不纳入能耗双控考核范畴，积极争取将重大项目纳入国家重大项目能耗单列范围，控制化石能源的消费量。为确保制度的有效实施，要加强对固定资产投资项目的节能审查，全面评估项目的能源使用及碳排放情况。加强产业规划布局、重大项目建设与能耗双控政策的紧密衔接，以推动能源资源的优化配置，显著提升能源利用效率。针对“两高”（高耗能、高排放）项目，从源头上强化管控。深入论证拟建“两高”项目的必要性和可行性，严格把控碳排放关口，实施清单化管理。建立完善能耗预警机制，对“两高”项目进行动态监测与预警，以确保能源消费与碳排放处于可控范围内。

二是深入开展重点领域节能降碳工作。持续开展“能效领跑者”行动，全面挖掘各领域的节能潜力，推动能效水平的持续提升，进而增强重点领域的能源资源利用效率。在工业领域，实施能效提升专项计划，针对煤电、钢铁、建材、造纸、化工等高耗能行业，推动节能降碳技术的革新与应用。鼓励企业以行业“能效领跑者”和行业标杆为参照，制定个性化的工业能效提升方案，推动大型企业节能降碳。实施节能降碳工程，围绕电机、风机、泵、压缩机、变压器、工业锅炉等关键设备，推广高效节能产品，促进重点用能设备的能效提升，加速淘汰低效老旧设备。在工业园区层面，推动能源系统的整体优化与污染的综合治理，鼓励园区内企业和单位优先采用可再生能源，实现能源的高效利用与梯级配置。促进供热、供电、污水处理、中水回用等公共基础设施建设，提升园区的整体能效与环保水平。针对新型基础设施，如数据中心、基站等，加强引导与监管，推动其合理布局与绿色运行。通过优化用能结构，减少对传统能源的依赖，提升新型基础设施的能效。

三是全面提升节能管理能力。构建集节能管理、监察、服务于一体的综合管理体系。强化部门间的协同联动，通过制订详尽的节能监察工作计划，确保工作的高效执行。重点关注高耗能企业与关键用能设备，组织并深入实施专项节能监察行动，以精准识别节能潜力与问题所在。开展重点用能单位体系建设效果评价，鼓励这些单位积极参与能源管理体系认证。提供节能诊断服务，针对重点企业的核心生产环节与主要用能系统，进行细致入微的能耗分析，找出节能短板，深度挖掘节能改造的潜力。完善工业企业资源综合利用评价体系，通过严格设定能耗、产出等关键评价指标，加强对企业的综合评价与监管，加速淘汰落后产能，为产业升级与绿色发展腾出空间。

3. 推动重点行业碳排放达峰行动

持续优化工业内部结构，加快工业领域绿色低碳转型，大力发展绿色低碳产业，力争实现部分重点行业碳排放率先达峰，构建现代工业绿色制造体系，建设绿色制造之城。

一是推动产业绿色化高端化发展。坚持量质并举、效益优先，推动制造业高端化、智能化、绿色化发展。面向汽车、纺织、钢铁、化工、机械加工等优势传统产业，开展老旧更新、绿色转型、布局优化、淘汰落后、产品提档五大行动，推进产业基础再造。支持悦达起亚加快发展新能源乘用车，打造悦达起亚全球出口基地，推动一汽集团盐城分公司量产达效。落实“5+2”战略性新兴产业高质量发展三年行动计划，进一步做大做强新能源、新一代信息技术等优势产业，加快发展节能环保装备等特色产业，聚力打造晶硅光伏、动力及储能电池等 5 条地标性产业链，培育更多千亿级产业融合发展集群。坚持以未来产业开创产业未来，前瞻布局第三代半导体、氢能和新型储能、低空经济等产业新赛道，推动未来产业与新兴产业有效衔接、融合互促。实施生产性服务业提升行动，以现代服务业与先进制造业深度融合为主线，加快构建四大支柱型服务业、三大成长型服务业、一批先导性服务业的“4+3+X”服务业发展新体系，打造一批省级现代服务业高质量发展集聚示范区。到 2025 年，规上工业开票销售收入超 1.1 万亿元，规上服务业营收突破 870 亿元，工业战略性新兴产业总产值占工业总产值比重达 43%以上。

二是开展（近）零碳产业园区试点建设。围绕能源清洁化、产业绿色化、设施低碳化、管理智慧化、认证国际化，先行先试建设射阳港（近）零碳产业园、大丰港（近）零碳产业园和滨海港（近）零碳产业园，积极探索具有盐城特色的（近）零碳产业园区建设路径，打造具有沿海特色的（近）零碳产业园区建设评价体系，推动园区绿色低碳高质量发展。到2025年，（近）零碳产业园区试点建设取得积极进展，园区可溯源清洁低碳新型电力系统基本建立，能碳智慧管理平台、碳排放管理体系基本形成，（近）零碳产业园区建设评价体系试行应用，（近）零碳工厂、建筑、交通等形成若干可观可感的应用场景。到2030年，（近）零碳产业园区试点建设取得阶段成果，碳排放管理体制机制进一步巩固完善，力争基本建成1~2个符合国内外标准规范的（近）零碳产业园区，绿电需求型、出口导向型企业形成集聚效应，形成一批可复制、可借鉴的标准、经验和模式，并积极在全省及全国推广。

三是加快构建绿色低碳发展体系。加速推进传统产业绿色低碳转型，推动新兴技术（包括互联网、大数据、人工智能、5G等）与绿色低碳产业深度融合，构建新型绿色产业生态。大力实施绿色制造体系建设工程，深度践行“智能化改造、数字化转型、网络化协同”的发展理念（“智改数转网联”），建立“智改数转”标杆企业培育体系，培育一批行业龙头及产业链核心企业，打造一批高度智能化、数字化的标杆工厂与工业互联网示范工厂。实施绿色制造工程，加快建立一批厂房高效利用、原料绿色无害、生产过程清洁环保、废弃物资源化利用及能源低碳化供应的绿色工厂。鼓励并支持工业基础坚实、基础设施完备、绿色发展水平高的市级及以上工业园区开展绿色园区建设，树立绿色发展的典范。激励工业企业积极开发绿色产品，培育工业产品绿色设计示范企业，推广绿色制造工艺，推行绿色包装，优化绿色运输方案，做好废弃产品的回收利用，构建起一条完整且高效的绿色供应链。至2025年，创建省级及以上绿色工厂100家，培育40家绿色发展领军企业，为推动经济社会可持续发展贡献力量。

四是推动重点工业行业有序达峰。加强钢铁行业源头控碳，紧跟行业布局优化、转型升级与绿色发展的步伐，确保产能布局合规合理，提升行业集中度。实施过程控碳，注重控碳策略，通过调整工艺结构（非高炉炼铁、增加电炉钢使用）、优化原料构成（增加废钢比与球团比）及改善能源结构（积极利用可再生能源、探索氢冶炼）来减少碳排放。同时，加快末端控碳技术的研发与应用，如加快转炉利用CO_2及CCUS（碳捕获、利用与封存）等技术的工业化应用。化工行业应积极吸引行业领军企业参与产业链上下游的整合与重组，以全面提升行业的发展层次、环保标准及安全水平。优化产品结构，围绕重点企业延长产业链，生产高附加值、低碳的绿色工艺产品，降低单位产品的碳排放强度。此外，鼓励采用低碳新工艺、新技术，支持原料替代、工艺改进、设备升级及节能改造，进一步减少生产过程中的碳排放。推动建材、造纸、纺织等传统行业向高端化、智能化、绿色化方向转型。建材行业应加速淘汰低效产能，推动产品向轻型化、集约化、制品化方向发展，提升绿色建材与特种玻璃等高端产品的市场占比。造纸行业应优化产品结构，提升产品附加值，通过技术创新降低能耗，提高废纸回收利用水平，实现资源循环利用。纺织行业应积极推广高效短流程前处理、气流染色工艺等先进技术，加强热能回收，提升废旧纺织品的再生利用能力。除此之外，盐城市碳达峰试点城市建设的主要任务还包括推动循环经济发展、促进城乡建设低碳转型、加快交通运输绿色发展以及提升生态系统碳汇能力四大方面。

三　盐城推进绿色低碳发展示范区建设情况综述

2024年以来，盐城牢固树立“绿水青山就是金山银山”理念，积极抢抓绿色低碳发展新机遇，全面落实江苏省委、省政府《关于支持盐城建设绿色低碳发展示范区的意见》，在江苏省发改委的关心支持和指导下，成功入选首批国家碳达峰试点城市，示范区建设取得阶段性成效。

（一）绿色能源发展势头强劲

高效利用绿能资源。盐城的可开发风光资源超过6000万千瓦，被誉为“海上风电第一城”。盐城在新能源发电领域展现出强劲实力，截至2023年11月底，盐城新能源发电装机容量已达到1380.1万千瓦，稳居全省首位。2023年1~11月，盐城全市新能源发电量累计达到249.8亿千瓦时，占盐城用电总量的57%，彰显了盐城在绿色能源应用与供给方面的领先地位。

领跑风光领域。盐城完成了265万千瓦海上风电项目核准，积极建设全国领先的千万千瓦级海上风电示范基地。全国首单海上风电公募REITs项目在上交所上市发行，募集资金78.4亿元。江苏沿海可再生能源技术创新中心获批省级技术创新中心。加快建设450万千瓦海上滩涂光伏项目和7个整县（市、区）屋顶分布式项目，打造百万千瓦光伏综合利用基地，积极开展海上“风光渔”、海上“风光氢”、海上“能源岛”等综合应用示范。

综合能源有效供给。国电投滨海港新增2×100万千瓦清洁高效煤电等重大项目，总投资130亿元的中海油滨海LNG接收站项目一期建成投产，总投资161亿元的吉电股份绿氢项目开工建设。

（二）绿色产业体系不断健全

产业集群融合发展。新能源产业集群入选首批省级战略性新兴产业融合示范集群。晶硅光伏、动力及储能电池、不锈钢产业规模分别跃居全国第一、二、三位。新一代信息技术产业规模超千亿元。节能环保产业不断壮大，盐城拥有全国规模排名前列的环保滤料生产基地，全国烟气治理行业10强中有7家入驻盐城。东台特钢材料产业集群、射阳风力发电及装备制造产业集群、建湖油气钻架井口装备产业集群、响水不锈钢产业集群4个产业集群获评中小企业特色产业集群。

绿色转型步伐加快。推进1000项“智改数转”项目建设，规上工业企业数字化转型覆盖率超70%。维信电子、立铠精密创成国家智能工厂，盐城国家智能工厂数量实现零的突破。盐城高新区创成国家级绿色工业园区，富乐德、中车电机等12家企业创成国家级绿色工厂。

（三）绿色低碳园区试点先行

新型电力系统加快构建。射阳港低（零）碳产业园、大丰港低（零）碳产业园、滨海港低（零）碳产业园和盐城经开区4个园区被列入江苏省新型电力系统建设园区级试点。确定10个新型储能电站项目的投资主体和项目选址，三峡悦达阜宁共享储能电站在全省第一个通过评估纳规，有望率先在全省发挥储能电站顶峰调控作用。

管理平台加紧建设。射阳港低（零）碳产业园完成“能—碳”双控平台架构，上线碳交易、绿证绿码等功能，远景能源、中车时代等企业获SGS（瑞士通用公证行）碳中和认证。中海油盐城“绿能港”保税罐成功设立，零碳能碳管理平台加快建设。大丰港低（零）碳产业园与落基山研究所签订零碳产业园建设协议。

低碳产业加速集聚。现已集聚中国华能、龙源电力等一批低碳产业项目。射阳港低（零）碳产业园区、盐都怡宁综合能源科创产业园、大丰吉电绿氢制储运加用一体化3个项目申报国家发改委绿色低碳先进技术示范项目，申报数量江苏省最多。

（四）绿色城市能级持续攀升

城市地位显著提升。高水平举办2023全球滨海论坛会议等重大活动，“盐城共识”被纳入第三届“一带一路”国际合作高峰论坛多边合作成果。精心举办2023中欧海上新能源发展合作论坛，其间发布的《中国城市绿色低碳发展指数报告》，盐城列全国第8位。成功举办中韩贸易投资博览会，圆满接待美国加利福尼亚州州长加文·纽森来盐访问。

生态保护成效显著。实施生态修复工程，自然湿地保护率提升至63.2%。新造成片林1.5万亩，林木覆盖率达25.2%。大丰创成国家生态文明建设示范区。滨海陶湾海洋牧场创成国家级海洋牧场示范区。大丰川东港成功入选全国美丽海湾优秀案例。黄海森林公园、静脉产业园申报中国人居环境范例奖。亭湖入选全省首批省级绿色金融创新改革试验区。完成全国首笔盐沼碳汇交易，发放全省首笔湿地修复碳汇贷款。盐都大纵湖景区、东台条子泥景区创成省级生态旅游示范区。

城乡建设更趋协调。累计完成 151 万平方米建筑的绿色节能改造，155 个城市社区创成江苏省绿色社区。省级特色田园乡村总数达 83 个、数量位列全省第二。整市入选第四批国家农业绿色发展先行区创建名单，新建高标准农田 73 万亩，粮食总产再创历史新高、连续九年超 140 亿斤。建成农村生态河道 1159 公里，新改善农房 1.9 万户，完成农村改厕 9.6 万户。新增及更新公交车、出租车全部为新能源汽车，城市绿色出行比例达到 72%，入选国家公交都市建设示范工程创建城市。

（五）绿色推进体系加速构建

一是建立市县两级联动、跨部门协同的强力推进机制，构建“1+1+4+N”全方位的组织架构体系。设立高规格的领导小组以统筹全局，并配套发布一份详尽的实施意见作为行动指南。同时，精心制定并实施四大行动方案，聚焦打造绿色制造之城、绿色能源之城、绿色生态之城及绿色宜居之城，全面推动城市的绿色转型与可持续发展。在此基础上，与江苏省发改委、科技厅、自然资源厅、生态环境厅、住建厅、交通厅、农业农村厅、商务厅、文化和旅游厅、市场监管局及江苏环保集团、江苏银行、南京师范大学等多个省级部门及单位签署了共建合作协议，通过深化合作、细化任务、强化执行，确保各项合作事项能够迅速落地见效，共同推动城市绿色发展的宏伟蓝图变为现实。

二是同步建立组织推进、项目管理、财政支持、协同联动、考核评估五大推进体系，系统推动盐城绿色低碳发展示范区在全省作出示范、在长三角塑造特色、在全国提升影响。

展望未来，盐城将加快一体推进国家碳达峰试点城市、绿色低碳发展示范区和低（零）碳产业园建设，尽快建立绿色低碳循环发展体系，为全国提供更多可复制可推广的“盐城经验”“盐城模式”。

四 盐城绿色低碳发展的实践创新

自2023年起，盐城市紧密围绕“绿色盐城”的四大核心领域——绿色制造、绿色能源、绿色生态与绿色宜居，全面加速推进江苏省委、省政府为支持盐城建设绿色低碳发展示范区而制定的政策意见落地实施。通过细化分解各项重点任务，确保每一项举措都能精准对接、扎实推进，助力盐城在绿色转型的道路上迈出坚实步伐。主要创新点包括以下几方面。

（一）集聚“新要素”，加速落地一批重大事项

盐城市已与江苏省发改委等十余个省直部门和单位签署共建协议，梳理细化合作事项97项，涵盖试点示范落地、重大政策支持、重大项目列规、科技创新合作等各领域。

（二）抢占“新赛道”，低（零）碳产业园先行先试

推动整体规划编制。射阳港低（零）碳产业园、大丰港国际合作绿色低碳产业园规划成功发布，编制完成盐城环保科技城零碳示范园区发展总体规划。黄海新区加快建设零碳能碳管理平台，射阳港低（零）碳园区完成“能—碳”双控平台架构，上线碳交易、绿证绿码等功能，加快构建园区企业能耗、碳排放在线监测、分析、预警机制。

（三）锻造“新引擎”，绿色产业规模持续做大

2023年上半年，新能源产业集群开票销售收入超612.5亿元，同比增长25.6%；以SKI、比亚迪、蜂巢、耀宁为龙头的动力电池产业集群开票销售收入超164.6亿元，同比增长158%。盐城经开区、东台经开区创成国家级绿色园区。实施智能化改造数字化转型行动，推进1000项“智改数转”项目，累计创成中车电机等国家级绿色工厂12家，正泰新能源等省级绿色工厂28家。

（四）培育“新动能”，低碳科创加速研发应用

组织重大低碳技术攻关，中国科学院电工所2个科技攻关项目获国家科技重大项目立项支持，获国家科技进步奖一等奖的“工业烟气多污染物协同深度治理技术及应用”项目落地转化。开展重大协同创新合作。进一步深化与清华大学、中国科学院、南京大学等高校研究机构的战略合作，推进北大拉曼半导体实验室等新型研发机构多元化、平台化发展，建设京沪深宁离岸科创中心。

（五）做强“新能源”，新型能源体系加速构建

建设综合能源保障基地，发布黄海新区综合能源基地规划，加快推进整县（市、区）屋顶分布式光伏等重点项目。2023年上半年，全市新能源装机容量位居长三角各城市首位，新能源累计发电量占全社会用电量的66.4%。积极布局氢能产业，以绿电制绿氢为突破口，布局氢能全产业链项目。

（六）展示“新图景”，绿色生态宜居稳步提升

黄海森林公园、静脉产业园经省推荐，申报中国人居环境范例奖。促进“公转水”“公转铁”，2023年新辟大丰港至太仓港、阜宁港至淮安港2条集装箱航线，全市海河集装箱班轮航线已增至31条。实施“绿色车轮”计划，新增和更新公交车、出租车全部为新能源汽车。在全省率先启动省级以上工业园区污染物排放限值限量管理，加快建设23个省级“绿岛”项目。

参考文献

[1]《盐城市国民经济和社会发展第十四个五年规划和二〇三五年远景目标纲要》，盐城市人民政府网站，2021年3月4日，https://www.yancheng.gov.cn/module/download/downfile.jsp?classid=0&filename=1db2a5734b1644eba88ffd72c632d65e.pdf。

[2]《2024年政府工作报告——2024年1月16日在盐城市第九届人民代表大会第

四次会议上》，盐城市人民政府网站，2021 年 1 月 29 日，http：//www.yancheng.gov.cn/art/2024/1/29/art_ 13200_ 4140270.html。

[3] 王叶州：《深入学习贯彻习近平总书记重要讲话精神勇当发展新质生产力重要阵地“碳路先锋”》，《盐阜大众报》2024 年 6 月 8 日。

[4] 刘君健、周创：《坚定信心当好示范保持定力在绿色低碳发展新赛道上彰显更多盐城作为》，《盐阜大众报》2024 年 3 月 2 日。

[5] 韩宝贵：《高质量推进重大水利设施建设全力推动绿色低碳发展取得新成效》，《盐阜大众报》2024 年 4 月 13 日。

[6] 吕正龙：《坚定信心大胆探索争当绿色低碳发展领跑者》，《盐阜大众报》2024 年 3 月 14 日。

[7]《国家碳达峰试点（盐城）实施方案》，盐城市人民政府网站，2024 年 7 月 1 日，https：//www.yancheng.gov.cn/module/download/downfile.jsp？classid = 0&filename = e2f1f2751dcc43d49ffb6a9d9e0dfad1.pdf。

[8]《盐城市扎实推进绿色低碳发展示范区建设》，江苏省人民政府网站，2023 年 7 月 27 日，http：//www.js.gov.cn/art/2023/7/27/art_ 84324_ 10976163.html。

B.8
高水平举办全球滨海论坛会议，为共建地球生命共同体作出贡献

孟　梁*

摘　要：　举办全球滨海论坛会议是落实全球发展倡议，构建人与自然生命共同体的具体举措，有助于扩大我国在生态领域的“朋友圈”，进一步提升我国在全球生态保护领域的影响力和话语权。全球滨海论坛会议为滨海湿地、迁飞候鸟、气候变化、生物多样性等关键议题搭建了国际交流平台，有望成为生态治理领域的全球机制性平台。盐城市高度重视全球滨海论坛会议的举办，盐城“十四五”规划提出推动黄（渤）海湿地国际会议（研讨会）升级为全球滨海论坛，2024 年盐城政府工作报告强调要办好全球滨海论坛。本文系统梳理了作为《湿地公约》第十四届缔约方大会的边会活动的全球滨海论坛研讨会、2022 全球滨海论坛会议、2023 全球滨海论坛会议的重要成果。

关键词：　全球海滨论坛　盐城共识　生态文明建设　湿地保护　可持续发展

一　全球滨海论坛会议的由来、意义和作用

2022 年 11 月 5 日下午，国家主席习近平以视频方式出席在武汉举行的《湿地公约》第十四届缔约方大会开幕式并发表题为《珍爱湿地　守护未来　推进湿地保护全球行动》的致辞。习近平主席指出，“中国湿地保护取得了

---

* 孟梁，21 世纪马克思主义研究院经济社会文化发展战略研究中心特邀研究员，主要研究方向为政府公共政策。

历史性成就，构建了保护制度体系，出台了《湿地保护法》。中国将建设人与自然和谐共生的现代化，推进湿地保护事业高质量发展。中国制定了《国家公园空间布局方案》，将陆续设立一批国家公园，把约 1100 万公顷湿地纳入国家公园体系，实施全国湿地保护规划和湿地保护重大工程。中国将推动国际交流合作，在深圳建立‘国际红树林中心’，支持举办全球滨海论坛会议。让我们共同努力，谱写全球湿地保护新篇章”①。

（一）全球滨海论坛会议的由来

谈及全球滨海论坛会议，黄（渤）海滨海湿地国际会议（研讨会）是一个不得不提的重要会议。该会议（研讨会）由盐城市人民政府于 2017 年创办。会议（研讨会）自举办以来，为中、朝、韩三国在黄海生态区的深度合作创造了有利条件，同时也为中国、美国、俄罗斯、澳大利亚等位于东亚—澳大利西亚迁飞路线沿线的 22 个国家，在滨海湿地保护与候鸟迁飞保护方面搭建了重要的合作平台。

2020 年 12 月，在由自然资源部国际合作司与盐城市人民政府联合主办的第四届黄（渤）海滨海湿地国际会议（研讨会）上，Ramsar、CBD、CMS、IUCN 等国际组织特别召开了全球滨海论坛筹备会议。在会上，专家学者们提议，依托中国举办的黄（渤）海滨海湿地国际会议（研讨会）来举办全球滨海论坛。

2022 年 1 月，首届全球滨海论坛会议在盐城成功举办，此次会议由自然资源部与江苏省人民政府共同主办。会议开幕式之前的国际咨询会通过了《关于建立全球滨海论坛的倡议》，并作出了成立全球滨海论坛国际筹建工作组的决定。该工作组旨在推动全球滨海论坛发展成为一个汇聚各利益相关方、基于自然和科学实证、协调目标与行动的国际机制，以落实重大国际议程。同时，工作组将进一步向国际社会宣传介绍全球滨海论坛，广泛邀请各

① 《习近平在〈湿地公约〉第十四届缔约方大会开幕式上发表致辞》，新华网，2022 年 11 月 5 日，http://m.news.cn/2022-11/05/c_1129104227.htm。

国政府、国际组织等相关方关注、支持并参与全球滨海论坛的建立工作。目前，已有 20 多家机构成为全球滨海论坛合作伙伴。

1. 起源与初步探索

2016 年 12 月，江苏省政府高瞻远瞩，鼓励各市结合自身特色打造国际会议平台，盐城借助自身独特的湿地资源开启了国际合作的新篇章。2017 年 12 月，首届黄（渤）海滨海湿地国际会议（研讨会）在盐城顺利召开，标志着盐城在国际湿地保护舞台上迈出了坚实的一步。2018 年 11 月，第二届黄（渤）海滨海湿地国际会议（研讨会）成功举办，进一步提高了盐城在湿地保护与管理领域的国际声誉。

2. 国际认可与倡议提出

2019 年 7 月 5 日，中国黄（渤）海候鸟栖息地（第一期）成功入选《世界遗产名录》，这一历史性成就不仅提升了盐城的国际知名度，也标志着我国的世界遗产保护迈向新阶段。同年 9 月，在第三届黄（渤）海湿地国际会议（研讨会）上，以英国皇家鸟类保护协会首席政策官尼古拉·克罗克福德女士为代表的专家学者致信盐城市政府，希望盐城能够在全球滨海网络（论坛）中发挥核心作用，这为盐城未来举办国际论坛之路点亮了一盏明灯。

3. 正式提出

2020 年 12 月，在第四届黄（渤）海滨海湿地国际会议（研讨会）上，国际组织代表与专家学者对“依托黄（渤）海湿地国际会议（研讨会）举办全球滨海论坛”的愿景达成了广泛共识。

4. 正式亮相与国家支持

在自然资源部与江苏省政府的共同推动下，2022 年 1 月，全球滨海论坛会议顺利在盐城举办，主题为“和谐共生：携手构建人与自然生命共同体”，共计有 300 余名代表参会。

2022 年 11 月，国家主席习近平在《湿地公约》第十四届缔约方大会开幕式上的致辞中，明确表达了对全球滨海论坛会议的支持，这一重要表态在国际社会引起了热烈反响。

2023 年 9 月，2023 全球滨海论坛会议成功举办，会议全方位展示了盐城在推动人与自然和谐共生方面的生动实践，向世界传递了绿色、可持续的发展理念。

（二）全球滨海论坛会议的意义和作用

滨海地区拥有独特的生态系统和丰富的自然资源，是经济社会发展的活跃区域。然而，随着人类沿海开发活动的增多以及气候变化的影响，滨海地区正面临着生物多样性急剧减少、生态系统脆弱性增强以及自然灾害频发等严峻挑战，如何加强滨海地区的生态保护成为全球各国亟待解决的重要问题。在这样的背景下，全球滨海论坛会议的设立显得尤为重要，它旨在促进全球滨海湿地保护，推动滨海地区的可持续发展，并为此提供一个开展国际交流与合作的重要平台。

全球滨海论坛会议的重要意义和作用主要体现在以下几个方面。

首先，会议的举办是深入贯彻习近平生态文明思想和习近平外交思想的重要举措，旨在落实全球发展倡议，构建人与自然生命共同体，推动各国共享生态文明建设的成果。

其次，会议有助于加强国际传播，扩大我国在生态领域的“朋友圈”，拓展生态外交的空间，进一步提升我国在全球生态保护领域的影响力和话语权。

最后，会议为滨海湿地、迁飞候鸟、气候变化、生物多样性等关键议题搭建了国际交流平台。全球滨海论坛会议有望成为生态治理领域的全球机制性平台，为解决全球滨海地区的生态保护和发展问题贡献智慧和力量。

二　盐城市高度重视全球滨海论坛会议的举办

（一）盐城“十四五”规划提出推动黄（渤）海滨海湿地国际会议（研讨会）升级为全球滨海论坛

2021 年 3 月 4 日，盐城市人民政府发布《盐城市国民经济和社会发展第十四个五年规划和二〇三五年远景目标纲要》，即盐城“十四五”规划。该规划第三十章聚焦构建国际湿地城市的宏伟蓝图，强调要坚定不移地肩负起守护世界自然遗产的神圣使命，深入挖掘并生动讲述“东方湿地、鹤鹿故乡”这一独特生态品牌的动人故事，在全球范围内树立生态保护的典范。走出一条盐城特色的发展道路，即在提升生态系统承载能力的基础上，实现生态环境保护与经济高质量发展的并行不悖。通过创新探索，力求在生态保护与经济发展之间找到最佳平衡点，走出一条绿色、可持续的发展之路。积极争取成为全国生态文明建设的示范标杆城市，不仅在国内引领绿色转型的潮流，也在国际舞台上展现中国生态文明建设的新成就与新高度。

1. 加速环黄海生态经济圈的构建与发展

依托环黄海地区得天独厚的海洋资源宝库，积极面向东北亚等泛黄海区域，推动生态协同保护、绿色经济合作，共同谱写环黄海生态经济圈的新篇章。通过强化中韩（盐城）产业园等国际合作平台的功能，提升投资贸易的自由化与便利化水平，加强与韩国、日本、朝鲜等泛黄海区域的城市在贸易、投资、文化交流、教育合作、医疗卫生等多个维度的开放合作，实现高水平互利共赢。

利用沿海现代化综合交通走廊，加强与沿黄海各城市的多元化合作，积极融入连接京津冀与长三角两大经济圈的沿黄海城市带。在绿色能源领域，着重推动海上风电产业的优化布局，携手开展技术创新，共同打造黄海区域绿色能源产业高地。

积极拓展生态农业领域的国际合作，将盐城建设成为国家级沿海现代农业的示范基地和农产品出口的重要基地。在基础设施建设方面，协同推动实施海港、空港、海底隧道及通信网络等重大项目，完善跨区域的水陆空立体交通网络，特别是打造环黄海区域的通用航空作业走廊，提升区域综合竞争力。

构建黄海区域的生态保护合作机制，推动环黄海一体化生态保护，增强区域生态环境的可持续性与韧性。通过加强环黄海地区城市间的互动交流与经贸人文合作，将环黄海生态经济圈打造成为盐城市深度融入中日韩国际合作“小循环”的重要突破口，共同开创区域繁荣发展的新局面。

2. 加强世界遗产保护与可持续发展

深化世界自然遗产的生态保护工作。遵循滨海湿地生态系统的自然法则，实施沿海滩涂湿地的保育与恢复项目，以显著提升“蓝色国土”的生态服务功能。严格执行《黄海湿地保护条例》，对沿海未开发利用的滩地等原始生态系统实施严格保护，确保其生态完整性不受损害。加速生态修复进程，支持建立黄海湿地生态修复试验区，优先推进珍禽保护区核心区和缓冲区内的滩涂侵蚀修复工作，并在射阳河口、斗龙港、川东港等地开展生态修复试点项目，力求树立可复制、可推广的自然遗产地生态修复典范。系统规划并推进湿地及迁徙候鸟栖息地的生态保护工作，加强湾（滩）长制与河长制、断面长制的协同配合，构建陆海统筹、河海联动的综合治理体系。针对海域滩涂污染问题，实施综合防治策略，加强对岸线滩涂资源的科学管理，严格把控自然岸线保有率。利用无人机等现代科技手段，加大对海域的监管力度，实现岸线滩涂资源监测的常态化和精准化。至 2025 年，全市湿地生态保护率将显著提升，达到 80% 以上，为子孙后代留下更加美丽、健康的自然遗产。

开展生态合作。加快与长三角、环黄海等地区的生态合作步伐，整合区域内丰富的滨海自然与人文资源，携手打造一条贯穿长三角、东亚乃至更广泛区域的沿海生态合作大通道。全力承担黄（渤）海候鸟栖息地申遗区域保护地联盟秘书处的责任，推进黄（渤）海候鸟栖息地第二期世界遗产的申报工作，为国际生态保护事业贡献力量。加强全球生态文明理念的交流互鉴，搭建国际化的对话与合作平台，推动黄（渤）海湿地国际会议（研讨会）转型升级为全球滨海论坛，并争取永久性落户盐城市，定期邀请国际湿地公约组织、世界自然保护联盟等国际权威机构参与对话与合作，显著提升盐城在全球生态治理领域的参与度和国际影响力。依托黄（渤）海湿地研究院的科研力量，构建国际级湿地生态保护与研究平台，强化对全球滨海湿地、迁徙候鸟行为、海岸地质变迁、海洋蓝碳及生物多样性保护等前沿领域的科学研究，为生态保护提供科学依据和技术支撑。积极推动科普教育基地的建设，通过开展湿地科普进校园等项目，增强公众特别是青少年对湿地

生态的保护意识，共同守护好地球家园。

推动湿地生态经济蓬勃发展。将黄海湿地世界自然遗产地打造成为国际知名品牌，通过科学规划与合理布局，实现湿地资源的可持续开发与利用。创新性地发展“生态+”模式，推动生态旅游、健康养生、体育休闲、文化创意等多业态融合发展，探索出一条生态资源价值转化的新路径。充分利用区域资源禀赋，整合自然保护区的独特优势、沿海林场的生态价值以及滩涂湿地的自然美景，加速建设丹顶鹤湿地生态旅游区、中华麋鹿园、野鹿荡“暗夜星空保护地”等具有鲜明湿地特色的经济功能区，为游客提供丰富多样的生态体验。依托国家海洋经济发展示范区，加大海洋资源开发力度，积极培育海洋新能源、海洋渔业、滩涂种植等特色产业，构建泛黄海区域绿色、低碳、循环的产业体系。通过技术创新与产业升级，不断提升海洋经济的附加值与竞争力，为区域经济发展注入新的活力与动力。

3. 深化全域旅游发展

构建全方位、多层次的全域旅游发展格局。坚持全域旅游理念，精心打造生态旅游新格局，进一步提升鹤舞鹿鸣的“东方湿地之都”城市旅游品牌的国际影响力。围绕“享受自然，感受文化”的核心理念，规划“一心”引领、“一极”驱动、“四带”联动、“多节点”开花的全域旅游与全景世界遗产空间布局。“一心”即在市区布局文化遗产展示、文化旅游集散与城市休闲功能，打造文化旅游的核心引擎。“一极”即依托绵延的黄金海岸线及独特的滨海风光，构建人与海洋和谐共生的世界遗产旅游经济增长新高地。“四带”联动旨在通过发挥四条特色文旅经济带的联动作用，全面挖掘区域发展潜力。一是深挖串场河沿线的人文底蕴，联动发展古镇如沟墩、伍佑、白驹、草堰、西溪、安丰等，促进水岸经济增长，打造文化旅游新亮点；二是整合大纵湖、九龙口、马家荡等湖荡资源，共同塑造里下河地区湖荡旅游特色品牌；三是依托黄河故道与“万鸟天堂”等生态资源，深入实施乡村振兴战略，推动生态旅游与乡村振兴的深度融合；四是深挖新四军红色文化资源，打造红色街区，传承红色基因，讲述铁军故事，弘扬革命精神。“多节点”即鼓励各县（市、区）依托自身独特的资源禀赋，打造各具特色的旅游空间亮点，形成多点开花、全域联动的生动局面，共同绘就全域旅游发展的壮美画卷。

优化旅游产品体系，提升旅游体验。聚焦海滨风情、森林氧吧、绚烂花海、民俗风情等独特元素，精心策划推出探险寻秘、专业摄影、沉浸式体验、健康养生等高端、小众、深度的旅游产品，以满足不同游客群体的多元化需求。加强区域合作，打造精品旅游线路及文化底蕴深厚的国家级旅游休闲街区，为游客提供更加丰富多样的旅游选择。以全市现有的 19 家旅游园区为重要载体，精心规划五条主题鲜明的旅游线路：“探秘自然遗产之旅”引领游客感受世界自然遗产的神奇魅力；“解码古老串场之旅”带领游客穿越时空，感受悠久厚重的历史文化；“戏水湖荡湿地之旅”让游客在湖光水色中享受自然的宁静与美好；“寻踪黄河故道之旅”探索自然变迁的奥秘，体验生态修复的成果；“传承红色基因之旅”，传承红色文化，弘扬革命精神。全方位展示盐城市的旅游资源，打造以世界自然遗产为核心的国际生态旅游高地。积极支持东台、盐都等地争创国家全域旅游示范区，推动荷兰花海、黄海森林公园、大纵湖等景区向国家 5A 级旅游景区迈进，通过提升景区品质和服务水平，进一步增强盐城市旅游市场的吸引力和竞争力。到 2025 年，力争实现全市游客接待量突破亿人次大关，旅游总收入迈上千亿元台阶，将盐城打造成为国内外知名的旅游目的地，让“东方湿地之都”的品牌更加响亮。

促进旅游产业融合与创新发展。推动“旅游+”战略的深入实施，发展“旅游+体育”“旅游+商业”“旅游+农业”“旅游+科技”等新业态新模式，培育乡村旅游、工业旅游、都市旅游、运动休闲、科普教育等多元融合的旅游新业态。建设旅游产业的配套支撑体系，加强旅游风景廊道的建设与维护，综合整治旅游景区的周边环境，提升旅游集散中心的服务效能，构建智慧旅游平台，实现旅游信息的便捷获取与服务的个性化。注重提升民宿酒店、特色餐饮、休闲娱乐等旅游服务要素的品质与多样性水平，为游客提供更加舒适、丰富的旅行体验。围绕黄海湿地这一世界自然遗产资源，举办湿地国际交流活动，创意开发文创产品，引入高端赛事与会展，开展面向公众的大众科普教育活动，加大对外宣传与营销力度，通过多渠道、多层次的推广策略，进一步提升世界自然遗产旅游品牌的国际知名度和影响力，充分展现黄海湿地的魅力。

（二）盐城政府工作报告强调要保护湿地和办好全球滨海论坛

2024 年盐城政府工作报告对湿地保护与全球滨海论坛的举办提出了明确要求，并作出安排。

针对湿地保护工作，2024 年盐城政府工作报告指出，要显著提升重要生态系统的保护修复能力，通过实施湿地生态修复工程，进一步完善自然保护地管理体系。启动“生态岛”试验区与生态安全缓冲区的建设，有效治理互花米草，增强生态系统的多样性、稳定性与可持续性。要加强“美丽海湾”建设，全面开展侵蚀性海岸的治理工作，并扩大盐碱地造林试点范围，确保新造林面积不少于 1.6 万亩，将盐城所拥有的江苏省最长海岸线打造成为最美海岸线。

对于全球滨海论坛的未来发展，2024 年盐城政府工作报告提出，要大力培育和发展“生态+”经济，积极争取全球滨海论坛秘书处落户盐城，构建面向全球的滨海生态交流与合作平台。推动生态与文旅、体育、康养等产业的深度融合，探索更多转化路径。建设世界级滨海生态旅游廊道，加速荷兰花海、黄海森林公园、大洋湾、九龙口等景区的升级步伐，创建国家 5A 级旅游景区、国家级旅游度假区及国家级生态旅游示范区，全面提升盐城文旅品牌的国际知名度和美誉度。精心策划并成功举办国际马拉松、中华龙舟大赛等特色品牌赛事，打造一批具有鲜明特色的体育旅游精品线路，进一步丰富盐城的旅游品牌形象。

三　全球滨海论坛研讨会取得的重要成果

2022 年 11 月 8 日，全球滨海论坛研讨会作为《湿地公约》第十四届缔约方大会的边会活动成功举办。研讨会创新性地采用了线上线下融合的模式，不仅在北京设立主会场，还通过远程连线的方式与日内瓦分会场实现实时互动。会议旨在深入领会并贯彻习近平主席在《湿地公约》第十四届缔约方大会开幕式上的重要讲话精神，对2023全球滨海论坛会议的筹备工作进行了全面的回顾与总结，并就如何高质量筹备与举办全球滨海论坛会议进行了部署。本次研讨会由自然资源部与国家林业和草原局携手主办，并得到了世界自然保护联盟（IUCN）、国际鸟盟（BirdLife International）等国际组织的鼎力支持与协助。会上，自然资源部、国家林业和草原局、世界自然保护联盟以及国际鸟盟相关负责人分别致辞，他们共同强调了全球滨海生态保护与可持续发展的重要性，并对本次研讨会的召开寄予厚望。会议期间，来自滨海生态保护与可持续发展相关领域的多个机构代表纷纷登台发言，他们围绕滨海生态保护的现状与挑战、未来发展趋势以及国际合作等议题展开了热烈的讨论与交流，共同为推进全球滨海生态保护事业贡献了智慧与力量。

自然资源部相关负责人指出，2022年11月5日，习近平主席在《湿地公约》第十四届缔约方大会开幕式上的致辞中明确提出“支持举办全球滨海论坛会议”，彰显了中国政府对于生态文明建设的高度重视，以及中国政府加强国际合作、共同应对挑战、携手促进发展的坚定决心。自然资源部始终坚持贯彻习近平生态文明思想，将新发展理念深深植根于各项具体工作之中，特别是在滨海生态系统保护领域，已采取了一系列卓有成效的措施，取得了令人瞩目的成就。未来将全力支持将全球滨海论坛会议构建成一个目标明确、参与广泛、行动高效、成果丰硕的全球合作平台，围绕滨海生态领域，汇聚各国在生态文明建设和绿色发展方面的创新理念与实践经验，相互学习、共同提升，通过务实合作，推动全球滨海地区走向更加可持续的发展道路。希望全球滨海论坛会议能够成为深化国际合作交流的桥梁，产出更多具有公共价值的成果，推出切实可行的行动方案，不断提升影响力与号召力，为构建地球生命共同体贡献力量。

中国在推动全球滨海生态保护与治理方面展现出积极姿态与坚定决心。国家林业和草原局相关负责人强调，中国将实施更为严格的政策与措施，加强对滨海湿地的保护，完善滨海湿地保护网络体系，合理利用生态资源。中国将大力推进海岸带生态保护修复工程，全面提升滨海湿地的生态服务功能，为自然生态系统的良性循环奠定坚实基础。在保护濒危野生动植物及生物多样性方面，中国亦将不遗余力，特别关注候鸟迁飞路线的生态安全，为候鸟迁徙提供必要的栖息地与迁徙通道。首先，坚持保护优先的原则，确保滨海地区的生态环境得到保护；其次，加强系统治理，通过综合治理手段增强滨海地区的生态稳定性与韧性；再次，加快绿色转型步伐，推动滨海地区经济发展模式的绿色化，增强滨海地区的绿色竞争力与可持续发展能力。这些举措将为全球滨海生态保护与治理贡献中国智慧与力量。

世界自然保护联盟相关负责人指出，世界自然保护联盟对全球滨海论坛会议举办给予高度重视。世界自然保护联盟期望会议能够成为推动各相关国际公约协同实施的重要平台，助力构建更加完善的自然保护地网络体系。希望会议能够制定一套全面的滨海生态系统保护、管理及修复指南，为全球滨海生态保护与治理工作提供科学指导与实用工具。国际鸟盟相关负责人同样表达了对全球滨海论坛会议的期待与支持。国际鸟盟希望会议能够成为一个具有长期影响力的国际交流平台，特别是能够在候鸟迁飞路线保护领域发挥关键作用。希望会议能够促进专业知识与经验分享，激发创新思维，从而推动从地方到全球层面的滨海生态联合保护行动，共同守护这些跨越国界的自然遗产。

全球滨海论坛会议被寄予厚望，成为汇聚多方力量、共谋滨海生态保护与可持续发展的关键平台。会议国际筹备组相关负责人在介绍筹备工作进展时，不仅回顾了前期所取得的成果，还展望了会议的发展蓝图，包括目标、工作方向及预期产出的公共产品，同时热情邀请并鼓励所有相关方积极投身其中，携手推动会议的成功举办。会上，来自多个领域的代表，分享了促进滨海地区生态保护与可持续发展的宝贵经验与有效策略。这些分享涵盖了多个维度。与会者一致认为，全球滨海论坛会议应充分发挥平台优势，聚焦滨海生态保护，提升滨海生态系统的服务效能，并努力增进滨海地区及所有利益相关方的福祉。为此，会议将采取一系列行动，包括但不限于分享国际最佳实践案例，创新并推广公共产品；发起并协同实施具有影响力的行动倡议；加强能力建设，提升公众对滨海生态保护的认识与参与度；促进政府、企业、非政府组织及社区等多方力量紧密合作；与现有的国际公约和倡议形成有效协同，共同应对气候变化挑战，保护生物多样性，推动蓝色经济的健康发展，并最终实现绿色转型的宏伟目标。

盐城市相关代表展示了盐城市在保护黄（渤）海候鸟栖息地、加强滨海湿地保护以及推动滨海地区可持续发展方面所取得的显著成就和开展的富有成效的工作。鉴于盐城市的积极探索与实践为全球滨海生态保护与可持续发展提供了可借鉴的经验与案例，与会者广泛支持将 2023 全球滨海论坛会议的举办地设在盐城市。

四 2022全球滨海论坛会议:“和谐共生：携手构建人与自然生命共同体”

（一）达成“盐城共识”

滨海地区，作为地球上不可或缺的三大生态系统之一（与森林、海洋并列），承载着涵养水源、净化水质、调节气候、维护生物多样性等多重生态功能，被誉为“地球之肾”。盐城市作为全球滨海论坛会议的举办地，以其得天独厚的沿海滩涂湿地资源而著称，盐城的沿海滩涂湿地不仅是太平洋西岸、亚洲大陆边缘面积最大、保存最完好的湿地之一，更是候鸟迁徙的重要驿站。每年，数以万计的越冬候鸟在此栖息，而东亚—澳大利西亚候鸟迁徙路线上，更有超过 300 万只鸻鹬类候鸟选择在此停歇。

中国政府对湿地生态保护的重视程度达到了前所未有的高度。2021 年 12 月，《湿地保护法》的正式颁布，标志着中国湿地保护迈入法治化新阶段。国务院批复的《江苏沿海地区发展规划（2021—2025 年）》，也为包括盐城在内的江苏省沿海地区的中长期发展指明了方向。面对发展与保护的双重挑战，盐城人民展现出了高度的使命感与责任感，他们选择了“鱼和经济兼顾”的可持续发展道路，力求在推动经济社会发展的同时，守护好珍贵的自然遗产。

中国自1992年加入《湿地公约》以来，已走过三个阶段：初期的摸清家底、夯实基础阶段，中期的抢救性保护阶段，近年来的全面保护阶段。《湿地保护法》实施后，中国湿地保护事业将步入高质量发展新阶段。中国将致力于构建陆海空间保护开发新格局、提升陆海空间治理水平、推进陆海空间生态保护修复、加强滨海生态保护领域的国际合作，共同守护好地球这个人类唯一的家园。

2022年1月10~11日，以“和谐共生：携手构建人与自然生命共同体”为主题的全球滨海论坛会议在江苏盐城召开。会上，与会嘉宾一致达成“盐城共识”，强烈呼吁全球各国加强合作，共同推动滨海保护领域的科学决策、公平治理、惠益共享、资源互补及协同增效。

（二）《关于建立全球滨海论坛的倡议》《全球滨海湿地城市可持续发展行动倡议》等一批重要理论成果发布

在2022全球滨海论坛会议上，国外专家学者对中国湿地保护所取得的成就给予了肯定。湿地国际首席执行官珍妮·玛德维克感谢了中国政府在湿地保护、恢复方面的努力，并对中国取得的成就表示赞赏。她呼吁各国进一步采取自上而下的行动，协调各利益相关方保护滨海地区，并承诺会继续和中国政府开展相关合作。

时任《湿地公约》秘书长玛莎·罗杰斯·乌瑞格表示，《湿地公约》及其他相关公约阐明了保护和合理利用滨海湿地的重要性。2022年是全球生物多样性和湿地保护的关键年，《生物多样性公约》缔约方大会第十五次会议第二阶段会议、《湿地公约》第十四届缔约方大会都在中国举办。她感谢中国以积极的势头推进滨海生态系统保护的进程，并希望中国能够在其中发挥领导作用。

在“机遇与挑战：保育人与自然和谐共生的滨海生态系统”分论坛中，中外专家学者聚焦滨海湿地保护与修复，共同探讨滨海湿地区域人与自然和谐发展之路；在全球大学生滨海湿地保护论坛上，各国的年轻一代共同宣誓要宣传生命共同体的思想，让更多人走进自然、走进湿地，进而认识湿地、了解湿地、保护湿地。

2022 全球滨海论坛会议是中国湿地保护进入高质量发展新阶段后，盐城市及沿海大省江苏在生态保护国际合作方面展开的首次尝试。《关于建立全球滨海论坛的倡议》《全球滨海湿地城市可持续发展行动倡议》等一批重要理论成果发布后，江苏省与盐城市将继续积极携手各地，构建人与自然生命共同体。

五　2023全球滨海论坛会议："绿色低碳发展共享生态滨海"

（一）达成"盐城共识"

经过深入交流与研讨，与会人员形成"盐城共识"。该共识深刻阐述了滨海地区在全球生态系统中的关键地位，强烈呼吁国际社会加强合作，携手探索滨海生态保护与绿色低碳发展的新路径，共同绘制一幅人与自然和谐共生、生态与经济繁荣并进的美丽滨海蓝图，具体内容如下。

滨海生态系统连接陆地和海洋生态系统，对生物多样性的各种要素（如水鸟等迁徙物种）至关重要。基于自然的解决方案在应对气候变化、改善海洋环境、共谋人类福祉中能够发挥更大的作用。鼓励各利益相关方共同努力，分享促进滨海绿色发展、人与自然和谐共生的先进理念及生动实践，建立跨区域交流合作机制，形成全球治理合力，推动生物多样性保护、保育、可持续管理和恢复。

滨海资源具有经济价值、社会价值以及生态价值，滨海地区出现了生态功能弱化、生物多样性丧失、海洋灾害频发、气候变化、外来生物入侵等多方面的问题。鼓励各利益相关方，围绕滨海生态保护、绿色低碳发展等，开展适应气候变化、人类健康风险、滨海生态系统状况等相关领域的科学研究，开发包括湿地保护、自然教育在内的生态系统保护公共产品，并优先将其在滨海区域应用推广。

迁飞候鸟的保护与各地经济发展、保护理念等高度关联，多利益相关方的参与对于促进保护的科学决策、公平治理、惠益分享、资源互补并扩大协同作用具有重大意义。鼓励优先开展合作和协调行动，优先落实《2030 可持续发展议程》与“昆明—蒙特利尔全球生物多样性框架”等涉及的国际合作与协调行动，支持生物多样性保护和可持续利用，促进重点保护野生动物种群的有效保护和恢复。

（二）沿海11个省级检察院签署《滨海生态检察保护盐城倡议》

2023 年 9 月 25 日下午，全球滨海论坛滨海生态系统检察保护法治现代化专题研讨会举行。研讨会上，天津、河北、辽宁、上海、浙江、福建、山东、广东、广西、海南及江苏 11 个沿海省（区、市）的省级检察院共同签署了《滨海生态检察保护盐城倡议》。该倡议旨在围绕“绿色低碳发展　共享生态滨海”的核心理念，将检察公益诉讼制度的独特优势转化为守护滨海生态环境的强大动力，全面落实保护滨海生态的政治责任和法治责任。通过这一举措，各方承诺将检察力量深度融入滨海生态保护实践，共同守护这片蓝色疆域的生态平衡与可持续发展。《滨海生态检察保护盐城倡议》主要内容如下。

（1）提升认知高度，深刻理解滨海生态检察的战略价值。要充分认识到加强滨海生态检察工作是推进海洋强国建设、助力中华民族伟大复兴不可或缺的一环，也是中国特色社会主义事业蓬勃发展的重要基石。将滨海生态检察保护视为服务国家大局、维护人民利益、彰显法治精神的重要履职内容，通过强化法律监督职能，为海洋生态文明体系的构建提供坚实的司法后盾和保障。

（2）加大实施力度，充分发挥滨海生态检察公益诉讼的作用。紧密围绕滨海生态环境及自然资源保护的核心领域与关键环节，深化检察公益诉讼的实践探索，充分利用检察公益诉讼督促、协同、支持的功能优势。坚持“精准施策、规范操作”的原则，确保每一件滨海生态公益诉讼案件都能得到高效、高质量地办理，共同守护我们蔚蓝的海洋，促进海洋生态的持续健康。

（3）深化合作机制，构建滨海生态执法司法协同保护的新格局。有效地保护滨海生态，建立健全检察公益诉讼与行政执法之间的紧密协作机制，包括会商研判、线索快速移送、联合调查取证及信息共享等，以形成强大的生态保护合力。加强与海洋渔业、海事、海警等部门的协作，依法严厉打击盗采海砂、非法捕捞等破坏海洋生态环境的违法犯罪行为，共同推进海洋环境污染防治工作，保护海洋生物多样性，实现海洋资源的科学、合理、有序开发利用。

（4）强化陆海统筹与河海共治，构建全方位系统治理体系。秉持山水林田湖草沙生命共同体的理念，构建自山顶至海洋的全方位保护治理网络。利用跨区域、跨流域检察公益诉讼的独特优势，通过一体化履职模式，全面加强对从海洋源头至河流，直至流域上游的污染源监管，实现陆源污染的有效防控与近岸海域的综合治理，共同追求“水清、岸绿、滩净、湾美、物丰”的生态保护目标。

（5）科学推进滨海生态恢复性司法，践行绿色司法理念。坚持环境价值导向，明确损害必担责、损害须全赔的原则，积极监督并支持行政机关开展海洋生态损害索赔工作，依法提起民事公益诉讼，确保生态修复责任得到有效落实。注重因地制宜、分类施策，灵活采用劳务代偿、增殖放流、购买碳汇等创新修复方式，力求生态恢复效果最大化。积极探索建设滨海公益诉讼生态修复基地，为生态恢复工作提供坚实平台。

（6）深化滨海生态溯源治理，坚持源头预防与治理并重。注重从源头上解决问题，坚持治罪与治理相结合、治标与治本并行的原则，主动融入滨海生态治理大局。通过监督办案，深入挖掘滨海生态环境保护治理中的深层次问题，及时发出检察建议，撰写调研报告，持续推动源头治理和系统治理的深入实施，不断提升滨海生态保护的效能与水平。

（7）构建全方位检察“护海”网络，实现上下联动、南北贯通。进一步提升滨海生态检察工作效能，建设跨省滨海生态检察办案协作平台，完善涉海公益诉讼监督线索的发现、移送、协助调查、案件会商及联合办案机制。加强滨海检察公益诉讼技术支持体系建设，共同研发数字监督模型，实现数据资源共享、技术优势互补，构建一张覆盖广泛、高效协同的检察“护海”网络。

（8）强化滨海生态检察队伍建设，提升专业化与系统性水平。滨海检察机关要深化合作，实施干部互派挂职计划，促进跨区域间的学习交流。通过定期举办理论研讨会、专业技能培训班等活动，加强检察人员之间的业务互动，有效提升检察人员办理滨海生态环境案件的专业能力和实践水平。推动建立滨海检察研究智库，汇聚智慧力量，共同研究解决滨海检察公益诉讼中遇到的新挑战与难题，为滨海生态保护提供坚实的智力支持。

（9）广泛构建滨海检察公益诉讼社会支持网络。积极寻求与加强社会各界的支持与参与，建立健全滨海生态检察的社会支持体系。深化与人大代表、政协委员的沟通协作，推动人大代表和政协委员的建议、提案与公益诉讼检察建议的有效衔接与转化，借助人大监督和政协协商的力量推动问题解决。充分利用“益心为公”志愿者检察云平台，激发公众参与热情，依靠公众力量及时发现和解决公益损害问题，形成全社会共同参与滨海生态保护的强大合力。

（10）凝聚社会共识，共筑滨海生态保护屏障。注重在司法实践中普及法律知识，联合发布滨海生态检察保护的典型案例，通过以案释法的方式，向公众传播生态文明理念，增强全社会对海洋的关注度、认识度和责任感，引导大家共同关心、认识和经略海洋，促进人类与海洋的和谐共生。加强国际交流与合作，深度融入全球滨海治理体系，积极维护国家海洋环境权益，展现中国在全球滨海生态保护中的责任与担当。

（三）主题论坛成果丰富

2023 全球滨海论坛会议围绕四大核心议题——滨海生态系统保护修复、迁徙物种保护的滨海协同、滨海区域的可持续发展以及公众参与的活力滨海，成功举办了 4 场特色鲜明、内容丰富的主题论坛。主题论坛汇聚了全球智慧，共同探讨了滨海区域协同治理的宏伟愿景与具体对策，为未来的行动指明了方向。

“滨海生态系统保护修复”主题论坛不仅成功传播了中国生态文明建设的实践与成就，还通过深入交流探讨，凝聚了滨海生态系统保护修复共识。论坛提出未来要携手推动滨海生态系统保护修复工作迈上新台阶，坚持陆海统筹、河海联动，提升海洋生态系统质量与稳定性，为滨海地区高质量发展与气候变化应对提供有力支撑。

“迁徙物种保护的滨海协同”主题论坛在滨海湿地保护与国际合作方面达成了共识，倡议各方加强法治建设，推动高新技术应用与信息交流，共同保障迁徙物种及其栖息地安全，促进人与自然和谐共生。

“滨海区域的可持续发展”主题论坛表彰了第二届江苏省“最美生态保护修复案例”，并发布了《潮滩与盐沼生态系统碳储量调查技术规范》和《海岸线分类与调查技术规范》两项重要技术标准。这两项标准将为滨海湿地的碳储存排放评估与海岸线保护利用提供科学依据，展现了中国在滨海湿地治理方面的智慧与贡献。

“公众参与的活力滨海”主题论坛取得了包括碳中和证书颁发、蓝碳生态系统碳汇交易协议签订、湿地精灵守护项目启动等在内的 5 项重要成果，并强调公众参与在滨海地区可持续发展中起着关键作用。论坛期间，与会代表就强化公众参与理念、拓展参与渠道与完善参与机制达成了共识，为构建人与自然和谐共生的活力滨海奠定了坚实基础。

（四）全球滨海论坛国际咨询会成果丰富

2023 年 9 月 26 日晚，由全球滨海论坛国际协调委员会主办的全球滨海论坛国际咨询会在盐城成功召开。全球滨海论坛国际协调委员会主席、世界自然保护联盟前总裁兼理事会主席、联合国教科文组织执行理事会前主席章新胜主持会议。盐城市委副书记、市长张明康，全球滨海论坛国际协调委员会顾问、英国保守党环境网络国际大使斯坦利 · 约翰逊，韩国法务部前部长、京畿道气候大使康锦实等专家学者出席会议。与会嘉宾围绕“面向未

来的全球滨海论坛伙伴关系倡议”“建设全球共享的滨海生态知识产品”“调动资源支持倡议行动”三个议题，探讨滨海资源在经济、社会和生态领域的重要性和面临的挑战。

章新胜表示，2023 全球滨海论坛会议为滨海生态保护和恢复提供了坚实基础，希望与会者跨越国界、领域和专业，积极应对滨海生态保护领域的挑战，将会议成果传播至各自的国家和领域，实现合作共赢。

作为首位加入全球滨海论坛伙伴关系倡议的政府机构代表，加纳环境保护署代理署长希拉·阿松强调了知识交流和分享的重要性，呼吁建立滨海生态知识体系，鼓励本地居民参与知识共享。全球滨海论坛国际协调委员会顾问、东盟生物多样性中心执行主任特里萨·蒙迪塔·林建议借鉴其他类似国际组织的发展经验，将基于自然的解决方案与传统方法相结合，实现发展与保护的平衡。斯坦利·约翰逊强调了《全球滨海论坛伙伴关系倡议》等重要文件发布的重要性，呼吁更多政府和非政府代表的加入。新西兰前驻华大使傅恩莱发表了视频致辞，表示全球滨海论坛会议对生态保护和可持续管理意义重大，呼吁各国政府和组织加强合作，关注生物多样性和滨海湿地保护。康锦实对论坛的成功举办及中国政府的支持表示了感谢，呼吁共同推动落实《全球滨海论坛伙伴关系倡议》的决定。

自然资源部国际合作司二级巡视员姜晓虹提出了继续办好论坛、发展伙伴关系、研制知识产品、设立秘书处的建议。江苏省自然资源厅总规划师陈小卉以本次论坛会议发布的公共知识产品为切入点，提出了丰富主题，以多层次、多元化的形式来分享知识产品的建议。湿地国际首席执行官汉·德·格鲁特代表湿地国际表示了对全球滨海论坛会议的支持，呼吁各方共同努力，以实证为基础，解决滨海地区管理方面的问题。2023 全球滨海论坛国际协调委员会各成员代表认为，全球滨海论坛会议在生态保护和可持续管理中发挥着重要作用，呼吁各国政府和国际组织共同推动落实《全球滨海论坛伙伴关系倡议》决定，建立论坛秘书处，研发公共知识产品，通过科学合作、资源调动和以实证为基础的行动来推动滨海地区生态保护。同时，各位代表也表示将全力支持全球滨海论坛会议的发展和举办。

张明康表示，各位专家从不同层面、不同角度对共建人与自然生命共同体提出了很多建设性的意见建议，盐城将认真研究、学习借鉴，并在实践中加以推广运用。希望全球滨海论坛合作伙伴积极倡导绿色生产方式，大力推行绿色生活方式，持续加强湿地自然生态系统保护修复，为子孙后代留下天更蓝、水更清、地更绿的美丽家园。欢迎全球滨海论坛将秘书处设在盐城，盐城将提供最优质、最全面、最到位的服务保障，为共建人与自然和谐共生的美好家园作出更大贡献。

全球滨海论坛国际咨询会为促进国际多元合作、共建滨海生态未来提供了宝贵的平台，咨询会的成功举办标志着国际社会在滨海生态保护领域迈出了坚实的一步。

（五）其他成果

2023 全球滨海论坛会议发布《全球滨海论坛伙伴关系倡议》，得到国际社会的积极响应，21 家机构成为全球滨海论坛会议合作伙伴。倡议支持建设滨海生态领域全球合作平台，推动各国交流生态文明建设和绿色发展中的创新理念和丰富实践，努力实现全球滨海地区可持续发展。此外，还签署了《江苏省人民政府　自然资源部　国家林业和草原局关于办好全球滨海论坛的合作框架协议》；成立了基于自然的解决方案亚洲中心；公开征集了国际合作项目和示范行动等。

发布了《全球滨海生态系统状况报告纲要》、《中国生态保护红线蓝皮书（2023 年）》（英文版），以及《海岸带生态减灾协同增效国际案例集》等，推出全球滨海生态系统保护工具包模块化内容，为全球滨海生态保护与治理提供了宝贵的经验。

为增强公众对生态保护的认识与参与，会议期间还开展了黄海湿地博物馆参观、观鸟装备设备展览及文创产品展示等专题活动，并颁发了自然笔记和绘画等奖项，激发了社会各界对生态保护事业的热情，有效提升了公众的生态保护意识。

参考文献

[1]《习近平在〈湿地公约〉第十四届缔约方大会开幕式上发表致辞》，新华网，2022 年 11 月 5 日，http：//m. news. cn/2022-11/05/c_ 1129104227. htm。

[2] 李园园：《构建全球滨海生态保护"朋友圈" 全球滨海论坛在盐城开幕》，文汇网，2022 年 1 月 11 日，https：//www. whb. cn/commonDetail/443564。

[3]《第十四届缔约方大会开幕式上提到的全球滨海论坛究竟是什么?》，国家海洋预报台官方账号，2022 年 11 月 6 日，https：//new. qq. com/rain/a/20221106A04GA400。

[4] 刘毅等：《共同努力，谱写全球湿地保护新篇章——习近平主席在〈湿地公约〉第十四届缔约方大会开幕式上致辞引发热烈反响》，《人民日报》2022 年 11 月 7 日。

[5]《盐城市国民经济和社会发展第十四个五年规划和二〇三五年远景目标纲要》，盐城市人民政府网站，2021 年 3 月 4 日，https：//www. yancheng. gov. cn/module/download/downfile. jsp? classid=0&filename=1db2a5734b1644eba88ffd72c632 d65e. pdf。

[6]《2024 年政府工作报告——2024 年 1 月 16 日在盐城市第九届人民代表大会第四次会议上》，盐城市人民政府网站，2021 年 1 月 29 日，http：//www. yancheng. gov. cn/art/2024/1/29/art_ 13200_ 4140270. html。

[7]《〈湿地公约〉第十四届缔约方大会边会活动全球滨海论坛研讨会举行》，《中国自然资源报》官方账号，2022 年 11 月 9 日，https：//new. qq. com/rain/a/20221109A08FPM00。

[8] 钟升：《全球滨海论坛：在江苏盐城，中国和世界共议湿地与远方》，中国新闻网，2022 年 1 月 12 日，https：//www. chinanews. com. cn/sh/2022/01-12/9650183. shtml。

[9] 何聪、白光迪：《2023 全球滨海论坛会议在江苏盐城召开》，《人民日报》2023 年 9 月 26 日。

[10] 郑生竹、陆华东：《促进全球滨海区域协同治理——来自 2023 全球滨海论坛的声音》，新华社，2023 年 9 月 26 日，http：//www. news. cn/politics/2023-09/26/c_ 1129887268. htm。

[11] 刘君健：《2023 全球滨海论坛会议达成〈盐城共识〉》，《盐阜大众报》2023 年 9 月 27 日。

[12]《盐城共识》，《盐阜大众报》2023 年 9 月 27 日。

[13] 张文婧：《〈滨海生态检察保护盐城倡议〉全文发布》，新华报业网，2023 年 9 月 28 日，https：//www. xhby. net/content/s653b04f7e4b0e1c13420cc83. html。

[14] 赵伟伟：《全球滨海论坛国际咨询会在盐成功举办》，《盐阜大众报》2023 年 9 月 29 日。

文旅专题篇

B.9

大洋湾生态旅游景区以高水平治理与保护打造文旅名片

张晓萌*

摘　要： 大洋湾生态旅游景区积极开展生态环境保护，推进生态文明建设。景区先后创建了多个国家级和省市级品牌，成为长三角地区乃至中华大地上的一张亮丽名片。本文系统梳理了新时代新征程生态文明建设需要正确处理的五个重大关系，详细论述了大洋湾生态旅游景区从规划建设、水资源保护、生物资源保护等多方面推进高水平保护的实践，总结了大洋湾生态旅游景区的点面结合协同治理模式。在建立、健全生态文明建设体制机制的基础上，大洋湾生态旅游景区推行常态化管理和规范化运行，高位谋划人与自然和谐共生之路。

关键词： 大洋湾生态旅游景区　生态文明建设　文化旅游

* 张晓萌，供职于国家发展和改革委员会营商环境发展促进中心，主要研究方向为能源经济与碳经济等。

党的十八大以来，以习近平同志为核心的党中央高瞻远瞩，将生态文明建设置于关系中华民族永续发展的战略高度，采取了一系列重要举措，其决心之坚、力度之大、成果之丰，前所未有。当前，一幅人与自然和谐共生的美好画卷正在我国徐徐展开，为中国式现代化建设构筑了更为坚实的生态支撑。

未来一个时期仍是加速建设美丽中国、实现人与自然和谐共生的现代化的关键阶段。大洋湾生态旅游景区积极响应时代号召，坚定不移地将“绿水青山就是金山银山”的理念内化于心、外化于行。面对新形势下的挑战与机遇，景区以科学理论为指引，深入剖析现状，以务实行动解决发展难题，从人与自然和谐共生的战略高度规划未来发展蓝图。景区持续深入打好污染防治攻坚战，加速推动经济社会的绿色低碳转型，将绿色低碳视为破解生态环境难题的根本路径。同时，景区致力于提升生态系统质量，增强生态系统的稳定性与可持续性，加大生态保护力度，强化修复监管，积极稳妥地推进碳达峰、碳中和，确保责任到位、保障有力，牢牢守住美丽中国建设的安全底线，坚定不移地推动生态文明建设向纵深发展。

凭借着坚持不懈的努力，大洋湾生态旅游景区不仅赢得了广泛赞誉，更成为长三角地区乃至全国的一张闪亮名片，实现了生态文明建设与经济社会发展的双赢。

一　新时代新征程生态文明建设需要正确处理的五个重大关系

2023 年 7 月 17~18 日，全国生态环境保护大会召开。会上，习近平总书记对当前生态文明建设所处的复杂环境与紧迫任务进行了深入剖析，强调要“把建设美丽中国摆在强国建设、民族复兴的突出位置，推动城乡人居环境明显改善、美丽中国建设取得显著成效，以高品质生态环境支撑高质量发展，加快推进人与自然和谐共生的现代化”①。习近平总书记阐述了新征程上推进生态文明建设需要处理好的五个重大关系，正确处理这五大关系是生态文明建设取得成功的重要保障。这些重要论述不仅为大洋湾生态旅游景区乃至全国范围内的生态环境保护工作指明了方向，也为谱写新时代生态文明建设的新篇章提供了根本遵循。

（一）正确处理高质量发展和高水平保护的关系

在新发展阶段，高质量发展离不开高水平的环境保护。高水平保护并不意味着发展的停滞，而是通过驱动经济发展方式绿色低碳转型，达成高质量发展目标。党的十八大以来，以习近平同志为核心的党中央，深刻洞察到生态文明建设对于中华民族长远发展的重要性，将生态文明建设视为关系中华民族永续发展的根本大计。一方面，党中央大力推动“绿水青山就是金山银山”理念的实践转化，加速发展模式的绿色低碳转型，聚焦增强生态系统的稳定性与韧性，积极培育绿色生产与生活方式，为高质量发展奠定了坚实的生态基础，让绿色成为高质量发展的鲜明底色。另一方面，坚持人与自然和谐共生的原则，通过实施高水平的环境保护措施，不断激发新的发展活力。高水平的环境保护措施包括构建绿色低碳的循环经济体系，从源头上减少资源消耗与环境污染，降低发展过程中的资源环境成本，为经济的持续增长提供强大的内在动力与持久的后续支撑，确保发展之路既快速又稳健，充满活力与可持续性。

（二）正确处理重点攻坚和协同治理的关系

生态文明建设是一项既长远又错综复杂的系统性工程，它要求我们在新时代新征程中，秉持系统思维，精准施策。这意味着我们既要聚焦主要矛盾及其关键环节，针对突出的生态环境问题采取果断而有效的措施，又要坚持

① 《习近平在全国生态环境保护大会上强调：全面推进美丽中国建设　加快推进人与自然和谐共生的现代化》，中华人民共和国中央人民政府网站，2023 年 7 月 18 日，https：//www. gov. cn/yaowen/liebiao/202307/content_ 6892793. htm。

系统观念，全面审视，强化各项工作的内在联系与协同合作，确保各项举措相互支撑、相互促进。在此过程中，深入贯彻“山水林田湖草沙是生命共同体”的生态文明理念至关重要。这一理念强调了自然生态系统的整体性，要求我们统筹兼顾各类生态环境问题，避免孤立治理、片面应对。因此，我们应站在生态系统整体性的高度，推动山水林田湖草沙等自然要素的一体化保护与系统性治理，形成从高山之巅到广袤海洋的全域性、立体化的生态保护与治理网络。通过系统性布局与协同性努力，我们要不仅能够有效解决当前的生态环境问题，还要为未来的可持续发展奠定坚实的基础，打造人与自然和谐共生的美好图景。

（三）正确处理自然恢复和人工修复的关系

自然生态系统作为一个蕴含复杂结构的生命有机整体，有着其独特的、固有的发展规律。我们必须秉持尊重自然、顺应自然、保护自然的理念，将生态优先与保护优先作为行动指南，尤其要强调自然恢复在生态系统管理中的核心地位，显著提升生态系统的自我修复潜力及稳定性。在新时期的生态文明建设进程中，我们需要将自然恢复与人工修复两种策略巧妙结合，实现优势互补。这意味着在制定修复方案时，必须充分考虑地域差异与季节变化，实施分区分类的精细化管理策略。一方面，要给予大自然充分的休养生息时间与空间，减少人为干预，让生态系统在自然力量的驱动下逐步恢复平衡；另一方面，也要积极采用科学合理的人工修复技术与方法，加速生态系统的恢复进程，特别是针对受损严重或自然恢复能力较弱的区域，要加强生态环境保护与人工修复。通过这样一种综合性的修复策略，促进生态系统的快速恢复，为构建人与自然和谐共生的美好未来奠定坚实基础。

（四）正确处理外部约束和内生动力的关系

制度建设是生态文明建设的基石。党的十八大以来，以习近平同志为核心的党中央，将生态文明制度建设提升至前所未有的高度，通过精心策划与部署，推出了一系列旨在深化生态环境保护的重大举措，这些举措如同

“四梁八柱”，坚实地支撑起了生态文明制度体系，引领我国生态文明建设步入了制度化、法治化的快车道。面对新征程上的生态文明建设任务，我们必须坚定不移地遵循最严格的制度规范，建立健全最严密的法治体系，以为生态环境保护提供坚强后盾。这不仅要求我们持续加强外部监督，确保各项环保政策与法规得到有效执行，更要求全社会对生态环境保护形成自觉，公民个人不断提升环保责任感与使命感。

（五）正确处理“双碳”承诺和自主行动的关系

实现“双碳”目标，不仅是深入践行新发展理念、构建新发展格局、驱动经济迈向高质量发展的内在要求，更是党中央基于国内外复杂形势所作出的具有深远意义的战略抉择。实现“双碳”目标，不仅是中国针对国内资源环境紧约束现状所采取的关键性应对策略，同时也是中国积极应对全球性生态挑战、共建“清洁美丽”世界、携手全球伙伴共同推进生态文明建设的实际行动与责任担当。在新时期的生态文明建设征程中，我们需要平衡好“双碳”承诺与国际合作中的自主行动之间的关系，在坚定不移地朝着“双碳”目标迈进的同时，根据自身国情和发展阶段，灵活选择并自主掌控实现路径、方式、节奏与力度，确保这一进程既积极又稳妥，既符合国际标准又彰显中国特色，为全球生态文明建设贡献中国智慧与中国方案。

大洋湾生态旅游景区深刻领悟并精准把握五个重大关系，始终将生态文明建设作为推动国家强盛、民族复兴道路上的重要一环，将建设美丽中国的宏伟目标置于核心地位，坚定不移地践行生态优先的理念，积极探索并坚持绿色发展道路，致力于在保护中发展、在发展中保护，实现经济效益、社会效益与生态效益的协调统一。

二　以高水平保护支撑大洋湾生态旅游景区高质量发展

以高水平保护支撑高质量发展，唯有在生态优先与绿色低碳的框架下，实施高水平保护策略，才能真正实现高质量发展的宏伟目标。这要求我们自觉地将经济活动与人的行为置于生态环境可承载的范围之内，通过科学规划与合理调控，实现绿色低碳转型和经济总量的稳健与合理增长。

（一）规划建设坚持生态优先

景区规划建设秉承生态优先的理念，以生态学理论为基础，采取积极保护措施，通过建立健全“一廊两湾，一核三心”“五大板块”“特色廊道”等不同层次的生态系统，完善区域生态结构，增加物种多样性。

（二）切实保护水资源

景区将水资源保护视为首要任务。一是疏通景区与周边水系间的河道，实现水系间互联互通，增强水体流动性，创造层次丰富的小水面景观，显著改善水域生态环境，为众多动植物提供更加适宜的环境。二是依据严格的排水标准，精心设计景区的防洪与排涝系统，通过扩大水域面积，有效调节和储存雨水，增强防洪能力，促进地下水的自然补给。三是构建专门的污水收集与处理体系，铺设全面的污水管网，严格防止未经处理的污水或废水直接排入景观水体，保护水生态系统的完整性。自2021年起，景区水质提升系统全面投入运营，经过净化处理后的景观水体清澈透明，有效抑制了藻类过度生长，且无异味，为游客提供了极佳的视觉享受与亲水体验。景区还积极采用一系列生态友好的水质提升技术，最大限度地改善区域水质和水生态环境，促进生态平衡。四是对天然温泉资源给予高度重视与保护，围绕天然温泉资源打造独具特色的温泉小镇，为游客提供健康、安全的亲水休闲场所。经权威环保部门检测，景区内水质已达到国家《地表水环境质量标准》中的Ⅲ类标准，充分满足了游客亲水活动对水质的要求。

（三）加强生物资源保护

在生态保护工作中，景区着重加强对本土乡土植物的合理利用与精心保护。基于景区现有植被的群落特征与自然结构，采取科学策略，有针对性地引入多样化的物种，构建更加丰富多元、和谐共生的生态系统。通过精心规划与实施，促进不同物种之间形成良性的种间关系，维护景区的生态平衡与生物多样性。景区打造了樱花小镇、荷莲池、粉黛乱子草花海，以及盆景园、桂花大道、香樟大道、朴树大道、法桐大道等特色绿化景观。樱花小镇以花为主题，包含“樱林尽染”“浪漫樱堤”“樱洲花海”“落樱缤纷”“绿野樱踪”等“樱花十景”。此外，景区内还有300多年树龄的金桂花树、台湾相思树各1棵，银桂316棵，遍植广玉兰、香樟等名贵树木，是一个品种丰富的植物宝库，也是一个禀赋独特的天然氧吧。樱花园区由“百年好合”“花好月圆”“云蒸霞蔚”“盐埠花洲”“花样年华”五大次级分区组成，有多个景观节点，呈现给游客一幅“绿荫如盖、花木扶疏”“水网密布、花团锦簇”的美丽画卷。景区设有保护植物标示牌，分类保护珍稀植物与景观植物；加强水生植物动态监测，并建立了繁育基地。通过精准保护与科学管理，景区森林植被覆盖率达到75%。

严禁一切影响野生动物生存繁衍的行为，包括滥捕滥猎。作为候鸟迁徙的关键补给站与中转枢纽，景区对鸟类栖息地实施专项保护策略，严禁游客侵扰、引诱、驱赶或捕捉鸟类，全力打造鸟类安全庇护所，维护生物链的完整与和谐。

（四）开展分类分级保护

景区精心规划了六大片区，即樱花园区、温泉区、田园休闲区、都市休闲区、福源地及旅游配套区，对每区均依据其功能特性制定了差异化的生态保护策略。围绕“水、绿、古、文、秀”五大核心元素，努力打造集城市观光、休闲度假、游乐观赏、健康养生等多功能于一体的城市绿洲，盐城市全域旅游的璀璨明珠及长三角乃至全国知名的生态旅游目的地。

（五）加强交通道路规划与建筑节能

景区遵循生态优先的原则，精心布局交通网络，综合考量陆路、水路需求，科学配置接驳站点与码头设施。已建成的22座特色景观桥，如虹桥、通海桥、三相桥，以及东环路游船码头，与精心设计的步行游览小径相互交织，构成了一个立体且景观丰富的水陆交通体系。

景区建筑不仅巧妙地融入自然环境，而且采用绿色设计方式，通过自然通风采光、应用环保建材及清洁能源（太阳能、风能等），塑造绿色建筑典范。LED照明、新能源路灯、透水铺装及雨水回收利用系统等的引入，进一步彰显了景区绿色环保的核心理念。

三　点面结合协同治理，美丽大洋湾建设迈出新步伐

在推进生态环境保护与生态文明建设的征程中，要坚持问题导向，聚焦主要矛盾及其核心环节。针对大洋湾生态旅游景区的独特性与复杂性，景区相关负责人全面考量景区环境要素的多元性、生态系统的完整性、自然地理单元的连贯性，以及经济社会发展的可持续性，坚持既统筹兼顾、综合平衡，全面考虑各方因素，又突出重点、以点带面，集中力量解决关键问题；既持续加强污染防治工作，又协同推进降碳减污的多重目标，实现环境保护与经济发展的双赢。

大洋湾生态旅游景区的目标定位为文化旅游休闲集聚区。在产业定位上，景区以旅游产业为主导产业，推动发展“旅游+文化”“旅游+地产”“旅游+花卉”“旅游+温泉”“旅游+餐饮”“旅游+体育”“旅游+养生”“旅游+婚庆”等产业业态。

（一）以旅游产业为主导产业

围绕“吃、住、行、游、购、娱”等关键功能，景区在整体打造文化旅游休闲集聚区的同时，着力打造东环路娱乐文化旅游综合体、机场路美食文化旅游综合体、盐渎古镇文化旅游综合体、温泉小镇文化旅游综合体、婚庆小镇文化旅游综合体、樱花文化旅游综合体等若干个各具特色、功能互补的文化旅游综合体和唐渎里、盐渎古镇、长乐水世界、沙滩嘉年华、尚慧坊

五大街区。这些综合体和街区构建起一个个文化旅游复合型特色功能区，满足了游客的不同需求。

（二）“旅游+文化”产业

景区注重延续和传承城市文脉，努力满足游客精神层面的需求。景区深入挖掘大洋湾的文化底蕴，从民俗文化、饮食文化、建筑文化、禅修文化等多个方面全方位地剖析大洋湾的文化内涵，并通过节庆活动大力宣传大洋湾文化。具体地说，一是着力挖“根”。从多方面对大洋湾的历史文化进行深入挖掘，总结大洋湾及盐城历史文化根源。二是以多种形式表现大洋湾的文化底蕴。景区规划的总体风格为古典园林，景区所有的项目规划和建筑设计等都体现了这一风格；在建筑形态上，以唐风古韵为主，兼顾明清或现代建筑形态；在建筑物命名上，努力体现盐城和大洋湾之古，比如登瀛阁、通海桥、三相桥等；充分使用诗词联赋、碑林石刻、大家书法等，向全国知名诗词大家定向征集诗词联赋，征集到包括中华诗词学会原会长、原文化部副部长、故宫博物院原院长郑欣淼在内的一批大家撰写的诗词联赋作品，同时延请全国著名书法家沈鹏、言恭达等题写牌匾、楹联，显著提升了景区的文化品位；创作了大洋湾邮册、盐城八大碗等一批文化旅游产品；研制樱花系列食品等旅游商品。三是规划建设了一批文化类项目，如保利演艺中心、景区规划展示馆、八大碗博物馆、樱花博物馆、盐城文化名人馆、名人工作室、中华诗词学会创作基地、文化创意小镇和盐渎文化小镇等。四是举办各类文化节庆活动。每年 4 月初到 5 月初举办樱花节；5 月下旬举办全国性的中华龙舟大赛；6 月至 9 月举办水上运动文化节；10 月到 11 月举办“桂花+温泉”主题活动，凸显温泉和桂花元素；春节期间举办灯会活动。

大洋湾生态旅游景区着力在文化要素上下功夫，主要目的就是大力发展文化产业，以文化吸引游客，以文化带动旅游，实现文旅结合，相得益彰。

（三）“旅游+花卉”产业

樱花是景区的一大特色。在现有花卉资源基础上，景区引进更多适种花卉，做足花卉文章，深入研究各种花卉，积极开发以樱花为主的各种花卉产品，努力形成覆盖花卉研究、培育、规模化种植和市场化销售的产业链，“以花为媒”，吸引更多花卉爱好者，推动景区“旅游+花卉”产业发展。

（四）“旅游+体育”产业

景区以中华龙舟大赛这一赛事为突破口，打造盐城的赛事品牌。同时，在更高的起点上对“旅游+体育”产业发展进行规划，以更好地满足大众的需求，带动体育产业的发展。一是继续举办中华龙舟大赛，努力将其升级为国际性赛事；二是积极开展其他水上运动，比如皮划艇训练比赛；三是开展马拉松赛、沙滩排球赛、滑板赛等。

（五）“旅游+地产”产业

大洋湾“旅游+地产”产业的发展以度假地产和住宅地产为重点方向，突出旅游综合体的功能。其中，度假地产规划时侧重旅游配套功能的完善。在小“W”湾片区规划建设温泉小镇，在新洋港北侧、东环路东侧建设生态养老休闲项目，在新洋港北侧、东环路西侧建设大洋湾“生态城”。

建设美丽中国是一项长期而艰巨的任务，它要求我们在实践中统筹协调，明确治理重点，充分激发社会各界的参与积极性。景区作为生态文明建设的前沿阵地，对于建设美丽中国展现出了坚定的耐心与战略远见，聚焦污染防治攻坚战，以重点突破带动整体改善。通过协同治理的模式，景区汇聚了政府、企业、公众等多方力量，形成强大的合力，共同推动环境治理向纵深发展。秉持“一张蓝图绘到底”的坚定信念，景区管理者与建设者一任接着一任，持续接力，不断前行，展现出锲而不舍、持之以恒的精神风貌。

四　生态效益与经济效益、社会效益统筹兼顾，实现人与自然和谐共生

生态保护与修复是一项长期且复杂的任务，它要求我们遵循生态系统的

规律，全面审视并细致考量自然生态系统中的每一个要素。坚持减少人工干预，通过整体保护、系统修复与综合治理的策略，逐步恢复生态系统的健康与活力，提升生态效益，提升自然环境的自我恢复能力，充分发挥自然环境的生态服务功能。要充分认识到生态保护与修复对于社会与经济的深远影响，在追求生态效益的同时，兼顾社会效益与经济效益，实现三者之间的良性互动与共赢发展，构建人与自然和谐共生的美好图景，促进地球家园的繁荣与昌盛。

（一）发挥自然环境优势，打造独特的绿化景观

景区明确对生态保护修复的体系设计，正确处理自然恢复与人工修复的动态关系。对大部分区域实行自然恢复策略；对于生态系统遭受严重破坏的区域，借助适度的人工修复措施，为自然恢复创造条件和环境，加速恢复进程、提升恢复效能。

（二）四季主题鲜明，特色活动吸引游客

依托独特的生态景观，景区按照春、夏、秋、冬四季设立不同的活动主题，不仅丰富了盐城市民的生活，也促进了多元文化的发展，构建了城市精神文明建设的基础，同时，也吸引全国各地游客纷至沓来。

春花。樱花小镇位于景区西北侧，占地 6000 多亩，相当于近 600 个标准足球场的面积，是一个特色化、规模化的赏樱胜地。景区樱花几乎涵盖了国内樱花的所有品种。“洋湾飘樱”“樱花飞雪”是景区的著名景观。景区也是江苏省文化和旅游厅评定的江苏春季赏花胜地之一。樱花园中，有早樱大道、晚樱大道和樱花隧道，各类樱花次第绽放，白的像雪，粉的如霞，红的似火，争奇斗艳，烂漫芬芳。亭台楼阁掩映其中，若隐若现，徜徉于此，恍入仙境，让人流连忘返。每到赏樱季节，游客都纷至沓来，场面壮观。中央电视台“新闻联播”栏目连续多年报道了景区旅游盛况。

夏水。长乐水世界是大洋湾生态旅游景区与上市公司浙江卡森集团合作共建的大型水上主题乐园。园区占地约 200 亩，以盐文化为切入点，以水上

大冒险为主线展开布局，目前已成为国内一流、江苏最大的一站式水上玩乐体验综合体。景区每年还会举办大洋湾沙滩嘉年华活动。

秋食。为进一步放大世界遗产品牌效应，打造具有辨识度的盐城生态三鲜美食 IP，景区连续多年在唐渎里举办湿地美食节，通过再现盛唐繁华市井的古装演艺，结合国内网红美食、特色美食，以文带旅、以旅兴商，打造国内首个盛唐古韵与现代美食相结合的沉浸式体验街区，使唐渎里成为“盐城人常来、外地人必逛”的文旅胜地。

冬泉。大洋湾拥有丰富的温泉资源。温泉富含多种微量元素，具备矿化特性，对多种疾病具有辅助治疗效果，如肥胖症、运动损伤、风湿性关节炎、神经系统疾病、初期心血管病症、痛风及皮肤病等。低温泉（温度在38℃至40℃）有助于镇静身心，对缓解神经衰弱、改善睡眠、调控血压、心脏保健、缓解风湿及腰部膝部疼痛有显著益处。而高温泉（温度超过43℃）则能激发身体活力，对辅助治疗心血管疾病尤为有效，不仅能促进体质提升，还能增强免疫力，起到预防疾病的作用。

景区已成功钻探两口温泉井，一号温泉井深1500米，出水温度43℃，出水量为50吨/小时；二号温泉井深2000米，水温62℃，出水量为100吨/小时。经权威部门检测，景区温泉富含偏硼酸、偏硅酸等矿物质。温泉体验中心已投入使用，冬季在景区不仅可以观赏大洋湾的自然美景，还能享受温泉沐浴带来的美好体验。

五　筑牢生态文明建设制度基础，打造人与自然和谐共生的美好未来

习近平总书记强调，“只有实行最严格的制度、最严密的法治，才能为生态文明建设提供可靠保障”①，保护生态环境必须依靠制度、依靠法治。

① 《习近平：坚持节约资源和保护环境基本国策　努力走向社会主义生态文明新时代》，人民网，2013年5月25日，http：//cpc. people. com. cn/n/2013/0525/c64094-21611332. html。

党的十八届三中全会提出要“建设生态文明，必须建立系统完整的生态文明制度体系”，党的十九大提出要“加快生态文明体制改革，建设美丽中国”，党的十九届四中全会提出要“坚持和完善生态文明制度体系，促进人与自然和谐共生”，党的二十大报告明确指出“中国式现代化是人与自然和谐共生的现代化”。一系列严格的标准与刚性约束就如同为生态保护与修复披上了“钢铁铠甲”，有利于为生态文明建设构筑制度防线，保障美丽中国愿景的稳步实现。

景区通过实施环保制度，为生态环境保护构筑了坚实的制度屏障。同时，景区不断创新管理与激励机制，力求在体制与机制层面实现突破，确保那些致力于生态保护的个体或组织能够获得回报。这种安排形成了生态环境保护的正向循环，还将绿色发展理念外化为各责任主体的自觉追求与行动指南。

（一）逐步完善生态监管制度体系

第一，为全面应对开发建设、开放活动引发的生态损害、环境污染问题，以及个人不良生活方式导致的资源浪费问题，景区构建了全方位、多层次的生态环境保护体系。该体系涵盖源头预防、过程精细控制、生态损害赔偿及责任追究四大环节。围绕生态保护、资源高效利用、环境实时监测、考核评估，景区制定并发布了20余项制度性文件，实现了对生态环境从源头到终端的全链条保护，初步形成了事前科学预防、事中严密监督与事后严肃追责的生态保护闭环机制。

第二，为进一步加强污染防治，景区完善区域协同的污染防治机制及陆海统筹的生态环境治理体系，科学把握水、林、田、湖、海等自然要素的共生关系。通过加强与亭湖区、盐城市等相关部门的紧密合作与沟通协调，充分发挥陆海之间、区域之间、政企之间的联动优势，有效解决了生态环境保护与治理过程中存在的问题，提高了治理措施的统一性、协同性和有效性。

第三，为精准把握自然资源状况，景区创新性地编制了自然资源资产负债表，并建立了详尽的生态资源台账。同时，为确保生态保护责任的有效落实，景区建立了严格的生态责任追究制度与工作考核机制，并实行生态保护

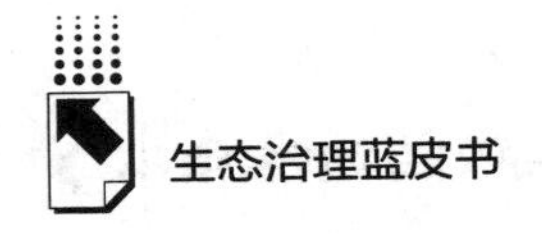

约谈制度。这一系列举措极大地提升了景区各部门及全体员工对生态保护工作的重视程度，形成了上下一心、齐抓共管的良好局面。

（二）不断健全生态资源保护利用机制

第一，健全生态资源产权制度。在明确产权界限的基础上，进一步细化景区内部生态资源的产权架构，推动实现所有权与使用权的合理分离。通过明确界定各类生态资源使用者的具体权责范围，确定使用权与所有权的边界，构建一个权属清晰、责任明确、监督有力的基础性生态资源产权制度体系，为生态资源的可持续利用提供坚实保障。

第二，促进资源节约集约循环利用。实施资源总量控制策略，推行全面节约制度，将节约集约循环利用的理念深植于每位员工心中，不断提升员工的资源节约与生态保护意识。通过优化资源配置、提升资源利用效率，努力实现资源消耗的最小化与经济效益、生态效益的最大化。

第三，推进垃圾分类与资源化利用。在景区内科学布局垃圾分类集中投放亭与临时存放点，并在主游览线路及人流密集区域设置便于使用的二分类垃圾桶，为游客与工作人员提供便捷的垃圾分类设施。建立高效的垃圾分类收运体系，由专业保洁团队负责每日对二分类垃圾桶进行及时清运，并对分类不准确的垃圾进行二次分拣，确保垃圾得到正确分类后再转运至集中投放点。引入专业公司专门负责各类垃圾的专线收运与后续处理，包括对可回收物、有害垃圾、厨余垃圾及其他垃圾的定期清运与分类处置，确保各类垃圾能够进入正确的处理渠道。建立垃圾分类投放与收集台账制度，详细记录垃圾的来源、种类、数量及去向等信息，为评估垃圾分类工作成效提供科学依据。

（三）健全生态保护和修复制度

第一，在自然资源保护领域，秉持全面保护的核心理念，将“保护至上、生态引领、最小干预”作为行动指南，力求通过科学合理的投入最大化生态效益，兼顾景观美学、休闲体验及科普教育等多重价值。这是景区开展湿地保护、生态修复及生态环境建设的基石，也是景区近年来不懈探索与实践的精髓所在。

第二，紧跟中央及上级政策导向，对景区生态保护和修复相关制度进行全面梳理与革新。整合水、林、田、湖、草等自然要素，实施一体化保护与修复策略。景区坚决废除了与绿色发展理念相悖的制度条款，及时调整并优化不适应新时代生态文明建设要求的规范，相继建立并完善了生态环境保护、资源高效利用、生态修复与保护等一系列制度。构建统一、规范、高效的管理体系，实现对生态保护和修复全链条的统筹管理，为自然生态系统、自然景观及生物多样性的系统性保护提供了坚实保障。

第三，进一步强化绿色产业发展的制度支撑。通过完善相关支持政策，引导产业绿色转型。严厉打击毁林开荒、围湖造田等严重破坏生态环境的行为，坚持“谁破坏、谁赔偿”的原则，构建一套严密而高效的生态损害责任追究机制，形成强大的制度威慑力，有效遏制破坏生态环境的行为，守护好景区的绿水青山。

（四）加大生态文明制度执行力度，增强治理效能

景区不断加大生态文明制度的执行力度，通过完善配套运行与保障机制，确保生态治理体系的高效运转与治理能力的有效提升，将制度转化为实实在在的治理成效。

第一，景区坚决执行《党政领导干部生态环境损害责任追究办法（试行）》等规章制度，层层压实管理人员与员工的环保责任，确保生态文明建设评价考核制度落到实处，对生态环境损害行为实施严格、公正、有效的责任追究，营造不敢、不能、不想破坏生态环境的良好氛围。

第二，景区组建生态保护督察队伍，通过系统化培训增强队伍人员的责任感与专业能力，为生态环保工作提供坚实的人才支撑。

第三，积极开展全员生态保护教育，通过专家讲座、集体研讨、自主学习等多种形式的活动，深入普及国家及地方生态文明政策，不断提升员工的生态文明素养，使绿色发展理念深入人心。

第四，充分利用多种手段和渠道，如广播、宣传栏、自媒体平台等，广泛传播生态文化，向游客普及《大气污染防治法》《水污染防治法》《生活垃圾分类制度实施方案》与景区环保规定，增强公众的环保法律意识与行动自觉。

第五，引导公众将对生态文明建设的制度认同转化为实际行动，促使保护环境、建设生态文明成为每个社会成员的自觉选择，推动社会成员共同承担起守护绿水青山的责任。

第六，保障公众在环境保护中的知情权、参与权、监督权和表达权，鼓励并支持公众参与到生态环保制度规范的制定、执行与监督中来，形成政府主导、企业执行、社会组织和公众共同监督的生态文明建设新格局，共创人与自然和谐共生的美好未来。

六 聚力“双碳”，建设美丽大洋湾

实现碳达峰碳中和，是以习近平同志为核心的党中央作出的重大战略决策。景区积极响应国家推进实现“双碳”目标的号召，秉持绿色低碳的发展理念，精心规划生产、生活与生态空间，将景区发展深度融入盐城城市的整体发展格局中。持续加强生态保护，稳步推进治理工作，推动各项产业向绿色化、高质量方向转型升级，积极履行社会责任，全力打造低碳环保的典范景区。景区已从传统的“城市绿肺”角色转变为引领“公园型城市组团”建设的先锋。如今，大洋湾周边区域已形成了集高等教育、休闲旅游、高新技术产业于一体的多元化发展格局。这里不仅是游客体验绿色低碳生活的理想之地，也是学子求学深造、居民安居乐业、创业者追逐梦想的热土，成功树立起“游在大洋湾、学在大洋湾、住在大洋湾、创业在大洋湾”的鲜明形象，展现了人与自然和谐共生的美好愿景。

（一）绿色低碳理念贯穿规划建设全过程

自景区规划之初，管理者与设计者便将生态保护视为景区整体规划工作的核心。从建材选择环节到施工环节，景区均采用环保材料与清洁能源，通过提升能效来降低二氧化碳排放。在线路布局上，设计团队巧妙构思，尽量减少对生态系统的干预，确保建设活动与自然环境的和谐共存。同时，生态停车场的规划建设，进一步体现了景区对生态环境的保护。在宣传推广层面，景区充分利用网络资源，不仅拓大了宣传的覆盖面，还实现了成本的有效控制，显著减少了传统宣传手段可能带来的环境污染，彰显了景区在绿色发展道路上的前瞻性与创新性。

（二）旅游设施低碳环保

一是推动低碳交通体系建设。以清洁能源为核心动力，广泛采用自行车、电动车等低碳环保的交通工具，严格限制社会车辆及员工私家车进入景区，以减少景区碳排放。

二是促进低碳住宿设施建设。利用最新技术，致力于“绿色建筑”与“低碳设施”的建设，特别是在住宿设施的打造上，坚持低环境冲击、高保护意识的原则，确保住宿设施既能满足游客需求，又能与自然环境和谐统一。

三是发展低碳建筑设施。实施一系列低碳建设工程，通过优化建筑设计、采用高效节能材料等措施，有效降低碳排放量，推动景区建筑向更加绿色、低碳的方向发展。

四是充分利用低碳能源与技术。盐城地势平坦、日照充足，太阳能资源丰富，充分利用太阳能资源能大幅降低景区的碳排放量和空气污染程度，并有效降低运营成本。推行循环经济模式，积极推广垃圾分类处理，建设生态厕所，让景区的生态环境更加优美，让景区成为生态优先、绿色发展的典范。

（三）培育低碳旅游文化

一是强化公众低碳旅游认知。充分利用新闻媒介、宣传册页、宣传专栏等多元化渠道，广泛投放公益广告，举办低碳旅游主题宣传活动。通过生动形象的宣传内容，引导游客树立环境保护与资源可持续利用的观念，深入普及低碳旅游与低碳生活相关知识，激发公众的环保意识，鼓励大家将低碳理念融入日常生活与旅行之中。

二是提高景区员工的低碳素养。将低碳理念深度融入景区的发展战略与管理模式中，使之成为企业文化的核心组成部分。通过邀请国内外低碳领域的专家学者及资深管理人员举办讲座，学习先进的管理经验和景区建设策略；组织员工参加专业培训，不断提升其环保意识和专业技能。鼓励员工从细微处做起，如节约水电、减少纸张使用等，身体力行地践行低碳生活。

三是加强游客低碳教育引导。景区通过设立醒目的低碳旅游标识、丰富宣传栏内容、分发低碳旅游手册等方式，全面普及低碳旅游知识，营造浓厚的低碳旅游氛围。导游团队采用通俗易懂的方式，在讲解中融入低碳理念，增强游客的低碳意识。同时，景区积极倡导游客选择低碳出行方式（如骑行、乘坐电动车或步行），推行“光盘行动”减少食物浪费，鼓励选择低碳健康的食物，减少一次性餐具使用，倡导自备环保餐具，爱护景区环境，节约用水，携带环保行李，使用环保袋购物，以及自带饮用水以减少塑料瓶垃圾等。通过这些具体措施，将低碳理念转化为游客的实际行动，切实推动低碳旅游的发展。

（四）深耕自然教育，开启实践育人新篇章

景区秉持理论与实践并重的原则，深入挖掘滩涂湿地的潜力，创新性地发挥其作为自然学校的作用，精心策划“双碳”目标相关的系列环保教育与宣传活动，将丰富的自然科普知识以生动有趣的方式带入校园。积极与周边的中小学、幼儿园建立合作关系，联合举办候鸟迁徙、水质监测、湿地植物探索、昆虫观察、“双碳”知识普及等自然教育活动。这些活动不仅丰富了青少年的课外生活，更激发了他们的环境保护热情，引导他们将环保理念转化为实际行动。这片绿意盎然的自然“课堂”，成为众多学子探索科学奥秘的乐园，也吸引了大量企事业单位组织研学旅行，探索自然与人文的和谐共生之道。景区内，一支由专业工作人员及来自社会各界的志愿者组成的

“自然导师”团队，满怀激情地为访客提供精彩的讲解与专业的引导服务，让每一次探访都成为一次深刻的学习之旅。

随着自然教育活动的深入开展，越来越多的市民与游客开始在亲近自然、了解自然的过程中，深刻体会到人与自然相互依存、和谐共生的关系，他们的科学素养与人文精神也得到了显著提升。

七 常态化管理，规范化运行，助力景区实现人与自然和谐共生

景区以打造国家5A级旅游景区、国家级旅游度假区为目标，在精心打造硬件设施的同时，坚持狠抓标准化、常态化运营，不断提升景区运营管理水平。

（一）抓基层党建，进一步夯实发展基础

在上级党委领导下，大洋湾生态旅游景区党总支坚持以习近平新时代中国特色社会主义思想为指导，深入贯彻党的二十大精神，着力加强党的基层组织建设，聚焦中心任务，助力企业发展，深入开展了庆祝建党100周年系列活动、党史学习教育系列活动、习近平新时代中国特色社会主义思想主题教育活动、“510”警示教育活动、“两在两同”建新功行动，还与盐城机场边检站办公室党支部开展了党建共建活动，全面落实“第一议题”制度，为各项工作的高水平开展提供了坚强的政治保证，使基层党组织的向心力、组织力、战斗力、凝聚力不断提升。在重大项目“百日攻坚大会战”中，景区党总支的党员同志充分发挥战斗堡垒作用，以苦干、实干的精神为广大职工作出示范。

（二）大力创树旅游品牌

景区坚持以品牌建设为先导，大力创树各类文旅品牌，取得丰硕成果。近年来景区已经创成的国家级和省市级品牌包括：国家4A级旅游景区、国

家城市湿地公园、团中央传承与梦想大洋湾研学基地、中华诗词范仲淹研究创作基地、国家花卉工程技术研究中心盐城樱花研发推广中心、中国摄影报摄影培训基地、全国青少年高尔夫培训基地、中华龙舟大赛竞赛基地、全国沙滩排球锦标赛基地、全国滑板运动训练基地等，以及江苏省文化和旅游系统先进集体、江苏省第三届运博会“江苏文旅消费人气打卡地”、江苏省放心消费创建示范街区、江苏文旅消费人气目的地、江苏省省级夜间文化和旅游消费聚集区、江苏省科普教育基地，长三角旅游休闲热门度假区、盐城市特色夜市街区等省市级品牌。近几年成功举办的中华龙舟大赛、全国沙滩排球锦标赛、全国滑板锦标赛、全国摄影大赛等品牌赛事，为宣传景区、宣传盐城起到了积极的作用。

（三）奋力拓展旅游市场

大洋湾生态旅游景区自开园以来，依托独具特色的景观，通过加强媒体宣传，优化旅游产品，举办丰富多彩的文旅活动，不断开拓省内外旅游市场。客户资源已遍及上海、苏州等 40 余个城市，与携程、同程、美团、驴妈妈、抖音等知名大型 OTA 建立业务合作关系，营销半径不断扩大，中远途市场已拓展到广东、陕西、内蒙古等地。已连续举办九届的国际樱花月活动，是最具代表性和影响力的大型营销活动，单日接待游客量最高达 11 万人次。2017 年以来，景区游客入园人次和营业收入不断上升。中央电视台、新华网等主流媒体对景区给予高度关注，“新闻联播”栏目连续五年多次报道景区盛况。景区在全面提升城市能级、丰富广大市民生活、塑造盐城城市形象等方面发挥了重要作用。

（四）安全生产常抓不懈

景区始终坚持“安全第一”，切实抓好安全生产责任落实、制度建设、人员配备、隐患排查整改等关键环节的工作，并聘请专业第三方安全技术服务机构，保障在建工程、大型活动、运营场所的安全，及时排查安全隐患，将整改率始终保持在 100%，保障了重大工程项目建设和国际樱花月活动、中华龙舟大赛、全国沙滩排球锦标赛、全国滑板锦标赛等重大活动的安全。

（五）服务工作规范有序

按照“规范化、标准化、精细化”要求，扎实抓好人才队伍建设、制度建设、内控管理、核算管理等基础性工作，进一步规范和提升公司财务管理工作，为运营工作顺利开展扫清障碍。圆满完成接待工作有助于景区开展对外宣传和展示形象。景区始终坚持“热情友好、严谨规范”原则，扎实做好事前方案对接、事中热情服务、事后总结反馈工作，不断提高服务质量，从未发生重大疏漏，树立了良好形象。

参考文献

［1］王博勋：《评论以高水平保护支撑高质量发展》，《中国人大》2024 年第 9 期。
［2］习近平：《推进生态文明建设需要处理好几个重大关系》，《求是》2023 年第 22 期。
［3］《全面推进美丽中国建设加快推进人与自然和谐共生的现代化》，《人民日报》2023 年 7 月 19 日。
［4］《求是》杂志评论员：《全面推进美丽中国建设的根本遵循》，《求是》2023 年第 15 期。
［5］自然资源部：《全面推进人与自然和谐共生的现代化》，《求是》2023 年第 22 期。
［6］生态环境部：《准确把握新征程上推进生态文明建设需要处理好的重大关系》，《求是》2023 年第 22 期。

B.10

保护和开发盐渎古镇，再现辉煌中华传统文化

张　群*

摘　要：　盐渎古镇依托其丰富的历史文化和独特的建筑风格，成为传承和弘扬中华优秀传统文化的重要载体。盐渎古镇通过活用古建筑展示历史文化魅力、通过演艺创新让文化直抵人心、通过文物鉴赏赓续海盐文化，推动文化产业发展与创新，在文化传承与保护、旅游开发与经济发展、社会教育与公共服务、城市更新与可持续发展等方面发挥了重要作用。盐渎古镇的保护和开发，不仅能够为游客提供丰富的文化体验，还能够促进当地文化繁荣，为当地经济发展注入活力。

关键词：　盐渎古镇　中华传统文化　文化传承与保护

盐渎古镇，是一个具有悠久历史和丰富文化底蕴的地方。在这个古镇中，古老的建筑、传统的手工艺、丰富的民俗文化都得到了保护和传承，吸引着越来越多的游客前来参观和体验。同时，盐渎古镇也为当地经济发展注入了新的活力。在这个引人入胜的地方，人们可以感受到中华文明传统和现代的交融，可以品味到古老文化的魅力和时代变迁的风采。盐渎古镇的建设，不仅是对传统文化的传承和弘扬，更是对当代社会发展的有益补充，为中华优秀传统文化的传承与创新注入了新的活力和动力。

---

* 张群，21世纪马克思主义研究院经济社会文化发展战略研究中心副主任，主要研究方向为经济社会文化发展等。

一　盐渎古镇简介

盐渎古镇位于大洋湾生态旅游景区的中心位置，位于盐城市区，距盐城南洋国际机场 2 千米，距盐城站火车站 5 千米，交通十分便利。

盐渎古镇是一座充满古典韵味的小镇，一面沿水，两面环路，整座古镇由 37 栋单体建筑组成，包含 17 栋徽派古民居，观贤堂、敦怡堂、慎耻堂、桂復堂、和顺堂 5 栋四合院以及 15 栋新建仿古建筑，为“绿水瀛洲”的大洋湾增添了古朴厚重的传承之美。

盐渎古镇也是一座集“演、展、商”于一体的演艺小镇，在这里，游客们不仅可以泡馆、看戏，还可以体验民国时期盐城的市井文化，一起大话盐渎。电影级沉浸式旅游演艺节目《盐渎往事》，带领游客探寻时代文化经典，展现民国风情画卷，谱写盐城精神华章，重温盐渎百年往事。《盐渎往事》借助故事再现和情节演艺等艺术表现手法，以古镇顾、凌两大家族儿女的婚事变化为线索，展现古镇背后的制盐历史和世事纠葛。通过全场景化包装、电影级沉浸式体验、全新的互动式玩法，还原民国时期盐城人民的生活图景。游客可以进入故事之中，感受民国生活细节，体验盐城的烟火气息，感受盐城独特的盐文化底蕴。

二　盐渎古镇传统建筑文化解析

大洋湾生态旅游景区坚持“两创”方针，深耕人文沃土，大力发展盐渎历史文化。为丰富盐渎古镇民国场景、集中展现民国风貌，打造民国风情小镇沉浸式“演、展、商”空间，景区在古镇内复原、修建 22 栋古宅，又新建了 15 栋仿古建筑，形成了古建筑群，构建起充满民国风情的大型古镇。走进盐渎古镇，犹如进入一幅充满民国历史风情的画卷，这里融合了清末民初的老盐城特色，飞檐翘角、青瓦白墙、砖雕门楼的古建筑，青石板铺就的甬道，墙壁上的旗袍画，路边的老式邮筒，街角的黄包车以及电影院、茶楼、票号等，处处显露出别致的风情和韵味。

（一）蕴含中华优秀传统文化的明清古宅

在“让历史文物活起来”的责任感驱使下，多年来，北京锦龙堂文化艺术传播中心的马兆余先生先后赴江西、安徽、山西等地踏查古迹，研究古代民居。在他及相关人员的努力下，22 栋明清时期留存至今的残破的老房子，被整体迁移到古镇并进行复原。古镇充分挖掘这些老房子的历史余韵，赋予其新的文化内涵，为大洋湾生态旅游景区增添了古典之美。在盐渎古镇，中国古代建筑的结构特征、工艺特点、施工方式、细节设置，以及当时人们的生活方式和对美好生活的追求体现得淋漓尽致，一栋又一栋历尽沧桑的老房子焕发出新的光彩，再现中华优秀传统文化的辉煌。

1. 天圆地方——桂復堂

佳復堂原建于江西抚州，是翰林院庶吉士许廷桂的老宅，同治四年（1865 年）建成。该建筑为三进院徽式建筑，建筑入口朝东，占地面积约 440 平方米，平面布局方整，中为厅堂。青砖白墙黛瓦、高墙小窗，整体建筑风格清新典雅。

桂復堂墙高宅深，檐飞角翘，木雕、砖雕、石雕古朴典雅，栩栩如生。区别于普通徽派民居，桂復堂的楼阁阶梯不设在主厅两侧，而设在与主厅相连的左右厢房里，由此可见当年宅子主人生活的排场相当大。这种宅院堪称江南明清建筑的杰作。

宅院内的木雕、石雕和砖雕都精细唯美，细节处无不透露着古人的智慧和匠心。除此之外，徽派建筑最讲究的是天井和采光。在桂復堂里有三道天井，第一道进门的天井，采集照下的阳光，表示采天之光；第二道天井，根据井口的光计量时间；第三道天井，阳光照射着潺潺流水，意味着“肥水不流外人田”。徽商把天井的水流视作滚滚财源，因此“天井”也展现了徽商聚集财富的文化观念。

值得一提的是，区别于其他徽派建筑四四方方的天井结构，桂復堂的第一道天井呈椭圆形，有中国传统文化中的“天圆地方”之意。天井共分为上中下三层，最下层为莲花宝座，莲花宝座上面一层是振翅鳌鱼，鳌鱼上飞托着各路神仙，造型精巧，栩栩如生。

2. 翘首长空马头墙——敦怡堂

敦怡堂原宅建于清咸丰年间，是进士方启宽的故居。该宅院为二进院徽式建筑，砖木结构，面积480平方米。

“小桥流水桃源家，粉墙黛瓦马头墙”，马头墙是徽派建筑的标志，形状极具艺术感。敦怡堂的马头墙遮盖面广，在防火防盗的同时，还具有分割住宅空间、排除雨水、吸热采光、冬日御寒、夏日降暑的作用。高大封闭的墙体，因为马头墙的遮挡而显得错落有致，简洁的黑白对比在不经意之间传递着“阴阳调和”的哲学思想，编织着婉约的水墨之韵。

进入宅内，映入眼帘的是徽派建筑另一大特色——“开合式天井”。天井完善了住宅的通风、采光功能，使天、地、家融为一体。天井收纳的雨水会落入院中水井，水代表财，意味着财不外漏。而且，天井收纳的雨水在院内构成了一个循环水系统，可保证不时之需。各进皆开天井，采光通风，亦有“四水归堂”的吉祥寓意。人们坐在室内，可以晨沐朝霞、夜观星斗。经过天井的“二次折光”，宅院内光线柔和，给人以静谧之感。

二进，宅内天井处形成一池塘，流觞曲水滋润着院内的古树、花蹊，再配以水池、假山和亭阁桥榭，便形成一方灵动幽静的小天地。室内空间分割全部采用木质结构，木刻雕工精美无比。装饰在门罩、窗楣、梁柱及窗扇上的砖雕、木雕、石雕，工艺精湛，形式多样，造型逼真，栩栩如生。无论是建筑上能工巧匠们的雕刻还是古朴典雅的环境，都能让人感受到慢生活的魅力。

3. 巧夺天工——和顺堂

和顺堂建于清咸丰年间，面积约357平方米，原址在江西婺源，是清末婺源著名茶商余德和的老宅。

徽商主要经营盐、茶、木等产品，婺源茶商则是徽商中的一支劲旅，余德和作为茶商中的佼佼者，以其精工细作的茶叶、出色的经营方式在当地颇负盛名，其茶叶远销各地。婺源是中国迄今古建筑保存较多且较完好的地方之一。其建筑为典型的徽派风格，极具历史价值。在修复余德和老宅时，使用的材料主要是从婺源搬迁来的旧材料，按照当年的风格，保持原宅风貌。对室内一些陈腐的木质材料，以新的木材取代。凡保存完好的雕刻均保持原貌，对部分损坏严重的雕刻，则聘请现代雕刻大师按图复原，使婺源的建筑文化再现盐城大洋湾生态旅游景区。现在盐城当地人不用远赴徽地，到景区就能欣赏到精妙绝伦的徽派建筑。

“青砖小瓦马头墙，回廊挂落花格窗。”典雅、精致的徽派建筑，作为中国传统建筑的精华，曾惊艳了数百年的时光。中国古建筑就像一个容器，承载着中华传统文化，这些文化在等着我们去发掘和传承，青砖黛瓦、古韵悠悠的和顺堂现在已成为展示清代中晚期江南和浙闽地区婚俗用品的古家具展览馆，游客在欣赏建筑之美的同时，还可以近距离地观赏到原木家具上的漆画、木雕等工艺。

4. 典雅大方——慎耻堂

慎耻堂原宅建于江西九江，光绪十七年（1891 年）建成，是修水县茶商罗坤化的旧宅。该宅院为二进院徽式建筑，面积约 450 平方米。

罗氏家族为当地大族，经营粮食、茶叶，同时十分注重读书科举。据村里老人回忆，罗氏家族过去曾把茶叶生意做得很大，尤其红茶远销海外。罗坤化被称为“茶大王”，他擅长制茶，他的茶有“太子茶”之称。他制作的红茶曾被作为俄国皇室饮品，并得到俄国太子“茶盖中华，价高天下”的金匾相赠。

岁月沧桑，原宅因年久失修，砖木结构数处破损，一些雕刻已斑驳或被腐蚀，梁栋上的部分雕花图案被人为铲除、毁坏。工艺大师历经数百次探讨研究和精心修复方将老宅恢复原貌。慎耻堂整体看上去黑瓦白墙，色彩典雅大方，飞檐翘角的屋宇与木雕楹柱融为一体，进入老宅仿佛置身于一幅水墨画中。

5. 晋派合院式风格——孝忠堂

孝忠堂始建于雍正八年（1730 年），修缮于嘉庆五年（1800 年），占地面积621平方米，建筑面积385平方米。旧主翟红原，在西北三省经营丝绸、布匹、粮店，在兰州市有多家店铺，民国后家庭败落。

孝忠堂坐北朝南，建筑风格为硬山式三进院，当年为祭祖所用。东西厢房又称正堂院，为原配夫人居所。整座院落气势雄伟，是集民居、民艺于一体的典型清式晋派风格的建筑。

6. 清雅细腻婺源建筑——顺行堂

顺行堂原建于清同治年间，为清代进士张蒲后人的老宅，老宅为二进院徽式建筑，面积628平方米。

老宅承继明代婺源建筑风格，灰瓦叠叠，白墙片片，黑白相间，飞檐斗角，青砖与砖雕相嵌，色调清雅。老宅的门楣三雕（石雕、木雕、砖雕）堪称中国古建筑雕刻中的典范，不仅用材考究，做工精美，而且风格独特，造型典雅。老宅梁、柱、窗上的浅雕、深雕、浮雕、透雕、圆雕形成的图案多达60组，刀功细腻，工艺精湛，有着深厚的文化内涵和较高的艺术价值。

7. 粉墙黛瓦徽派民居——慎义堂

慎义堂建于清同治至光绪年间，为江西鄱阳名商李家旧宅，是二进院徽式建筑，面积575平方米。

慎义堂为典型徽派民居，粉墙黛瓦，庭院围合，正中堂屋，两侧厢房。天井置水缸，既有消防之用，还有“肥水不流外人田”的意思，这也体现了徽州商人之家传统的财富不外流之愿望。

8. 高宅深井大厅式古堡——福彩聚

福彩聚建于清咸丰年间，是江西万年江家旧宅，面积544平方米。

江家曾为地方大族，族内有光绪年间进士江廷燮。此宅黛瓦粉壁，以砖雕、木雕、石雕为装饰，充分展现了古时徽州独特的人文环境和自然风光。其隔窗门绦环板，有人物、仙禽、花鸟图案，构图优美，刻工精细。挑檐木雕花草和祥禽纹样各具神韵，展示了当年工匠的精湛手艺。

宅院为一进院徽式建筑。远望似一座古堡，房屋除大门外，只开少数窗，采光主要靠天井。建筑外立面上覆盖有鱼鳞般的小青瓦，俗称“鱼鳞瓦”，鱼鳞瓦使屋顶显得鳞次栉比，是徽州典型的瓦作方法。

9. 赣派徽派宫廷建筑集合体——学养堂

学养堂乃浙江衢州刘氏家族祠堂，占地面积2490.3平方米。建于清嘉庆年间，历经两代人20多年才建成。

厅堂主体三层均挑空，多梁柱支撑。厅堂上挂“学养堂”匾额，门罩用砖木两雕装饰。第二层设有戏台。在挑空的每一层都有宽大的横梁，横梁上都有刻着戏文人物的木雕，木雕刻画的故事场面宏大、人物众多，采用高浮雕、透雕以及线刻等多种表现手法，人物神态栩栩如生。三开间的门廊上有高耸的牌楼，如意斗拱承托起翘角飞檐。宅院处处精工细作，突显工匠手艺高超。

10. 中庸调和——仁和堂

仁和堂原宅建于清嘉庆年间，是董家旧宅，徽式建筑，砖木结构，面积达720平方米。

仁和堂由两代人共建而成，折中调和的处世态度在这座古民居的布局上表现得很鲜明。宅院围绕一条中轴线对称布局。中央是堂屋，两侧为厢房。庭院围合的形式体现了人们的精神寄托与社会文化底蕴。仁和堂整体建筑为木制，上面的雕梁画栋非常精细。正房的窗子上雕刻着百鸟朝凤的图案，寓意吉祥如意。厢房的柱子上雕刻着百兽绕庭，并以龟虾做陪衬，反映了宅院主人对家族人丁兴旺的期盼。

11. 家和兴万事——丰润堂

丰润堂于同治九年建成，为徽式建筑，江西抚州江氏老宅，面积336平方米，面宽14.25米，进深23.15米。

江氏为抚州儒商，族中曾出音韵学家江永。厅堂梁枋全部木雕装饰，梁有雕刻精致的梁托，梁柱之间饰有木雕挂钩，雕工精细。大梁上雕刻有“穆桂英戏挑杨宗保”戏剧图案，人物栩栩如生。整个木雕突出“家和万事兴”主题。窗上刻有狮子滚绣球和鲤鱼跃龙门图案，额枋、平板枋上都刻有如意卷草纹，细腻传神，反映了宅子主人耕读生活的心境和吉祥如意的愿望。

12. 细腻传奇忠义浪漫——善存缘

善存缘建于清咸丰年间，为江西赣州胡氏家族旧宅（胡化鹍后人），砖木结构，徽式建筑，面积 953 平方米。古宅雕梁画栋，处处体现出细腻、传奇、忠义、浪漫的气质。

13. 飞檐翘角素雅稳重——乐福厅

乐福厅建于清道光年间，为江西景德镇李家旧宅，徽式建筑，砖木结构，面积达 798 平方米。

老宅的木雕、石雕图案为民间风俗题材，虽经岁月洗礼，但雕刻的人物、花卉、山水依旧表现力十足，雕工精细，栩栩如生。飞檐翘角的屋宇，明朗而素雅，整体色调平淡，耐人寻味。乐福厅门罩整体做彩绘修饰，稳重洗练。屋脊端部有鳌鱼，檐部额枋等处都有各种花卉卷草装饰，整体彩绘色彩绚丽而不失雅致。

14. 歇山牌楼东方韵——适时堂

适时堂为江西丰城芦荻曹家旧宅，徽式建筑，砖木结构，面积 633 平方米。

曹家为本地有名的药材商，族内有人经商但更重读书，清乾隆年间进士曹城便是读书有成的代表之一。原宅建于清光绪年间，为三间四柱歇山顶牌楼式。老宅历经多年风雨洗礼，风采依旧，古韵犹存。适时堂这个名字非常能够体现这个家族的职业特征，因中医治病，强调因时制宜，即“适时”。为人处世也是如此。适时堂为我们塑造了一个具有东方人文特色的精神世界，具备很高的艺术价值。

15. 雕法融合吉祥居——隆兴堂

隆兴堂为江西乐平商人韩家旧宅，为二进院徽式建筑，清嘉庆年间建造，面积 776 平方米。

隆兴堂大门木构架门罩制作巧妙，屋内梁柱、斗拱漏窗及前后石栏天井工艺考究。门罩用砖、木两雕，突出吉祥寓意，采用深浅浮雕和透雕等技法，沉稳饱满，工整生动。屋内梁柱斗拱漏窗为沥金卷草纹饰。正厅隔扇门细部及绦环板、裙板采用浅浮雕细草纹，风格古朴。厢房门楣雕花卉、花瓶，象征平安富贵的花瓶与花卉图案布局舒展，刀工细腻，别具匠心。

16. 坦直旷荡四合院——禄盛堂

禄盛堂为晋派建筑。旧主赵姓做毛毡生意发家。该宅院始建于乾隆二十五年（1760 年），修缮于咸丰十年（1860 年）。

建筑整体为硬山式二进院，砖木结构，二宅是主院，土地改革时期被没收成为集体库房，拆迁时一进院落已不存在。四合院是中国的一种传统合院式建筑，由于建筑格局为一个院子四面建有房屋，房屋从四面将庭院合围在中间，故名四合院。青砖、黛瓦和白墙，精美的砖雕装饰，色调清雅，具有一种质朴、淡雅、宁静的美感。门口“坦荡”牌匾，意为坦直旷荡，体现了宅院主人的为人处世之道。

17. 连廊环通晋民居——诚仁堂

诚仁堂原址位于山西省运城市盐湖区苦池村，始建于万历二十年（1592 年），修缮扩建于康熙八年（1669 年），后又经多次修缮，最后一次修缮于民国三年（1914 年），占地面积约 3000 平方米，建筑面积约 2000 平方米。旧主陈姓为当地有名的盐商。

现存建筑是在苦池村整体拆建时收购迁来的，是苦池村面积最大、建筑最宏伟的一座院落，占地面积约 621 平方米，建筑面积约 414 平方米，正房为扩耳五间，东西厢房为三间插廊，均为砖木结构。建筑下部为砖墙饰面，上部涂料粉刷，内部木构架连廊环通，木格栅门窗装饰。入口斗拱门头结合砖雕照壁，营造北方建筑气势，额枋雕刻精美，砖雕造型独特。

18. 悬山卷棚杨氏宅——贤德堂

贤德堂位于山西省新绛县泽掌镇北苏村，旧主杨可荐。杨可荐曾为京官，后人布于河南开封、洛阳，开设票局、钱局、瓷器店、布店。贤德堂始建于乾隆十年（1745 年），建筑面积 429 平方米。建筑风格为悬山卷棚式，屋架及承重梁均为砖木结构，四面插廊，廊柱均一字排开，每根露明柱下有精美的须弥座做柱基石，木雕、石雕、砖雕精美大方，原建筑左右跨院（账房、库房、厨房）收购时已不存在。

19. 古雅简洁富丽楠木柱——澍德堂

澍德堂为三进院徽式建筑，江西吉安市吉水县曾家后人旧宅，占地580平方米。

曾家为当地大姓，明代曾有“一门三进士”之美名。此宅为二层建筑，青砖灰瓦。平面布局简洁实用，五竖三间式，房屋内部均为木架结构，门檐窗棂有石雕、木雕装饰。庭院天井植树养花。澍德堂在材质上极其考究，室内的柱子全部为珍贵的金丝楠木。木雕工艺极为精细，天头、漏窗都用穿花。装饰手法有“锯空双面雕”“拼斗雕”“斗嵌雕”等。中堂皆开天井，通过天井采光通风，亦有“四水归堂”的吉祥寓意。建筑整体色调清雅，集古雅、简洁与富丽于一身。

20. 别具一格细雕琢——惠存堂

惠存堂为三进院徽式建筑，江西鹰潭王家旧宅。砖木结构，面积664平方米。经由进士王恩注父子两代人修建而成。此宅防火防盗冬暖夏凉，院内木雕、砖雕别具一格，细部刻画生动，所雕花卉卷草纹饰、人物戏曲典故、山水造景工艺精巧，清新淡雅，栩栩如生，显示了工匠高超的雕刻工艺。

21. 富丽堂皇古戏楼——观贤堂

观贤堂为盐渎古镇面积最大的建筑。这座来自明代戏剧大师汤显祖故乡江西临川的古戏台占地2200平方米，为纯砖木结构，徽派三雕见诸各处，雕刻不同于其他建筑，且被能工巧匠上了颜色，历经百年风雨而不褪色，富丽堂皇。观贤堂主体建筑有二层，每层各十六间房，以中轴线对称分布，面阔五间，中为厅堂，两侧为室，含戏台和大天井，为古时传统戏曲演出场地。

迈步观贤堂便可看到“德懋杖乡”的牌匾。“德懋”就是对德行的赞美。“杖乡”源于《礼记・王制》：“五十杖于家，六十杖于乡，七十杖于国，八十杖于朝。”

进入观贤堂二进天井，映入眼帘的是一面刻于清朝道光年间的石墙，石墙上所刻内容为《朱子家训》，共有631字，以名言警句的形式呈现，内容与治理家庭和教育子女相关，诠释了中国几千年来形成的道德教育思想。天井下面形成一片池塘，池塘中有小船载着群花装饰，为古宅增添了一丝情调和典雅。

戏台是观贤堂中最主要的建筑，坐南面北，三面两层，围楼上下皆可提供最佳的观赏席位和观赏角度。舞台以“布局之工、结构之巧、装饰之美、营造之精”而被世人称奇。台面挑檐、额枋间布满装饰的斗拱或斜撑雕刻着各种戏文、花鸟图案。两侧看台长廊由石柱或木柱擎起，观戏楼饰以精巧的木雕花板及花鸟虫鱼油漆彩画，整个戏园就是一座木雕的“博物馆”。

古戏楼在中国的戏剧文化发展史上起着重要的传播和传承作用。古老的戏楼经历过中国戏曲的辉煌时期，也目睹过当年人们最鲜活的民俗生态。时至今日，在历经多年岁月后，古戏楼再次迎来蓬勃发展时期，它结合网红打卡、主题演艺等，带领广大游客体验盐城独特的盐文化底蕴。

22. 开合天井过廊连——首望楼

首望楼原址位于福建南平，为二进院徽式建筑，目前是一个私人会所。砖木结构，面积 480 平方米。

开合式天井是徽派民居的独特形式，天井两端是过廊，两边各置一小门，天井四周用方形石柱承托檐桁。从天井上一台阶进入中栋大厅，大厅六柱五开间，中三间为明堂，两侧置厢房，中置花鸟、山水、人物雕花屏门。厅堂前后横梁上悬挂着“星见老人”牌匾。室内空间分割全部采用木质结构，木刻雕工，精美无比，有人物、山水、花鸟、走兽图案，一幅图，一段故事，一种寓意，为古宅增添了丰富的人文色彩。

（二）充满民国风情的仿古建筑

为打造民国风情小镇沉浸式展演空间，盐渎古镇商业街区沿街建立了祥和相馆、花好月圆（婚纱写真摄影店）、民国风情文化产业综合体、玛蔻空间咖啡馆、悦洋布行（旗袍体验馆）、洋湾时光歌舞厅、大名堂小吃中心等15 栋仿古建筑，来丰富盐渎古镇民国场景，集中展现民国风貌，使游客得以体验民国文化风情和盐城特色文化，延续城市历史文脉。

玛蔻空间咖啡馆经营咖啡甜食、网红书店、精酿啤酒、定制轻食、玛蔻文创等，是适合各类团体开展沙龙交流活动的人文艺术空间。

老城记忆主营以大型沉浸式系列演出《盐渎往事》为 IP 设计定制的盐渎文创系列产品，包括仿民国时期的八音盒、火柴、香烟盒、金属制书签、小人书、信封、信纸、笔等。

花好月圆（婚纱写真摄影店）利用大洋湾生态旅游景区环境优势，结合盐渎古镇民国主题特色，为新人提供婚纱摄影、户外婚礼等服务，为游客提供个人以及团体写真拍摄服务。

喜结良缘（汉服体验馆）内有儿童、成人汉服以及相关配饰、道具，在展示汉服文化的同时，也提供汉服租赁服务，带给游客不一样的游玩体验。

悦洋布行（旗袍体验馆）系古镇特色民国换装体验中心和旗袍展览中心。游客在馆内可以详细了解旗袍的发展历程，交流对传统文化的感悟，更好地了解和传承旗袍文化。

民国风情文化产业综合体位于盐渎古镇鱼市口广场西侧，由朝花夕拾茶庄、剧本杀体验馆、大顺昌南北货、大光明电影院组成。朝花夕拾茶庄为复古式装修风格，销售大碗茶、各地名茶以及茶具、茶宠、茶叶，配以坚果、糕点等，游客可以在这里体验民国市井风情。剧本杀体验馆以盐渎往事为故事背景改编形成沉浸式剧本，集角色扮演、推理、查证等元素于一体，通过换装、实景还原、真人 NPC（非玩家角色）演绎、音乐烘托等方式带给游客沉浸式体验。大顺昌南北货有民国时期的老物件、玩具、旅游小商品等各类商品多达几百种，展现民国时期人们的日常生活。大光明电影院播放民国时期电影及影像资料，让游客更多地了解民国历史，帮助青少年学习近现代史。

祥和相馆采用发明于 170 多年前的湿版摄影技术，还原古老影像。游客在此不仅可以体验用民国“倒影”成像的相机拍照，还可以亲自参与胶片冲洗，趣味性十足。

洋湾时光歌舞厅是盐渎古镇网红打卡点之一，也是大型沉浸式系列演出《盐渎往事》的演出空间之一。在洋湾时光歌舞厅，光影摇晃、霓虹闪烁，

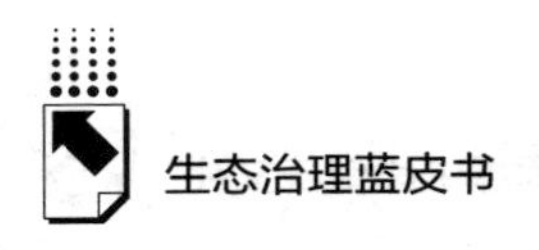

台上精彩节目轮番上演，台下觥筹交错。这是完全不同于古镇风情的另一番天地。这里的演出节目《洋湾时光》，展现了民国时期盐渎盐工们在辛勤劳作一天后，来到洋湾时光歌舞厅享受幸福时光的场景。

三　盐渎古镇周边的其他古建筑

（一）全国首座金丝楠木四合院

盐渎古镇的金丝楠木四合院是全国首座全部采用金丝楠木打造的四合院，于2018年春季落成。该院落按照北京传统四合院二进院落方式布局，占地面积1000多平方米，建筑面积近700平方米，耗用金丝楠木600多立方米。除金丝楠木外，该院落还大量选用质地坚硬、颜色洁白的汉白玉打造台阶、雕栏，屋顶上方采用金色的琉璃瓦，三种主要建筑材料相互映衬、相得益彰，尽显华贵、典雅气质。整座四合院用传统木雕工艺制作各类挂落隔断，梁上挂落采用“岁寒三友”的造型，四周隔断则是“四君子”，与金丝楠木的融合更使得院落气质不凡。

目前，我国有幸遗存下来的金丝楠木建筑已是寥若晨星，以金丝楠木为主要材料的四合院建筑更是稀少。盐渎古镇的金丝楠木四合院将成为展现中华传统文化的有效载体，代代流传。

（二）登瀛阁

大洋湾因海成陆、因海成湾，登瀛阁是盐城及大洋湾海盐文化的象征。古盐城又称为“瀛洲”，据《山海经》记载，古时候海上有三座神山，分别是方丈、瀛洲与蓬莱，“瀛洲”有“海上之仙山”的意思，登瀛阁便是“登临仙山之阁”的意思。登瀛阁让中国这座没有山的城市——盐城多了“山景”。

登瀛阁地上建筑面积973平方米，地下建筑面积981平方米；地上建筑层数为5层，地下建筑层数为1层；建筑高度33米，檐口高度28米，土山高度 15 米，总高度为 47.68 米。一层正门檐下匾额“登瀛阁”，由中国书法院院长管峻题写。由原文化部副部长、故宫博物院原院长、中华诗词学会原会长郑欣淼先生所撰写的楹联描述了高阁流丹、凌云望鹤，赞叹湖光山色，起到画龙点睛的作用。登瀛阁的西侧便是人工瀑布，飞流直下时“银珠”落地，蔚为壮观。

（三）重现盛唐景象的唐渎里

唐渎里是从传统文化和当地民俗中提取旅游休闲元素，结合地块的水文化，生动呈现东方美学，采用唐风院落和街巷的表达方式打造而成的。唐渎里包含 15 栋单体建筑，其中最大单体建筑面积为 3133 平方米。唐渎里融合了街、道、巷、坊、楼、亭、桥等唐代特色建筑和景观。水道、桥梁、雕塑、壁画、绿化植被、街道装饰、区域公用设施等，无一不展盛唐之姿，重现盛唐的风俗人情。

（四）明清建筑风格的孔园

孔园是为纪念清代著名戏曲作家孔尚任而建的。孔园位于小洋湖水面东侧岸边的小岛上，四面环水，是一座集游览、住宿、餐饮、会展多功能于一体的园林式建筑群。孔园占地面积约 7700 平方米，建筑面积为 30285 平方米。孔园规划设计精致考究，为传统木结构形式，明清风格，分为内园和外园。整个孔园碧水如镜，置身其中，有世外桃源之感。

（五）江南园林远香堂

远香堂是小洋湖内一处大体量、多单元、江南园林式建筑群，也是集游览、住宿、餐饮等多功能于一体的服务中心。“远香”，源于宋代周敦颐《爱莲说》中名句“中通外直，不蔓不枝，香远益清，亭亭净植”。远香堂北面有亲水的大平台，游人至此，豁然开朗，环顾四周，池水碧波，台亭廊榭，毕呈眼前。

（六）古典园林岸芷人家

岸芷人家是樱花园的园中园，取名于范仲淹《岳阳楼记》中的“岸芷汀兰，郁郁青青”。岸芷与汀兰都是指水边的美丽的花，意指品德高尚、谦让有礼的人。建筑设计采用明清风格仿古结构，分为东西两进院落。两端设有二层茶楼，中进为主厅，两侧设雅间，可供游人用餐品茗。园中建筑高低错落，丰富多变，以古典园林叠山理水的造园手法，沿文人园轨辙，以淡雅相尚。

（七）汉唐风格的景区西大门

大洋湾生态旅游景区西大门俗称“山门”，共由5座汉唐风格的建筑组成，总体建筑面积4700平方米，主要包括主入口门楼、票务中心、游客中心、导游服务中心等。主入口门楼采用重檐庑殿顶，高16米，由五座门洞组成。门楼上方的“大洋湾”三个鎏金大字，由中国书法家协会原名誉主席沈鹏先生题写。

四　盐渎古镇古建筑风格

盐渎古镇的古建筑以徽派建筑为主，体现了传统建筑的稳固性、古朴典雅的韵味以及独特的文化内涵。这些古建筑不仅是历史的见证，也是文化的传承。

（一）古建筑的艺术特征

古建筑是盐渎古镇传统文化的重要组成部分，其独特的艺术特征彰显了中华传统文化的辉煌历史。盐渎古镇的古建筑以徽派建筑为主，具有浓郁的江南水乡风情。在这些建筑中，我们可以看到精美的琉璃瓦、雕刻精细的木结构和青砖石砌成的墙壁，体会江南地区特有的建筑风格和工艺技艺。盐渎古镇的古建筑还融合了明清时期的建筑理念和风格，展现出时代变迁的历史韵味。

在整个盐渎古镇区域内，建筑物之间错落有致，形成了独特的街巷景观，给游客带来了丰富的观光体验。另外，这些古建筑大多采用了庭院式布局，围绕着中庭而建，使室内外空间得到充分地利用。在建筑的细节设计上，建筑师们注重对称和平衡，通过巧妙的造型和比例关系，赋予建筑艺术美感。

盐渎古镇的古建筑还注重传统文化的表达与传承。在建筑的装饰与雕刻中，游客能看到大量的精美图案和纹饰，如花鸟、人物、山水等，这些图案和纹饰既体现了中国传统绘画的特色，又表达了人们对美好生活的向往和追求。古建筑中的文化元素也贯穿于建筑的各个细节之中，如对称的门廊、精美的窗花等，展现了中华传统文化的博大精深和丰富内涵。

（二）古建筑的保护现状

盐渎古镇作为大洋湾生态旅游景区的一部分，承载着丰富的传统文化和历史遗迹。在保护古建筑方面，盐渎古镇采取了一系列措施。

盐渎古镇加强了对古建筑的修复和保护工作。根据古建筑的年代和状况，盐渎古镇将修复计划分为不同的阶段，对于需要修复的古建筑进行相应的维修工作。在修复过程中，盐渎古镇注重保持古建筑的原貌和风格，力求保留古建筑的历史特色。

盐渎古镇注重古建筑的周边设施建设。为了更好地展示古建筑的魅力，盐渎古镇进行了景观改造，仿建了 15 栋民国建筑，对建筑周边的道路和景观进行了绿化和美化。在建筑周边建设了休闲区，为游客提供更好的游览环境，也为古建筑的保护提供了更多的保障。

盐渎古镇建立了专门的保护机构和管理团队，负责古建筑的保护和管理工作。这些机构和团队具备专业的知识和技能，能够对古建筑进行科学的保护和管理。盐渎古镇还加强了与相关研究机构和专家的合作，通过共同研究和交流，提升古建筑保护的水平。

盐渎古镇采取了一系列措施来保护古建筑。这些努力不仅为古建筑的修复和保护提供了有效的手段，也为古建筑的传承与发展创造了有利的环境。我们相信，在景区的努力下，这些古建筑将继续展现辉煌的中华传统文化。

五　盐渎古镇文化产业的发展与创新

盐渎古镇充分挖掘和传承当地的传统文化，通过保护和修复古建筑，举办展览、文物鉴赏等各种文化活动，让游客深入了解和认识盐城的历史文化底蕴。推出《盐渎往事》电影级沉浸式旅游演艺节目，通过声光电等现代科技手段，将传统文化与现代艺术相结合，为游客带来全新的视听体验，进一步弘扬和传承传统文化，推动当地文化产业的繁荣和发展。

（一）活用古建筑，展示历史文化魅力

大洋湾生态旅游景区为了提升游客体验感、丰富景区文化内容，将盐渎古镇中敦怡堂、慎耻堂、桂復堂、和顺堂这四栋古建筑分别打造成古文物展馆、三贤堂、古钱币展览馆、古家具展览馆。这里的藏品，彰显了中华文化的辉煌，为后人留下一段看得见的历史，让更多的人了解这些藏品及其背后的故事和蕴含的文化魅力。

古文物展馆。景区将敦怡堂打造成古文物展馆，展出不同时代的瓷器、青铜器、字画、宝剑等。

三贤堂。人杰地灵的盐城孕育出了在书法界享有盛名的三位杰出代表—宋曹、高二适和胡公石。为了纪念他们，景区将慎耻堂打造为三贤堂，展示他们的书法造诣和人格气节，弘扬书法艺术。

古钱币展览馆。在桂復堂，古钱币展览馆展示了由盐城市收藏家协会原副会长徐守璜先生提供的从先秦到中华人民共和国第五套人民币发布这段时间的不同时期的货币。在展馆内，可以观看讲述徐守璜先生生平的纪录片，了解他收藏古钱币的心路历程，感受古钱币带来的无穷魅力。置身展馆，既能领略收藏的乐趣和价值，又有一种穿越时空的感觉，长知识、开眼界。

古家具展览馆。景区将和顺堂打造成展示清代中晚期江南和浙闽地区婚俗用品的古家具展览馆。展览馆以场景呈现、半开放陈列方式展示拔步床、架子床等精美古床和木雕椅、木雕柜及其他各式精美木雕家具。

（二）创新演艺方式，让文化直抵人心

《盐渎往事》由日间演出及夜间演出两部分组成。日间演出，在古镇鱼市口广场、滨河河畔、滨河码头、车船总站四大室外片区及观贤堂、适时堂、乐福厅、慎耻堂、仁和堂和洋湾时光歌舞厅六大宅院展开。四大室外片区通过《盐渎盛典》《古宅情愫》《新盐远航》《时光驿站》为观众重现了盐渎烟火，六个独具特色的古宅剧场通过《祠堂好戏》《锦书情思》《奇闻趣事》《戏笑言语》《闺楼烟雨》《洋湾时光》分别演绎不同的故事内容，有的欢乐搞笑，有的浪漫唯美，有的怀旧写实，让游客在独特的环境中，沉浸于民国怀旧场景，感受那个时代人物的悲欢离合，体味盐渎烟火气。

夜间演出主要通过《古镇烟火》《光影情思》《棉盐似锦》《盐渎喜事》，让游客顺着剧情走向门楼街区、拱桥亭台、码头栈桥等，并不断进行场景变换，以话剧、歌舞、戏曲、淮剧等艺术融合表演形式，结合艺术灯光、全息投影、多媒体控制等方式，呈现不同人物形象，在有限的演出时间内表达无限的故事韵味，真正使游客沉浸其中，给观众带来震撼的视觉体验和精神享受。

（三）文物鉴赏，赓续海盐文化

文物鉴赏和文化赓续相辅相成。通过对盐城当地文物的深入鉴赏，可以更好地理解和感受海盐文化的独特魅力；通过传承和发展海盐文化，又可以为盐渎古镇的保护和发展注入新的动力。

近年来，我国民间文物收藏市场迎来一个黄金时期，盐城也不例外。2023 年 6 月 8 日，在观贤堂，中央电视台“一槌定音”栏目大型公益鉴宝海选活动如期进行。鉴宝海选征集的藏品品类包括瓷器、玉器、书画、杂项四大类，邀请书画鉴定专家李学伟、杂项鉴定专家杨宝杰、瓷器鉴定专家张

如兰、玉器鉴定专家师俊超现场免费为广大藏友鉴定手中的“宝物”。活动当天，来自盐城市各地的近千名藏友携带2000多件藏品参加鉴宝海选活动，活动现场秩序井然。活动中专家们不仅谨慎、认真地鉴定每件藏品，还积极向藏友们传授收藏与鉴别知识。

活动挖掘了一些海盐文化藏品，比如光绪十一年（1885年）的盐商执照。藏品充分展示了盐城深厚的文化底蕴，展现了盐阜大地的海盐文化、红色文化。活动为藏友们提供了一次与专家面对面交流的机会，对延续城市历史文脉、促进盐城民间收藏规范发展、保护和弘扬中华文化起到了积极作用。

六　盐渎古镇的当代价值

盐渎古镇作为一座充满古典韵味的小镇，其当代价值不仅体现在文化传承和保护方面，更体现在旅游开发与经济发展、社会教育与公共服务以及城市更新与可持续发展等多个方面。

（一）文化传承和保护价值

盐渎古镇的文化传承与保护价值不仅体现在学术研究、艺术审美、文化遗产保存等方面，还体现在旅游资源的开发、增强民族自信心等方面。因此，我们应该加强盐渎古镇的保护和传承，让这座充满历史文化韵味的小镇焕发出新的生机和活力。

1. 历史文化的传承

盐渎古镇保存了大量的历史文化遗产，如徽派古民居、四合院等，这些建筑不仅体现了当时的建筑风格和技艺，更承载着丰富的历史文化信息。通过对这些建筑的保护和传承，可以更好地了解和传承中华优秀传统文化。

2. 学术研究价值

通过对古镇的建筑风格、历史沿革、社会生活等方面进行研究，可以深入了解中国古代社会的物质文化、社会结构、生活习惯等方面的内容，为学术研究提供宝贵的实证材料。

3. 艺术审美价值

盐渎古镇的建筑、雕刻、装饰等艺术元素具有极高的艺术审美价值。这些元素不仅展示了中国古代工匠的精湛技艺，也体现了中国传统文化的审美观念和审美追求。对盐渎古镇的游览和欣赏，可以培养人们的艺术审美能力和审美情趣，提高人们的文化素养。

4. 旅游资源的开发

盐渎古镇作为一个充满历史文化韵味的旅游景点，也为旅游资源的开发提供了有力支持。通过对盐渎古镇的规划和开发，可以将其打造成为一个集旅游观光、文化交流、学术研究等功能于一体的旅游胜地，为当地经济发展注入新的活力。

5. 增强民族自信心

盐渎古镇是中国传统文化的重要载体之一，其保护和建设工作有助于增强民族自信心和自豪感。通过对盐渎古镇的宣传和推广，可以让更多人了解和认识中国传统文化，从而增强对民族文化的认同感和自信心。这对于推动中华民族伟大复兴具有重要意义。

（二）旅游开发与经济发展价值

通过科学规划和合理开发，可以充分发挥盐渎古镇的旅游资源优势，推动地方经济的繁荣和发展。

1. 旅游资源丰富

盐渎古镇以其独特的建筑风格、丰富的历史文化和民俗文化为游客提供了丰富的旅游体验。游客可以在盐渎古镇中欣赏到精美的古建筑、体验传统的民俗活动、品尝地道的特色美食、感受浓郁的历史文化氛围。

2. 提升地方知名度

盐渎古镇的旅游开发能够显著提升地方的知名度和美誉度。通过宣传推广，盐渎古镇的文化特色和旅游资源可以吸引更多的游客前来参观游览，进而提升整个地区的影响力。

3. 促进经济发展

盐渎古镇的建设对周边地区的经济发展具有积极的推动作用。游客的涌入将带动餐饮、住宿、交通等相关产业的发展，为当地创造更多的就业机会和经济收入。

4. 推动文化产业繁荣发展

盐渎古镇的旅游开发还可以推动文化产业的繁荣发展。通过挖掘盐渎古镇的文化内涵，开发具有地方特色的文化产品，可以丰富旅游业态，提高游客的满意度。同时，文化产业的发展也将为当地经济发展注入新的活力。

5. 促进城乡一体化

盐渎古镇的旅游开发有助于推动城乡一体化。通过加强盐渎古镇与周边乡村的联系和合作，可以进一步开发旅游资源，实现资源共享和优势互补，促进城乡经济的协调发展。

6. 提升居民生活质量

旅游开发将为盐渎古镇周边地区居民提供更多的就业机会和创业机会，提高他们的收入水平和生活质量。同时，旅游业的发展也将带动基础设施的改善和公共服务水平的提升，为当地居民创造更好的生活环境。

（三）社会教育与公共服务价值

盐渎古镇不仅是历史文化的传承地，也是发展社会教育和提升公共服务水平的重要平台。盐渎古镇可以为社会发展和文化繁荣作出积极贡献。

1. 社会教育价值

一是历史文化教育。盐渎古镇作为历史文化的载体，提供了直观的历史课堂。游客和当地居民可以通过参观盐渎古镇，了解古代社会的生活方式、建筑风格、手工技艺等，加深对传统文化的认识和理解。二是民俗文化教育。盐渎古镇的民俗活动、传统手工艺品等是对民俗文化的生动展示。这些活动或产品不仅可以让游客体验传统文化的魅力，还能促进民俗文化的传承和发展。三是青少年教育。盐渎古镇可以成为青少年学习历史、文化和传统知识的实践基地。通过组织研学旅行、社会实践等活动，让青少年亲身感受传统文化的魅力，培养青少年的爱国情怀和文化自信。

2. 公共服务价值

一是旅游服务。盐渎古镇为游客提供了完善的旅游服务设施，如住宿、餐饮、交通等，使游客能够在享受文化之旅的同时，得到便捷舒适的服务体验。二是休闲娱乐服务。盐渎古镇的宁静氛围和独特环境为当地居民提供了休闲娱乐的好去处。人们可以在此散步、品茶、欣赏古建筑，享受片刻的宁静和放松。三是社区服务。盐渎古镇不仅为游客服务，还为当地居民提供社区服务。如组织文化活动、社区聚会等，增强社区凝聚力和居民归属感。

（四）城市更新与可持续发展价值

盐渎古镇的城市更新与可持续发展价值在于优化城市功能、改善与保护生态环境、促进社会参与和文化创新与产业融合等方面。这些价值的实现将有助于提升盐渎古镇的品质和形象，推动其成为具有地方特色的历史文化名镇和旅游胜地。

1. 优化城市功能

随着城市的发展，盐渎古镇需要满足居民现代生活的需求，实现功能的优化。通过城市更新，可以完善古镇的基础设施建设，提高公共服务水平，改善居民的生活条件。同时，引入现代服务业，可以为古镇注入新的活力，促进经济的繁荣和发展。

2. 改善与保护生态环境

城市更新过程中，盐渎古镇更加注重生态环境的改善与保护。通过合理规划绿地、水系等自然要素，增加绿化面积，改善空气质量和水质，提高盐渎古镇的生态环境质量。这有助于提升居民的生活质量，吸引更多的游客前来游览，促进旅游业的可持续发展。

3. 促进社会参与

城市更新与可持续发展需要广泛的公众参与和共同治理。通过引导居民、企业、政府等各方力量共同参与盐渎古镇的保护与更新工作，可以形成多方共赢的局面。同时，可以建立有效的管理机制和监管体系，确保盐渎古镇的可持续发展。

4. 文化创新与产业融合

在保护传统文化的基础上，可以推动文化创新与产业融合。通过挖掘盐渎古镇的文化内涵和特色资源，开发具有地方特色的文化产品和服务，可以培育新的经济增长点。同时，可以加强文化产业与其他产业的融合，形成多元化的产业体系，提高盐渎古镇的竞争力和吸引力。

参考文献

[1] 卜红双：《建设中华民族现代文明的时代价值、内涵意蕴及路径支持》，《辽宁师范大学学报》（社会科学版）2024 年第 3 期。

[2] 鲁力、王桂娟：《中国式现代化视域下中华优秀传统文化的当代价值》，《学校党建与思想教育》2024 年第 4 期。

[3] 刘子龙、夏连虎：《中华优秀传统文化的当代价值及传承路径》，《嘉应文学》2023 年第 23 期。

[4] 中共中央宣传部：《习近平新时代中国特色社会主义思想学习纲要（2023 年版）》，学习出版社、人民出版社，2023。

[5] 张造群、李宗桂：《试论中华优秀传统文化的当代价值》，《中原文化研究》2023 年第 2 期。

[6] 巩文：《中华优秀传统文化的当代价值》，《文献与数据学报》2023 年第 3 期。

[7] 黄凯锋：《从“两创”“两个结合”到“贯通融通”——中华优秀传统文化发展新境界论析》，《上海市社会主义学院学报》2024 年第 1 期。

[8] 姚远：《在保护文化遗产中赓续中华文脉》，《人民日报》2024 年 6 月 3 日。

[9] 田玮：《地域文化视野下皖北临涣古镇建筑文化研究》，《佳木斯大学学报》（自然科学版）2024 年第 2 期。

[10] 邓杨夏、明庆忠、刘宏芳、史鹏飞：《旅游古镇感知文化元素的变迁特征及影响研究——以世界建筑文化遗产地沙溪古镇为例》，《黑龙江生态工程职业学院学报》2024 年第 3 期。

[11] 周益赟：《基于甬商记忆的庄市古镇当代价值及保护研究》，硕士学位论文，华中科技大学，2020。

B.11

大洋湾生态旅游景区以高品质生态环境支撑文化高质量发展

张　群*

摘　要： 良好的生态环境为文化发展提供了平台和源源不断的动力，而文化发展又能提升人们的环保意识，促进生态环境的保护和改善。大洋湾生态旅游景区通过将自然美景与文化遗产相结合、生物多样性保护与文化多样性保护相结合、环保理念与文化创新相结合，以及提升公民参与程度，实现了文化的高质量发展，并产生了显著的经济社会效益。未来，大洋湾生态旅游景区将继续推进文化建设，打造核心 IP，提升运营管理水平，优化资源组合，吸引游客，为实现文化传承和景区发展目标而努力。

关键词： 大洋湾生态旅游景区　生态环境　文化创新

一　以高品质生态环境支撑文化高质量发展的措施及成效

（一）将自然美景与文化遗产相结合

生态环境保护和文化发展之间存在着密切的关系。文化的繁荣需要一个良好的生态环境作为支撑，文化的传播和发展也能够带动居民环境保护意识的提升，促进环境保护行动的实施。保护好生态环境，有利于传承和发展文

---

* 张群，21 世纪马克思主义研究院经济社会文化发展战略研究中心副主任，主要研究方向为经济社会文化发展等。

化；而传承和发展文化也可以促进生态环境的改善和保护。只有重视生态环境和文化发展之间的关系，才能推动社会可持续发展。

大洋湾以其自然美景而闻名，碧波荡漾的湖水、郁郁葱葱的树林，每一处都展现着大自然的魅力。这样的自然美景不仅令人心旷神怡，也为当地的文化遗产注入了活力。

首先，景区的自然美景为文化遗产提供了绝佳的展示背景。比如，盐渎古镇观贤堂的古典大戏台，在湖光山色的映衬下更显古朴典雅，成为展示当地传统文化的重要场所。游客在欣赏自然风光的同时，也能领略到传统文化的魅力。

其次，自然美景与文化遗产的交融促进了文化的创新与传承。艺术家们从大洋湾的自然景色中汲取灵感，创作出具有地方特色的艺术作品，这些作品不仅展现了当地的自然风光，也融入了当地的历史文化和民俗风情。这种创新不仅丰富了当地的文化内涵，也为文化遗产的传承注入了新的活力。

再次，景区的自然美景还吸引了大量的游客前来观光旅游。游客在欣赏自然风光的同时，也能深入了解当地的历史文化和民俗风情。这种文化交流和传播进一步提升了当地文化的知名度和影响力。

最后，自然美景与文化遗产的交融为文化的高质量发展提供了独特而坚实的基础。通过保护和利用文化遗产，可以推动文化产业的繁荣和发展，为当地经济社会的可持续发展注入新的动力。

（二）将生物多样性保护与文化多样性保护相结合

首先，大洋湾生态旅游景区的生态环境为各种生物提供了栖息地，从而形成了丰富的生物群落，这种生物多样性使得大洋湾地区拥有了独特的自然景观和生态系统，为当地文化的多样性提供了自然基础。例如，湿地植物、湿地动物、湿地景观等共同构成了大洋湾地区独特的湿地文化。

其次，生态多样性促进了文化多样性，不同的生态环境会孕育不同的文化形态和文化表达方式。比如，生活在湿地附近的居民以捕鱼和种植为生，形成了独特的渔业文化和农耕文化；依托丰富的海洋资源形成了盐城独具特色的海盐文化。这些不同的文化形态相互交融、相互影响，共同构成了大洋湾地区多样性的文化。

最后，文化多样性反过来促进了生物多样性保护。在大洋湾地区，人们普遍认识到保护生态环境的重要性，并采取多种措施来保护当地的生态环境。这种对生态保护的重视也体现在文化领域，人们通过艺术创作、文化传承等方式来弘扬生态保护的理念，进一步推动生物多样性保护。

景区的生物多样性保护与文化多样性保护相互促进，不仅丰富了当地的文化内涵，也为当地文化的高质量发展提供了坚实的基础。

（三）环保理念与文化创新相结合

首先，坚持环保理念能够为文化创新提供思想基础。随着人们环保意识的不断提高，越来越多的文化创作者开始关注生态环境问题，并将其融入自己的作品中。他们通过艺术的方式表达对生态环境的关爱和敬畏之情，传递绿色、环保的生活理念。这种以环保为主题的文化创作不仅丰富了文化产品的内容，也有利于引导教育公众保护生态环境。

其次，环保理念与科技创新的结合为文化创新提供了技术支持。例如，利用现代科技手段对生态环境进行监测和保护，通过数字化技术将传统文化进行数字化保存和展示，这些创新举措不仅提高了环保工作的效率，也为文化创新提供了更多的手段和途径。

在大洋湾生态旅游景区，这种环保理念与文化创新的结合具体体现在以下几个方面。

一是生态旅游产品的创新。结合当地的自然环境和文化特色，开发能够体现环保理念的生态旅游产品。这些产品不仅满足了游客对自然风光的追求，也让他们在游览过程中感受到环保的重要性。

二是环保主题的文化活动。举办以环保为主题的文化活动，如环保摄影展、环保绘画比赛等。这些活动不仅吸引了众多摄影、绘画爱好者的参与，也提高了公众对环保问题的关注度。

三是传统文化的绿色传承。在传承和弘扬传统文化的过程中，要坚持环保理念。例如，在传统节日庆典活动中，采用环保材料和绿色装饰，减少对环境的影响；在传统文化表演中，融入环保元素和主题，传递绿色、环保的生活理念。

环保理念与文化创新的结合为大洋湾生态旅游景区文化的高质量发展提供了新的思路和方向。通过查找环保工作与文化创新的结合点，可以推动文化产业的可持续发展，为当地经济社会的繁荣和进步作出更大的贡献。

（四）促进社会参与

提高公众参与度有助于推动文化高质量发展。社会各个层面都积极参与文化保护与传承，不仅会促进文化的繁荣，也会增强民众对本土文化的自信心和自豪感。

首先，社会参与为文化的保护与传承提供坚实的基础。文化保护与传承不仅仅是政府的责任，更是全社会共同的责任。大洋湾地区的社区、学校、企业等各个社会主体都积极参与到文化活动中，通过组织文化展览、举办文化节、开展文化研学等方式，让更多人了解和参与到文化保护与传承中。这种广泛的社会参与不仅为文化的传承提供了更多的资源和力量，也增强了文化的社会影响力和传播力。

其次，社会参与能够促进文化自信。随着对本土文化的深入了解，民众对本土文化的自信心也会不断增强。他们会更加珍视本土文化，也会更加愿意展示和推广本土文化。这种文化自信不仅体现在对传统文化的尊重和保护上，也体现在对现代文化的创新和发展上。民众开始尝试将传统文化与现代元素相结合，创造具有地方特色的文化产品和文化服务，进一步丰富文化的内涵和形式。

在大洋湾生态旅游景区，社会层面主要通过以下方式参与文化保护与传承。

一是举办丰富多样的社区文化活动。社区是文化传承的重要阵地。在社区内经常组织各类文化活动，如传统手工艺展示、民俗表演等，不仅能够丰富居民的文化生活，也能让他们更加深入地了解本土文化。

二是加强学校教育。学校作为文化传承的重要场所，也应积极参与到文化保护与传承中来。大洋湾地区的学校通过开设文化课程、举办文化主题活动等方式，让学生从小就接受本土文化的熏陶和教育，增强他们的文化自信和归属感。

促进社会参与是增强文化自信、助推文化高质量发展的重要手段。广泛的社会参与，可以进一步推动文化的繁荣和发展。

（五）经济社会效益显著

大洋湾生态旅游景区的生态保护工作不仅带来了文化的繁荣，也产生了显著的经济社会效益。

一是经济效益提升。随着文化产业的蓬勃发展，大洋湾生态旅游景区的经济效益得到了显著提升。一方面，文旅产业成为当地重要的经济增长点。大量游客的到来带动了餐饮、住宿、交通等相关产业的发展，为当地创造了大量的就业机会和税收收入。另一方面，文化产业的发展推动了文化创意产品的开发和销售。这些产品不仅具有独特的文化内涵和艺术价值，满足了消费者对个性化和高品质文化产品的需求，也为当地带来了可观的经济收益。

二是社会影响力增强。文化的高质量发展不仅提升了盐城的经济水平，也增强了其社会影响力。首先，大洋湾生态旅游景区成了一个知名的文化旅游目的地。越来越多的人来到这里感受文化的魅力，增强了当地的吸引力和竞争力。其次，文化的传承和创新也提升了当地居民的文化素养和审美水平。他们开始珍视和传承本土文化，也更加注重本土文化创新和发展。这种文化自觉和文化自信使得盐城在社会发展中更加有底气和活力。

三是实现了文化传承与文化创新的平衡。景区正确处理文化传承和文化创新的关系，通过挖掘和整合传统文化资源，开发具有地方特色的文化产品和服务。同时，也积极引进现代科技和管理理念，推动文化产业的转型升级。这种文化传承与文化创新的平衡不仅使得大洋湾地区的文化更加丰富多彩，也为大洋湾地区文化的高质量发展提供了源源不断的动力。

二　大洋湾生态旅游景区担当文化传承使命

推动中华优秀传统文化创新性发展创造性转化，内涵是出新，实质在应用，文物活化利用是推动文化繁荣、促进文化传承发展的不竭动力。大洋湾生态旅游景区认真践行习近平文化思想，积极贯彻盐城市委、市政府关于文化高质量发展的各项要求，大力开展实践创新，利用盐渎古镇开辟展馆、举办文物鉴赏和《盐渎往事》沉浸式演出活动，盘活景区的建筑资源，让更多文化遗产“活”了起来。走进大洋湾，一个古典园林风格的现代景区渐次呈现在人们面前，一座座徽派晋派精美古建筑活灵活现、神采飞扬，一幅幅绿意盎然的生态美景让人们目不暇接、流连忘返，一场场高端文体活动让人们陶醉其间，文化“两创”在大洋湾生态旅游景区花香果硕。

（一）围绕“水、绿、古、文、秀”等做足文章，全力塑造大洋湾文旅品牌

大洋湾生态旅游景区以休闲功能为基础，依托本土文化，发展新型康养休闲产业，通过古典园林体现景区文化古韵，提升景区文化品位。

1.唐渎里成为新的网红街区

唐渎里位于景区南门，建有名小吃美食区、非遗文创区、湿地特色餐饮区、夜游区四个主题街区。以唐文化为主线，景区打造了唐渎里长街宴、沙滩篝火节、大洋湾湿地美食文化节、唐韵焰火秀、福禄寿喜财上元节、唐渎里女儿会等主题活动，让居民充分感受繁华市井，沉浸式体验唐文化。

唐渎里演艺活动在开元广场、许愿亭、荷香曲、紫烟桥、牡丹街五大演艺节点展开。演艺内容分为以《唐宫乐舞》《天香唐韵》等为代表的唐风演艺节目，以《开街仪式》《嗨吧唐渎里》等为代表的互动类演艺节目，以《异域风情》《竹竿舞》等为代表的少数民族类演艺节目。此外，街区还不断开发新的演艺内容，每月更新演艺节目清单。

2. 长乐水世界拉长盐城旅游产业链条

长乐水世界位于大洋湾生态运动公园核心区，景色秀丽，空气清新，水源充沛，配套设施齐全。长乐水世界占地近 200 亩，总投资 10 亿元，以“赶超国际水准、打造国内上游乐园”为目标，以盐文化为切入点，以水上大冒险为主线展开布局。园区设有盐幻之门、海猫部落、深海历险、盐岭积雪四大片区，共 28 项游乐项目。

3. 温泉小镇成为康养度假新地标

大洋湾生态旅游景区拥有丰富的温泉资源，目前已成功钻探出两口温泉井。经权威部门检测，温泉水富含偏硼酸、偏硅酸等矿物质，具有很高的理疗价值。依托这一宝贵资源，大洋湾生态旅游景区建设了颐和湖畔酒店和希尔顿逸林酒店。颐和湖畔酒店由“孔园”与“远香堂”组成。有客房 24 间（套），配备私人温泉泡池，直接引入天然温泉水，让旅客在中式园林中独享自然的滋养。酒店的万国春·中莱馆结合了“鱼米之乡”丰富的水产资源与地方特色，基于传统淮扬风味，打造在地美食。酒店健身房配有专业锻炼器材以及健身设备，帮助宾客养生健身。希尔顿逸林酒店客房均设有私人阳台，宾客可尽享花园美景，尽情放松，焕发活力，也可在别墅温泉中沉浸式释放压力，尽享优质下榻体验。

4. 整合资源让古宅焕发活力

盐渎古镇通过整合 10 栋古宅和 1 栋新建仿古建筑建成颐和盐渎府酒店，其中 10 栋古宅主要用作客房及提供客房配套功能；1 栋新建仿古建筑主要用作酒店接待大堂、会见厅、餐厅、泳池、豪华包房、多功能厅等。古宅客房分山西地域的四合院类和江西地域的内院小天井类两大类，为丰富这些独特的历史古建筑和宾客体验，酒店在突出古宅本身建筑形态的同时，以古宅的背景和特征、由来、原址、名称或前主人的故事作为“故事线”，通过仿古铺装、绿化景观等手法，展现古宅庭院的尊严，强化古宅的生命力和持久延续的理念，让古宅“再活五百年”。

（二）精心打造沉浸式唐风主题演绎街区

文化是一座城市的灵魂。演艺创作是对文化的最有效的表达方式，演艺

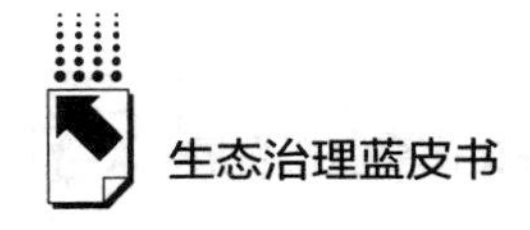

创新能让文化直抵人心。

景区依托唐渎里富有唐风古韵的建筑群，精心打造集赏景、美食、休闲、娱乐、演艺、观展等于一体的沉浸式唐风主题演绎街区，原创“遣唐使迎宾式”“掌灯仪式”“敬酒仪式”三大仪式，鱼龙舞、嗨吧唐渎里、焰火丽人行、花样年华、烟雨江南、敦煌献艺、嘎光等七大主题舞蹈，《马铃响起》《盛世的号角》《唐宫夜宴》《阿细跳跃》四大经典特色演艺节目。

（三）推进体育运动与优秀文化有机结合

大洋湾生态旅游景区从中华优秀传统文化中汲取营养，在体育运动中寻找力量，让体育运动与优秀文化有机结合、交相辉映，带动更多人参与体育运动，展现团结拼搏、勇攀高峰的体育精神。

马拉松。景区充分结合盐城独特的生态优势和人文地理特色，精心设置马拉松赛道。赛事的举办扩大了盐城在全国的影响力。

中华龙舟大赛。新洋港穿过大洋湾生态旅游景区腹部东流入海，新洋港河道在景区范围内的平均宽度达 195 米，最深处达 6.5 米，水流和缓，水质优良，具有举办顶级龙舟赛事的天然优势。中华龙舟大赛是目前国内规格最高、竞技水平最高的龙舟赛事。盐城市已成功举办三届。2024 中华龙舟大赛（江苏·盐城站）由国家体育总局社会体育指导中心、中央广播电视总台体育青少节目中心、中国龙舟协会主办，也是 2024 年中华龙舟大赛的揭幕战。赛事为期三天，设 100 米、200 米、500 米直道赛和 1000 米往返赛，分职业男子组、职业女子组、精英公开组、青少年男子组、青少年女子组五个组别，吸引了来自全国各地的 36 支龙舟队 800 余名运动员参加。[①] 中华龙舟大赛，不仅推动了体育与文化旅游融合发展，也是积极落实“国际湿地、沿海绿城”发展路径的生动实践。

全国沙滩排球锦标赛。一年一度的全国沙滩排球锦标赛，是被列入

---

① 《2024 中华龙舟大赛首站在江苏盐城成功举办》，江苏省体育局网站，2024 年 6 月，https：//www.sport.gov.cn/n14471/n14481/n14518/c27830701/content.html。

《全国性单项体育协会竞技体育重要赛事名录》的赛事，也是级别最高、竞赛水平最高的全国沙滩排球赛事。2024 年全国沙滩排球锦标赛由国家体育总局排球运动管理中心、中国排球协会、江苏省体育局主办，于 2024 年 9 月 19 日在大洋湾生态旅游景区拉开帷幕，来自全国各地的顶级沙滩排球运动员齐聚一堂，展开了为期 4 天的激烈角逐。

全国滑板锦标赛。2021 年 5 月 25~26 日，2021 年全国滑板锦标赛暨全运会资格赛在盐城大洋湾国际滑板场举行。该赛事既是第十四届全国运动会滑板项目的资格赛，也是运动员们备战东京奥运会的重点比赛，吸引了百余位国内滑板运动员参加，是国内高水平的滑板赛事。全国滑板锦标赛从 2016 年开始举办，有效地推动了滑板运动在中国的发展，扩大了滑板运动在国内的影响力，夯实了我国滑板运动的群众基础。

自行车赛。2019 年、2020 年、2021 年、2024 年，“大洋湾杯”盐城黄海湿地公路自行车赛成功举办。

高规格赛事的举办，推动了旅游和体育的融合，不仅吸引了公众参与，更宣传了大洋湾生态旅游景区，提升了盐城城市品牌形象。

（四）打造盐城特色美食品牌

景区以国内网红美食、地方特色美食为主业态，通过“以文带旅，以旅兴商”的形式，打造古韵与现代美食相融合的沉浸式体验景区，使景区成为“盐城人常来，外地人必逛”的文旅胜地。

1. 盐城八大碗

糯米肉圆、涨蛋糕、萝卜烧淡菜、芋头虾米羹、大鸡抱小鸡、红烧刀子鱼、烩土膘、红烧肉就是“盐城八大碗”。盐城八大碗的起源，与盐城人口的迁徙、盐城独特的原料和制盐活动息息相关。盐城八大碗是淮扬菜系中的一支流派，除具有半汤半水、半荤半素、健康养生等特点外，还具有显著的盐城地域文化特征。每道菜都有一个传说，都有一个美好的寓意。经过代代传承发展，“盐城八大碗”现已成为盐城最具特色的美食品牌，承载着一代代盐城人的“乡愁”。八大碗餐饮管理有限公司配备了专业的餐饮管理团

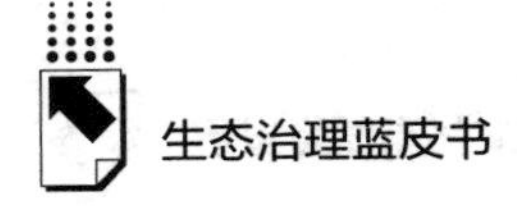

队，集结了一批有能力、有经验的国家级烹饪大师，致力于挖掘盐城餐饮文化，制作盐城特色美食，进一步促进盐城特色餐饮文化的传播和推广，把“一碗好饭”做得更有味道、更有故事、更有文化。2017 年 9 月，“盐城八大碗”成为全国首例核准注册的地方特色系列菜肴集体商标；2019 年，盐城八大碗博物馆建成开放；2023 年，“盐城八大碗制作技艺”成功申报省级非物质文化遗产，成为盐城市亮丽的餐饮名片。

2. 美食小吃

唐渎里以美食文化为主导，融合唐文化、湿地文化、非遗文化、少数民族风情、现代数字技术等诸多元素，精心打造沉浸式唐风主题街区；盐渎古镇的美食小吃以江苏、安徽、江西、山西等地民国时期知名小吃为主，搭配饮品、轻食等，是开启舌尖味蕾之旅的好去处。

茶餐饮（轻餐饮）。2022 年景区全面整合餐饮项目，成立大洋湾茶餐饮公司。由公司统一扎口管理，按照景区内运营点的特征划分不同的产品业态，做到了景区经营业态的重新整合、统一管理、全面发展。主要涉及越唐书咖、一杯美式、高尔夫茶水服务区、春和景明茶社、登瀛茶坊、小瀛台茶课堂、樱花餐厅、游船茶水服务、恒升食府、大名堂 10 个经营店。

（五）打造顶级国学文化研学营地

坐落在大洋湾生态旅游景区内的小瀛台国学馆，是目前江苏省内一流的国学文化场馆，分为文化展示区和国学培训区两个区域。小瀛台国学馆创新研学旅游产品体系，策划研学旅游节庆活动，推动“旅游+文化”“旅游+教育”产业融合发展，打造盐城乃至全国中小学生最受欢迎的研学营地。小瀛台国学馆设置了“琴、棋、书、画”等国学研读课程及活字印刷、彩绘等手工体验课程，帮助孩子们学习专业的国学知识。

三　进一步推动大洋湾生态旅游景区文化高质量发展的举措

在今后更长时期内，大洋湾生态旅游景区应继续贯彻落实习近平文化思想和习近平生态文明思想，按照盐城市委、市政府的战略部署，积极担当文化传承使命，加强文化建设，完成景区规划建设和国家级旅游景区创建任务，提升运营管理水平，创建品牌，力争成为盐城市旅游的“圆心项目”、长三角地区乃至全国的生态旅游胜地，成为习近平文化思想“生根开花”的重要基地。

（一）打造大洋湾核心 IP，展现品牌文化

坚定不移推进品牌战略，重点打造三个品牌。一是打造汉韵唐风文化品牌，深入挖掘文化题材，将唐文化 IP 转化为引流产品。二是打造民国风情文化品牌，将盐渎古镇成国内网红打卡地。三是打造景区产品品牌，重点建立体育运动、研学旅行、亲子游乐、夏季水乐园、度假休闲五大产品体系，实现大洋湾从“观光地”向“度假地”的转变。

1. 树立景区 IP 形象

立足景区文化底蕴，迎合时下流行的 IP 元素，打造类似冬奥会“冰墩墩”、NBA 吉祥物、迪士尼米奇等 IP 形象，以喜闻乐见的形式拉近景区与游客的距离。

2. 讲好景区故事

与“混知”“百晓生”“花小烙”等高质量知识类自媒体博主合作，以漫画、视频讲解、歌曲说唱等方式串联景区文化内容，讲好景区故事。

3. 唱好“两台戏”

在《唐宫盛筵》的基础上，推出唐风沉浸式角色扮演游戏，完善充实唐渎里街区唐风产品系列；打好民国风情牌，结合国际樱花月活动等，升级《盐渎往事》演艺内容，将盐渎古镇打造成为国内网红打卡地。

4. 打造茶咖文化

借助 Costa 等品牌力量，打造独特的多元化阅读休闲空间，让游客在大洋湾慢下来，更好地享受慢生活。

（二）全面提升项目运营管理水平

加快盐渎禅意民宿、颐和盐渎府酒店、串场人家民宿等项目建设，全面

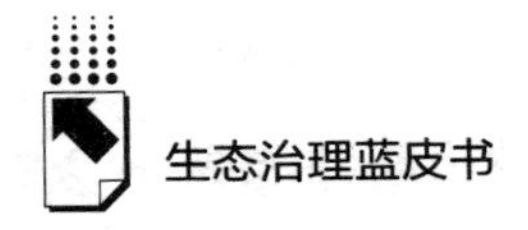

提高景区住宿接待能力，为创建国家5A级旅游景区和国家级旅游度假区创造条件。进一步提升盐渎古镇沉浸式演艺水平，丰富街区室内外经营业态，叫响盐渎古镇品牌。继续抓好唐渎里街区运营，不断擦亮“唐渎里”品牌。围绕康养产业发展，打造大洋湾高端康养基地。陆续开启东沙滩的常态运营，开展沙滩露营、水上运动、垂钓等活动，打造盐城市区内首家沙滩轻奢度假露营基地。打造大洋湾低空飞行体验服务中心，形成涵盖空中观光、飞行体验、航空文化展示等低空飞行旅游服务的“低空+”产业发展格局，建成盐城市全域低空景观观赏基地。

1. 丰富商业业态

吸引品牌入驻，以商招商，优化街区商户布局，挖掘新的盈利增长点。

2. 开展四季主题活动

立足景区资源，联动五大街区，设计游玩动线，突出季度特色。打造亮点活动新IP，提高景区吸引力和美誉度。

3. 提高场馆使用频率

通过研学游、“银发游”、演艺杂技等活动，联动景区内树化玉馆、金丝楠木馆、古镇美术馆等文化场馆，增加游客互动体验。将意杨林无动力乐园移至沙滩嘉年华活动区域周边，提高场地利用率，打破季节性经营壁垒。

4. 完善信息响应机制

完善景区广播系统，在确保景区安全的同时，为游客提供游玩攻略，打造现场宣传与活动指引的“客户端”。

（三）优化整合资源，吸引游客

提升景区知名度和影响力，发挥景区资源优势，深度挖掘客户资源，与目标群体建立深度联系，设计个性化的旅游产品。

1. 提升景区吸引力

景区67.4%的游客来源于盐城及其周边区域，应进一步开拓市场，在苏南、上海等地区集中力量铺设宣传矩阵，打响景区品牌，结合线下广告、地推路演等形式，加大景区宣传力度。应用新媒体平台，用好抖音、小红书，积极创造爆款内容，在小红书上开设商铺，完善景区 OTA 大数据画像。

2. 发挥资源优势

充分利用景区资源，丰富游客体验。景区现有洋湾茗咖、三相桥草坪、登瀛茶坊等，能够满足游客多种需求，应继续有效利用燕舞集团内部资源，加强联动。与盐城博物馆等单位合作，推出“银发游”、研学游等主题活动。在增强集团品牌联合力量的同时，针对不同团体客户，开展个性化活动，如新品发布、VIP 客户团建活动等，增加经济效益。

（四）全方位支持保障、助力运营效能增强

坚持党建引领，围绕标准化、规范化要求，加强景区现有员工的管理和培训，明确岗位分工，同时加大人才引进力度，不断提高景区工作人员的整体素质；进一步修订完善景区现有的各项规章制度，坚持以制度管人，以制度规范运行，用制度为景区运营管理提供有力的支撑。

1. 始终坚持党建引领

围绕“吃、住、行、游、购、娱”六大要素，将党建工作融入景区服务，按照“有统一标识、有憩息场所、有便民服务工具、有宣传资料、有管理制度、有报刊书架、有党员志愿者服务队伍，阵地品牌形象好、党员先锋示范好、服务作用发挥好”等要求，以党建引领景区建设，增强景区发展“软实力”。不断探索和把握景区党建工作的规律和特点，打造“洋湾先锋”党建品牌，用品牌的力量，用高质量的党建工作推动各项工作迈上新台阶。

2. 创新体制机制

出台岗位绩效薪酬激励办法，将经营目标和责任具体到各子公司各部室和员工个人，提高员工积极性，形成权责分明、分工合理的运行体系，提高运营效率。

3. 打造专业团队

加大人才引进力度，补充新鲜血液，重点引进旅游管理、旅游营销、电子商务等方面的高层次、高素质、复合型人才。培育和打造一支懂市场、会

策划、善运营、能打仗的专业化团队。

4. 规范景区安全

坚持"统一领导、分工负责、责任到人、措施有力、确保安全"的原则，抓住重点、把握节点，确保景区全年各项活动的顺利开展。

（五）全力推进国家5A级旅游景区和国家级旅游度假区建设

对标国家5A级旅游景区和国家级旅游度假区创建要求，坚持标准化、常态化、精细化服务，不断提升景区服务水平，创建各类服务品牌，努力提升景区的市场知名度和影响力。

参考文献

[1] 中共中央宣传部：《习近平新时代中国特色社会主义思想学习纲要（2023年版）》，学习出版社、人民出版社，2023。

[2] 付健行：《习近平关于中国传统文化重要论述研究》，福建师范大学，博士学位论文，2021。

[3] 蒙慧、赵一琛：《习近平总书记关于加强党内政治文化建设重要论述的研究》，《中共石家庄市委党校学报》2022年第6期。

[4] 陈玲：《习近平关于高质量发展的重要论述研究》，重庆工商大学，硕士学位论文，2021。

[5] 王轶丹、曹学娜：《以文化高质量发展推动精神生活共同富裕》，《现代交际》2023年第2期。

[6] 高长武：《运用中华优秀传统文化讲好中国故事》，《求是》2024年第12期。

[7] 姜卫平、杨彬彬：《延续历史文脉坚定文化自信》，《光明日报》2024年6月12日。

[8] 明庆忠、闫昕：《以新质生产力促文旅质效提升，通过新质生产力赋能"旅游+""+旅游"模式，拓宽文旅产业发展领域》，《云南日报》2024年5月22日。

B.12
盐城市亭湖区黄尖镇乡村文旅事业高质量发展路径探索

毕雪峰 *

摘　要： 盐城市亭湖区黄尖镇全面贯彻习近平生态文明思想，依托独特的生态人文优势，全力打造人与自然和谐共生的典范、绿色低碳发展的先锋和特色文化传承的标杆。本文详细介绍了黄尖镇推动生态文明建设的措施，展示了黄尖镇乡村文旅事业高质量发展取得的成效，为沿海乡镇以文兴业、文旅融合，建设社会主义现代化新农村提供了路径参考。

关键词： 绿色低碳　乡村文旅　文化传承

盐城市亭湖区黄尖镇位于黄海之滨盐城市东部，全镇下辖 4 个居委会、6 个行政村、2 个国有养殖公司、1 个国有林场，区域面积 262.9 平方公里，总人口 5.1 万人。近年来，黄尖镇深入践行习近平生态文明思想，站在人与自然和谐共生的高度谋划高质量发展，锚定建设国际湿地旅游首选目的地，在以文兴业、绿色发展、文化传承、项目支撑上不断突破，让新业态之“新”转化为推动高质量发展之“势”，走出了一条具有地方特色的乡村振兴实践道路。获得了“全国小城镇建设先进镇”“中国最美湿地生态旅游名镇”“中国最美村镇生态宜居奖”“国家卫生镇”“中国美丽休闲乡村”“江

* 毕雪峰，21 世纪马克思主义研究院经济社会文化发展战略研究中心副主任，主要研究方向为文化建设等。

苏百家名镇”“江苏省文明乡镇”“盐城市统筹城乡发展试点镇”等多项殊荣。①

一 人与自然和谐共生的典范

黄尖镇是盐城黄（渤）海世界自然遗产地核心区、丹顶鹤的故乡，也是盐城湿地珍禽国家级自然保护区、省级盐城沿海湿地旅游度假区所在地。

（一）开放程度高

中国黄（渤）海候鸟栖息地位于“全球200佳”生态区域之一的黄海生态区，拥有世界上规模最大的潮间带滩涂，是东亚—澳大利西亚候鸟迁徙路线（East Asian-Australasian Flyway，EAAF）的中心节点，也是亚洲最大、最重要的潮间带湿地所在地。黄尖镇作为盐城黄（渤）海世界自然遗产地核心板块之一，成为东部沿海地区连接世界的重要窗口和开放合作的重要载体。

（二）生物多样性丰富

黄尖镇区域的海岸属于淤积型海岸带，滩涂湿地生态系统孕育着丰富的生物资源。位于黄尖镇的盐城湿地珍禽国家级保护区记录的动植物有2000多种，其中国家一级重点保护野生动物38种（鸟类27种），国家二级重点保护野生动物91种（鸟类74种），有17个物种被列入IUCN物种红色名录。保护区拥有鸟类赖以生存的海滨生境，为鸟类提供了换羽、栖息、越冬和筑巢的场所，每年有超过300万只水鸟迁飞经过，有近百万只水禽在此越冬，数百只野生丹顶鹤在此越冬。每年有来自世界各地数十万计的游客前来观鸟。保护区先后成为国家AAAA级旅游景区、

① 《黄尖镇》，盐城市亭湖区人民政府网站，2024年1月，https：//www.tinghu.gov.cn/col/col18927/index.html。

国家生态环境科普基地、自然教育学校（基地）、国家青少年自然教育绿色营地。①

（三）生态系统稳定

黄尖镇不仅拥有滩涂湿地，在防风护岸、污染治理、应对气候变化等方面发挥着重要作用，更有天然氧吧盐城林场。该林场占地面积在 1900 公顷左右，森林覆盖率在 90%左右，植物种类有 100 多种，林场的空气非常清新，鸟鸣婉转，负氧离子含量达每立方厘米 4000 多个，入选 2021 年国家级森林康养试点建设基地。2023 年全球滨海论坛会议在盐城举办，盐城林场 50 亩碳汇林成功抵消 2023 年全球滨海论坛会议碳排放。

（四）文化底蕴深厚

黄尖镇具有良好的文化底蕴，鹤、海、盐、林等特色文化元素在这里集聚碰撞。黄尖镇深度挖掘“丹顶鹤女孩”徐秀娟的感人故事，传承发扬“生态卫士”“煮海盐民”“林场愚公”“垦荒斗士”“创美先锋”五种优良品质，推动铸魂育人、以文化人。

二　绿色低碳发展的先锋

黄尖镇以高品质生态环境支撑高质量发展，加快发展新质生产力，推进人与自然和谐共生的现代化，探索推动生态产品价值有效转化，推动“绿水青山”转化为“金山银山”，加快形成绿色生产方式和生活方式，厚植高质量发展的绿色底色。

（一）加快推进新型工业化

20 世纪 70 年代，黄尖镇开展农业机械化试点工作。改革开放后，经济

---

① 《入圈 30 年，盐城为全球生物多样性保护作出示范!》，盐城新闻网，2023 年 2 月，http：//www. ycnews. cn/p/631369. html。

发展日新月异，全镇现有各类企业 100 多家，食品研发、机械制造、节能环保、电子装配、纺织服装、中医康养等产业类型齐全。黄尖镇坚定不移地将经济发展的重心放在实体经济上，全力加速新型工业化进程。黄尖镇坚持绿色制造，积极扩大绿色产品的市场供给，积极构建绿色工厂、绿色工业园区及绿色供应链体系，提升绿色制造业的竞争力，推动绿色低碳产业的蓬勃发展。

1. 打造医药健康产业

发挥中医药的传统优势，加快产业更新迭代，培育和发展医药健康产业。通过走出去、引进来等多种形式，成功招引了脑脊膜医疗、医用铝塑盖、电子测温仪、中药材精深加工等一批科技含量高、市场前景好的医药健康产业项目。做大做强爱佳医疗器械、强泰药品包装、福源中药饮片等企业，洽谈落地正欣康养项目，建成医疗器械产业园。随着项目的不断投产，黄尖镇将打造产值超 10 亿元的集技术研发、产品生产、行业交流、特色研学等多功能于一体的医药健康产业园区。

2. 培育高端智能产业

投资 10 亿元打造华谷智能化农业装备研发制造项目，高效建设“小鱼出行”智能换电柜制造项目，设立集生产、展示、推广于一体的品牌基地。跟踪洽谈自动化卷轴加工、智能控制终端项目，全面启动建设，形成高端智能产业链条。

3. 发展绿色低碳产业

黄尖镇注重利用沿海地域自然优势，大力发展绿色低碳产业。成功引进华润风电项目，蓝天白云下巨臂摇曳，成为沿海一道美丽的风景，为镇域经济发展提供了支撑。2024 年开工建设了 50MW 渔光互补发电项目、整村分布光伏发电项目，分布式光伏安装户数新增 500 户，加快打造“风光碳”产业示范带。

（二）现代农业领跑绿色低碳发展

黄尖镇积极寻求农业发展和自然生态系统保护平衡点，做好退耕还林、退耕还湿的工作，推进耕地生态功能建设，在严守耕地和生态保护红线的前提下，促进现代农业发展。

1. 在深化改革上做文章

持续深化改革，激发农村发展动力，全面推进10个村居整村改革示范。亭湖区作为江苏省首批“小田变大田”改革试点，推动黄尖镇10个村居整村改革，实现“集碎为整”。完善土地流转价格形成机制，规范推进农村土地流转和适度规模经营，改革经验得到《人民日报》《半月谈》的宣传推广，并被写进2023年中央1号文件《中共中央 国务院关于做好2023年全面推进乡村振兴重点工作的意见》。

2. 在持续创新上做文章

全力推进农业新质生产力和数字化农业的蓬勃发展。通过在作物栽培、绿色生产、收储加工等各个环节集成运用智能装备，推动大数据、人工智能等前沿技术与农业生产的深度融合，加速农业现代化进程。重视“新农人”的培育，打造一支能够引领乡村产业振兴、服务农业农村的实用型人才队伍，持续加大对新型农业经营主体的培育力度。在全镇范围内建立30个农业专业合作社及100个家庭农场，并遴选出一批具有显著影响力和强大带动力的“新农人”典范，以点带面推动农业全面升级。

3. 在“稳产保供”上做文章

黄尖镇深入实施国家粮食安全战略，秉持“藏粮于地、藏粮于技”的核心理念，成功打造了涵盖30000亩绿色稻米种植区、12000亩设施蔬菜瓜果园以及15000亩特色水产养殖基地的现代农业体系。黄尖镇粮食种植面积持续稳定在12万亩以上，粮食总产量更是连续5年突破3亿斤大关，展现出卓越的农业生产能力。为进一步提升农业现代化水平，黄尖镇积极开展现代设施农业建设引领示范行动，高起点推进现代设施农业的发展。通过高标准建设“菜篮子”工程绿色蔬菜保供基地，不仅扩大了市场供给，也确保了蔬菜产品的绿色安全。同时，黄尖镇还致力于稳定生猪等畜禽产能，推动水产生态健康养殖示范区建设，完成了2万亩池塘的标准化改造，为水产业的可持续发展奠定了坚实基础。

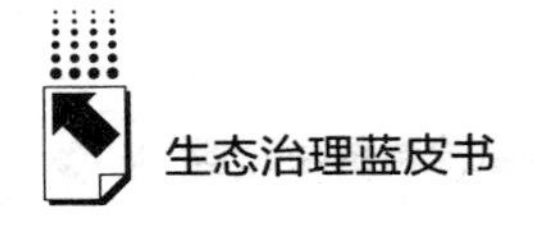

4. 在深化特色上做文章

实施“黄尖菊花”农产品地理标志保护工程，确保黄尖菊花种植面积稳定在50000亩的水平上，深化“两校一所”产学研合作，大力发展中药材精深加工业，开发系列产品，强链补链，育强菊花产业。在品牌建设方面，积极培育地标性品牌，加速推进地标性品牌的申报工作，推出一系列具有市场竞争力的绿色农产品。不断创新产销对接模式，巩固并扩大黄尖镇在长三角地区的优质农产品供应基地建设成果，消除农产品流通障碍，满足长三角地区居民对高品质农产品的需求。

（三）全力构建湿地生态旅游格局

实施全镇“大景区”发展战略，优化旅游产业结构与产品布局，加快要素流通，构建完整的旅游产业链条。发展全域旅游，实现旅游资源的全面整合与高效利用，促进旅游产业与其他产业深度融合，共同推动旅游业的繁荣与发展。

1. 全域旅游的框架基本成形

黄尖镇围绕建设国际湿地旅游首选目的地的高目标，强化世界自然遗产的品牌效应，结合生态资源分布和区域特质，科学统筹，委托中国建筑设计研究院，系统描绘黄尖全域旅游全景图。在此基础上规划了“一核一带、四区多点”的全域旅游空间布局。一核，以袁家尖“世遗之眼”为核心，打造世界自然遗产核心区。一带，以林深路为轴线，打造沿海湿地自然风光展示带。四区多点，以丹顶鹤湿地生态旅游区为载体，整合新洋港生态渔港、潮间带艺术村资源打造世遗体验区；以盐城林场为重点，整合西潮河文创园资源打造森林康养区；以袁家尖度假区为中心，打造休闲度假区；以丹顶鹤风情小镇为抓手，整合黄尖牡丹园、芳草地度假酒店、黄海湿地画院、鹤影里民宿、第一罾生态园等资源打造综合接待区。

2. 全域全景业态加速呈现

秉持“项目引领”的核心理念，推动湿地生态旅游产业蓬勃发展。通过精心规划与建设，黄尖镇已成功打造了4个标志性的旅游重点村落，形成

6 处主题鲜明的民宿集群，并建成 322 家独具特色的旅游服务网点，直接带动 3000 多名本地居民投身于旅游产业。2023 年，黄尖镇接待游客 180 万人次，旅游综合收入达 2.85 亿元。

在重大项目与特色项目建设的推动下，在丹顶鹤风情小镇，黄尖牡丹园、芳草地度假酒店、鹤影里民宿等相继建成并投入运营，景观天桥、瑞达国际公棚等也成为吸引游客的新地标；在新洋港生态渔港，世遗研学营地、鹤汀云栖民宿、黄海码头及渔港老街建成并开放，进一步丰富了游客的旅游体验。

盐城林场是中国慢生活休闲体验区，也是国家级森林康养试点建设基地，位于盐城林场的汇金森林氧吧的开放为黄尖镇生态旅游增添了新的活力，也为黄尖镇构建起从点到线再到面的全域生态旅游发展格局提供了助力。以项目为依托，定期举办如黄海湿地观鸟节、盐城牡丹文化旅游节、菊花旅游文化节、农民丰收节及海鲜美食烹饪大赛等一系列丰富多彩的活动，不仅提升了黄尖镇旅游品牌的知名度与影响力，也极大地丰富了游客的文化体验。

（四）协同发展机制日臻完善

坚持政府主导、社会化投入、市场化运作，选择与经验丰富、业绩优良的经营团队合作，逐步实现经营管理的专业化、市场化。成立全域旅游发展领导小组，制定全域旅游创建总体方案，完善工作机制，健全决策机制，严格执行考核办法。出台文旅产业高质量发展奖补政策实施办法，扶持重大旅游项目和文旅基础设施建设，鼓励和引导社会资本投资旅游项目。建立旅游发展引导基金，为旅游项目奖补、市场推广、土地政策实施、配套设施建设和人才培养提供资金支持。建立旅游智库，定期邀请专家学者莅临指导，大力引进旅游创意、规划、经营、管理等方面的高层次人才，定期组织旅游业务培训，提升旅游产业经营管理水平。通过一系列措施，打好组合拳，全力推动旅游业高质量发展。

（五）不断夯实绿色发展基础

黄尖镇坚决贯彻《乡村建设行动实施方案》，显著提升乡村整体发展品质，加快农业农村现代化进程，力求实现乡村面貌从外在到内在、从形式到内涵的全面蜕变与升华。注重系统规划与统筹实施，特别是针对农村环境整治的重点领域，如厕所革命、垃圾污水治理等，开展专项行动，取得了显著成效。年度户厕改造任务圆满完成，有效提升农村基础设施与公共服务水平，为农业农村现代化奠定了坚实基础。坚持抓人居环境，实施农村人居环境整治五年提升行动，进一步提升工作质效。加大厕所粪污、生活污水、农业废弃物处理力度，“人居环境示范村”创成率达100%。实施主干道旅游公路绿化、亮化、美化工程，常态化抓好路环境、水环境、宅环境治理，建设美丽镇村。特色化推进镇村改造工程。进一步挖掘地方原始田园、森林、湿地资源，展示地方民俗风貌，对农田进行流转回收，利用生态资源，做足“水文章”、做深“旅游+”、做活“区块链”。建设G228旅游驿站、瑞鹤驿站、林场驿站，增强旅游配套服务功能。高标准实施集镇杆线下埋、立面改造、“三沟三河整治”工程，建设沿线景观小品、口袋公园，打造宜居、宜游、宜业新镇村和美丽乡村升级版。

三　特色文化传承的标杆

习近平主席指出，“实现中国梦，是物质文明和精神文明均衡发展、相互促进的结果”，“是物质文明和精神文明比翼双飞的发展过程”，“没有文明的继承和发展，没有文化的弘扬和繁荣，就没有中国梦的实现”。[①] 在推动高质量发展过程中，黄尖镇坚持传承中华优秀传统文化，加强国际湿地生物多样性保护，彰显世界自然遗产地核心区的生态与人文魅力，为书写人与自然和谐共生的现代化新篇章提供不竭动力。

---

① 《习近平在联合国教科文组织总部的演讲》，人民网，2014年3月28日，http：//cpc.people.com.cn/n/2014/0328/c64094-24759342-2.html。

（一）守正创新，打造特色载体

亭湖区政府在盐城湿地珍禽国家级自然保护区西侧打造了全国首个茅草屋特色建筑群潮间带艺术村（以下简称“潮间带艺术村”）。该项目占地1050亩，总投资2.5亿元，朝着高端化、艺术化、国际化的方向，规划建设特色村落，建成东西锦龙堂美术馆、“8”字形自然艺术中心、艺术展览馆、乡村舞台、艺术酒吧、单向空间·潮间带艺术村店和潮间雅舍综合餐饮体，国际油画村展示了国际国内油画大师的精品名作，“艺术朝圣之地”的片区文化品牌初步形成。

（二）开放合作，发展优势叠加

黄尖镇以潮间带艺术村为载体，深化与中书协、中美协、中作协、荣宝斋画院、波兰波滋南美院等国内外顶级文艺团体、院校的合作，邀请140名艺术家加盟入驻，建立毕飞宇、陆庆龙、吉狄马加、林小峰等名家大师工作室、写生创作培训中心，先后举办“墨彩凝晖”中国书画名家作品展、“湿地之尖”文学论坛、“一个真实的故事”立体花坛揭幕仪式、中外园艺先锋论坛、吉狄马加诗书馆揭牌仪式等“国字号”系列活动。充分挖掘和弘扬当地尊重自然、顺应自然、保护自然的文化内涵，展现历史人文之美、滨海湿地之美、生态建设之美，用情用力讲好黄尖镇坚定不移走生态优先、绿色发展之路的生动故事，向外界展现黄尖镇可信、可爱、可亲、可敬的新时代形象，持续放大黄尖镇“世界遗产地，与美共栖息”的品牌效应。

（三）业态多元，产业质效优良

在潮间带艺术村，游客可以享受观光体验、文化体验、民宿体验、研学体验、培训体验五大服务，观赏丹顶鹤保护区、国际油画村、盐城林场、新洋港生态渔港的美景和顶级书画名家的作品，与名家大师面对面交流，定制名家作品，聆听名家课程。“8”字形自然艺术中心、单向空间·潮间带艺术村店、国际油画村、鹤汀云栖文学村等为年轻人打造了时尚前卫的艺术殿堂。驻村书画家创作字画600余幅，价值近200万元，举办首场艺术拍卖活动，成交作品92件，成交金额116.8万元。创新开发“村民+艺术+民宿”经营模式，鼓励村民创业就业，为游客提供中高端休闲度假、亲子旅游、娱乐体验、保健康养等服务，2024年第一季度已接待游客5万人次。有13名解说员负责提供潮间带艺术村、盐城湿地珍禽国家级自然保护区、盐城林场、“小田并大田”等7个点位的研学优质解说服务。“兴农艺境”党建示范点，被纳入盐城市党建现场教学点，为各类党政机关、企事业单位提供党建培训、教学服务。

（四）传承文化，丰富文化内涵

发挥政治引领、文化铸魂、艺术赋能的重大作用，以“兴农艺境”党建示范点、党群服务站为纽带，深度发掘徐秀娟等生态环保卫士的故事，重点围绕“鹤”“海”“盐”“林”四大元素，深化与中作协、中书协、中美协、中国诗书画研究会、南京大学等单位的交流合作，定期面向全社会开展生态环境主题作品征集活动，组织作家开展调研采风，并将采风作品进行结集出版、宣传推广。建立生态文学研究和推介平台，特别要注重加强理论评论，定期举办高层次生态文学论坛，邀请生态环境保护领域和社会各界代表分享生态文学创作经验，探索生态文学繁荣发展路径，讲好新时代黄尖“一个真实的故事”。

四　强化制度建设，落实生态文明建设措施

要坚定不移走生态优先、绿色发展之路，加快完善生态文明制度体系，统筹山水林田湖草沙系统治理，提升生态系统稳定性和可持续性。如何贯彻落实习近平生态文明思想，高效推进新时代生态文明建设是新征程上各级政府必须面对和深入思考的重要问题，也是关系人民福祉、实现中华民族伟大复兴的长远问题。一直以来，黄尖镇都致力于推动生态文明建设，不断整合湿地、森林、海洋等特色资源，开展生态环境保护工作，加强生态环境保护

的制度建设，厚植生态环境优势，探索人与自然和谐共生的现代化的实现路径。

（一）强化法治效能

加强生态文明建设必须依靠制度、依靠法治，做到用政策说话，靠政策走路，严格按政策制度办事。黄尖镇坚持将生态环境保护工作列入重要议事日程，每年召开党委专题会议，听取工作汇报，研究部署措施办法。主要负责同志、分管同志深入工作一线督导调研，现场协调解决大气、土壤等相关问题。坚持法治思维。黄尖镇坚决执行党和国家关于加强生态文明建设的相关政策规定，积极营造依法保护生态环境、建设生态文明的文化氛围，使“实行最严格的生态环境保护制度”成为自觉行动。紧紧抓住当前生态文明建设中存在的突出问题和薄弱环节，以提升生态环境质量、加快发展方式绿色转型为重点，加大力度、有针对性地贯彻落实国家法律法规和政策规定，着力构建系统完备、权责清晰、科学规范、运行高效的生态文明制度体系，提高生态文明建设的科学化、规范化、法治化水平。坚决维护政策制度的权威性和严肃性。对破坏生态环境的行为，“露头就打”，从严查处，从重处理，决不心慈手软，决不越雷池一步，让制度成为不可触碰的“高压线”。落实中央生态环境保护督察制度，对制度执行全方位加大巡视、督导、检查力度，敢于动真格，不怕得罪人，及时发现、解决问题，确保责任层层压实、制度落地见效。

（二）强化系统观念

黄尖镇将生态文明建设视为一项跨领域、全方位、多部门协作的系统工程，采用系统的科学方法论，实施整体性策略与综合治理措施。黄尖镇深入践行习近平生态文明思想，牢固确立社会主义生态文明观，将生态文明建设置于全局性战略高度，相继制定并发布了黄尖镇“十四五”生态环境建设与保护规划、黄尖镇强化生态文明建设的实施意见、黄尖镇深入打好污染防治攻坚战的实施方案等一系列相关政策文件，明确了具体目标和实施路径、压实了各级责任，全力以赴推动各项措施落地见效，谱写新时代生态文明建设的新篇章。

在生态文明建设中，黄尖镇注重统筹兼顾，遵循“山水林田湖草沙生命共同体”理念，从制度设计到工作执行，再到监督检查，均实现了一体化协同推进。通过实施一体化的生态保护、修复与治理工程，聚焦污染防治的关键领域与环节，实施全链条严格防控，成功将空气质量优良天数比率提升至90%以上，进一步巩固了黄尖镇“天然氧吧”的生态优势。

积极推进民生领域的生态文明建设，完成了10个村居的饮水安全维修改造工程，确保集中式饮用水水源地水质均达到Ⅱ类标准，全镇地表水、地下水及饮用水达标率持续稳定在100%，土壤安全利用率也达到了95%以上的高水平。针对危险废物管理，对50多家产废单位进行了危废备案审批，并对危险废物的产生、存储、转运、处置等各环节实施了专项排查与整治，有效保障了生态环境的安全与可持续发展。

（三）号召全民参与

加强生态文明建设与每一个人都息息相关，必须全民参与，全力推动生态系统的修复和改善。黄尖镇遵循生命共同体理念，突出海洋、湿地、森林三大生态系统的重要作用，带动生态系统功能持续提升。海洋生态系统是黄尖镇的首要生态系统，黄尖镇统筹推动陆源污染防治、海洋污染防治和湿地生态保护修复工作，切实落实河长制、路长制，重点抓好河道、道路综合治理。在湿地生态系统恢复过程中，黄尖镇坚持以自然恢复为主，加强湿地用途管制和利用监管，形成有效的自然保护地体系。加大森林资源保护力度，着力提高森林资源质量，提高森林固碳释氧、应对气候变化的能力，积极推进实现碳达峰、碳中和，逐步建立起健康稳定的森林生态系统，加强生物多样性保护。2023全球滨海论坛会议在盐城举办，会议主题为“绿色低碳发展　共享生态滨海”。黄尖镇主动承担了碳中和林的建设任务，组织百名党员干部参加义务劳动，对废弃砖瓦厂留下的50亩取土坑进行回填，栽植薄壳山核桃2750株，以335吨碳减排量抵消会议产生的248.431吨二氧化碳。

国内业界专家认为黄尖镇用碳汇林进行碳排放抵消的理念和做法走在了世界前列。黄尖镇建立健全以政府为主导、企业为主体、社会组织和公众参与的生态文明监管体系，搭建“互联网+环保”平台，畅通公众参与监管渠道，打造全民参与监管的格局，助力生态文明建设。建设绿色家园是人类的共同梦想，是构建人类命运共同体的重要内容，黄尖镇推动生态文明建设向更高层次发展，在理念上有新突破、实践上有新作为、建设上有新进步，善于凝聚各方智慧和力量，特别是注重加强与世界各地的沟通交流和协作，共同探索绿色发展、文明发展之路，共同构筑低碳环保、民主文明、和谐美丽的地球家园。黄尖镇参与承办了全球滨海论坛会议、“湿地之尖”生态文学论坛、中国美丽乡村百佳范例经验交流会等十多场国际国内生态文明学术交流活动。

（四）坚持共治共建共享

生态文明建设道阻且长，绝非一朝一夕之功，不可能毕其功于一役，必须牢固树立打持久战的思想，保持定力，常抓不懈，久久为功。生态文明建设功在当代、利在千秋，必须以“功成不必在我”的境界和“功成必定有我”的担当，坚定实施可持续发展战略，始终把工作的着力点放在抓根本、打基础、谋长远、求发展上，一步一个脚印、稳扎稳打向前进，切实把中央的各项工作部署落到实处。深入学习运用“千万工程”经验，按照“整体规划、分类推进、分步实施、试点示范、久久为功”的原则，扎实开展美丽乡村建设。黄尖镇创成国家级美丽乡村 1 个、省级特色田园乡村 2 个、市级特色田园乡村 5 个、区级特色田园乡村 2 个。倡导绿色低碳生活理念，不断完善农村环保基础设施，投入资金 9.5 亿元，持续加强道路交通建设、人居环境建设、涉固废污染防控，保护土壤环境总体安全，新建农村等级公路 130 公里，桥梁 165 座，全域实施硬化、绿化、亮化、美化工程，创成国家级“四好农村路”。统筹开展生活污水、畜禽养殖粪污及农村面源污染治理，畜禽粪便综合利用率达到 78%，农药施用量下降 5.1%，化肥施用量下降 3.2%，生态环境质量日益提升。严格实行党委抓总、主官挂帅、分管负责、机关合力、逐级落实的分工负责制和岗位责任制，党委和政府主要领导当好第一责任人，以领导的表率作用，带动提高生态文明建设质量。坚持定责与问责相统一，把生态文明建设成效作为各级领导干部考核的重要依据，对工作不力、失职渎职的领导干部，真追责、敢追责、严追责，通过严格落实责任，确保各项工作经得起实践检验、群众检验和历史检验。

参考文献

[1] 王娟：《打造农业绿色低碳发展亮丽名片》，《群众》2024 年第 10 期。

[2] 李玉举、肖新建、邓永波：《从物质文明和精神文明相协调看中国式现代化》，《红旗文稿》2023 年第 1 期。

[3] 金壮龙：《全面贯彻落实党的二十大精神　大力推进新型工业化》，《新型工业化理论与实践》2024 年第 2 期。

[4] 晟楠：《中国第一块潮间带湿地世界遗产：黄（渤）海候鸟栖息地（第一期）》，《阅读》2021 年第 Z3 期。

[5] 韩轩、李艳红：《基于韧性景观视角下的黄（渤）海候鸟栖息地保护探究》，《南方农业》2020 年第 24 期。

[6]《黄尖牡丹生态园》，《农产品市场周刊》2018 年第 41 期。

[7] 袁立明：《全球数百万候鸟的“加油站”和“产房”黄（渤）海候鸟栖息地成中国首个湿地类世界自然遗产》，《地球》2019 年第 8 期。

[8] 姜伟萍、夏珊珊、黄婷婷：《构建特色田园示范区框架　推动乡村价值势能转化》，《城乡建设》2024 年第 6 期。

后　记

21 世纪马克思主义研究院由中国社会科学院大学与南开大学共建，于2019 年经教育部批准成立。21 世纪马克思主义研究院经济社会文化发展战略研究中心与大洋湾生态旅游景区开展合作，对生态文明建设、生态保护与治理的发展规律以及大洋湾生态旅游景区生态保护与治理的实践创新等进行研究。

本书以习近平新时代中国特色社会主义思想为指导，坚定贯彻习近平生态文明思想，运用马克思主义的立场、观点和方法，突出理论创新与实践创新。本书系统介绍了大洋湾生态旅游景区生态保护与治理的措施及成效；科学制定了大洋湾生态保护与治理评价指标体系；从宏观层面分析了我国对全球生态治理所作出的贡献，总结了美丽中国建设及美丽江苏建设的壮阔实践；介绍了盐城市在打造美丽中国建设样本、推动绿色低碳发展和高水平举办全球滨海论坛会议等方面的实践创新；最终将落脚点放在提升大洋湾生态旅游景区生态保护与治理效果，以高水平生态环境保护支撑经济、社会、文化高质量发展的路径探索上。

生态环境部办公厅，盐城市委、市政府，盐城市生态环境局，社会科学文献出版社等单位及其相关人员，在本书撰稿及出版中提供了重要支持与帮助，在此表示衷心感谢。期待本书的出版能够进一步提高盐城及大洋湾生态旅游景区的知名度，为进一步推动生态文明建设贡献力量。

本书难免有不足之处，欢迎读者批评指正。

21 世纪马克思主义研究院

经济社会文化发展战略研究中心

2024 年 8 月 28 日

Abstract

This book is a comprehensive research report that deeply analyzes ecological protection and governance. It is divided into five parts and 12 chapters. The first general report analyzes the development history, natural resources, and cultural value of the Dayang Bay eco-tourism scenic spot, and summarizes its ecological protection and governance measures and effectiveness. The second is the evaluation section, which constructs an "Ocean Bay Ecological Protection and Governance Evaluation Indicator System" . The third part is a comprehensive section, which analyzes China's contributions and leadership in global ecological governance, and outlines the magnificent practices of national ecological governance and the construction of a beautiful China and a beautiful Jiangsu. The fourth part is about innovative practices, introducing innovative practices such as the construction of ecological civilization in Yancheng, the creation of a national green and low-carbon development demonstration zone, and the high-level hosting of the Global Coastal Forum. The above narrative methods and arguments provide guidance for the ecological protection and governance work in Dayang Bay Scenic Area. The fifth is the cultural tourism special topic, which specifically analyzes the practice and innovation of Dayang Bay Scenic Area in actively promoting high-level ecological governance and protection, "Yandu Ancient Town" and "Two Innovations", and supporting high-quality cultural development with high-quality ecological environment and driving the development of rural cultural tourism.

The innovative practices in ecological conservation and management at the Dayang Bay Scenic Area hold significant practical importance. Pay attention to the organic combination of ecological governance, ecological protection and cultural tourism development, with the characteristics of "water, green, ancient, cultural, and beautiful", through scientific planning and fine management, to create a cultural tourism cluster in the Yangtze River Delta region that integrates urban sightseeing, amusement and appreciation, cultural edification, and health preservation. In the face of the future, we should deepen the strategy of ecological restoration and protection, strengthen environmental education and public awareness, and build a policy incentive and economic support system, so as to form a scientific and systematic ecological protection and governance mechanism, which will provide more references for promoting the ecological environment protection and ecological governance work in the new journey.

Keywords: Ecological Protection ; Ecological Governance; Construction of Beautiful China; Construction of Ecological Civilization

Contents

Ⅰ General Report

Abstract: The Dayang Bay Eco-tourism Scenic Area is not only a rare ecological leisure treasure in the urban area of Yancheng, but also plays an important role in the development of modern service industry and tourism. This paper systematically sorts out the development process of the Dayang Bay Eco-tourism Scenic Area and introduces in detail its natural and cultural resources as well as their cultural values. It demonstrates the ecological protection and governance measures and achievements of the Dayang Bay Eco-tourism Scenic Area from the aspects of environmental protection policy formulation, utilization and protection of natural resources, ecological restoration and protection projects. It also shows the development level of tourism in the Dayang Bay Eco-tourism Scenic Area and analyzes the economic benefits it brings. Finally, the paper summarizes six major challenges faced by the Dayang Bay Eco-tourism Scenic Area and proposes policy suggestions for future development from four aspects: exploration of sustainable tourism models, ecological restoration and protection plans, environmental awareness and education promotion, and policy incentives and economic support mechanisms.

Keywords: Dayang Bay Eco-tourism Scenic Area; Ecological Protection; Ecological Governance

Ⅱ Evaluation Report

Abstract: The evaluation mechanism for ecological protection and governance is a key component in constructing a modern national governance system, playing a significant role in maintaining ecological balance, promoting harmonious coexistence between humans and nature, and fostering sustainable economic and social development. To assess the effectiveness of ecological protection and governance in Dayang Bay, this paper systematically reviews the requirements outlined by General Secretary Xi Jinping for establishing an evaluation index system in the field of "ecological governance and protection." It selects seven primary indicators and two additional indicators to construct an evaluation index system for ecological protection and governance in the Dayang Bay eco-tourism area, and employs the Delphi method to determine the weight of each indicator. The evaluation results indicate that the Dayang Bay eco-tourism area has adopted scientific and effective measures to protect the ecological environment, maintain the stability and integrity of the ecosystem, and achieve an overall high quality of the ecological environment. Based on this, relevant countermeasures and suggestions are proposed for the green development of ecological protection and governance in Dayang Bay, aiming to further enhance its level of ecological environment governance.

Keywords: Dayang Bay; Ecological Protection; Green Eevelopment

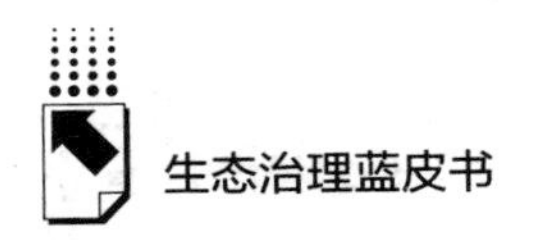

Ⅲ　Comprehensive Reports

B.3　China is Actively Leading Global Ecological Governance and Making Greater Contributions to Global Ecological Governance

Abstract: This paper firstly sorts out China's performance in leading global ecological governance China has unswervingly taken the road of ecdogical priority and green development, made forward-looking plans and deeply participated in global science and technology governance, and made important contributions to the construction of a new global Climate governance system. sorts out how Xi Jinping's thoughts on global ecological governance lead the construction of global ecological civilization, and China has become an important participant, contributor, and leader in this endeavor. It outlines China's abundant ideas and significant contributions to the global ecological civilization construction, focusing on its contributions and leadership in renewable energy, green development, providing the world with an increasing number of green and low-carbon products, and biodiversity conservation. Additionally, it summarizes several channels and platforms for strengthening international cooperation in global ecological governance, as well as practices to jointly build a beautiful homeland on Earth, with a common goal of promoting global ecological civilization.

Keywords: Ecological Civilization Construction; Global Ecological Governance; International Cooperation

B.4 Guided by Thought, Comprehensively Promoting the Construction of Beautiful China

Li Haifeng / 090

Abstract: This paper thoroughly examines the application of Xi Jinping Thought on Ecological Civilization in the context of building Beautiful China. It delineates the development goals, key tasks, and concrete measures for this pursuit, emphasizing the importance of aspects such as policy implementation, zonal control and management, industrial transformation, public participation, performance evaluation, and digital governance. This provides robust guidance for comprehensively advancing the construction of Beautiful China.

Keywords: Green Development; Construction of Beautiful China; Ecological Protection

B.5 "Go ahead, Do a Demonstration", Comprehensively Promote the Construction of Beautiful Jiangsu

Zhang Liwei / 103

Abstract: Jiangsu Province has actively responded to the directives of General Secretary Xi Jinping by comprehensively advancing the construction of a beautiful Jiangsu. By formulating and implementing measures such as the "14th Five-Year Plan for the Construction of Ecological and Environmental Infrastructure in Jiangsu Province," the province has strengthened the construction of ecological and environmental infrastructure, improved its ability to govern the ecological environment, and promoted high-quality economic and social development. The article discusses in detail the various specific measures taken by Jiangsu Province to accelerate the construction of a beautiful Jiangsu and promote the modernization of harmonious coexistence between man and nature, including thoroughly implementing Xi Jinping's ecological civilization thought, accelerating the progress of major protection for the Yangtze River and comprehensive treatment of Taihu Lake, the battle to defend blue skies, clear waters, and pure land, the construction of "waste-free cities" across the region, green and low-carbon transformation, the layout of a new energy system, and the construction of a green and low-carbon core area. These measures demonstrate Jiangsu Province's determination and achievements in ecological civilization construction, laying a solid foundation for achieving carbon peaking and neutrality and realizing the modernization goal of harmonious coexistence between man and nature.

Keywords: Construction of Beautiful Jiangsu; Environmental Protection; Ecological Governance

Ⅳ Innovation Practice

Abstract: The Yancheng Municipal Party Committee and Municipal Government attach great importance to the construction of ecological civilization and ecological governance. Through the implementation of the 14th Five-Year Plan, government work reports, plenary sessions of the municipal party committee, and other important documents, they have carried out top-level design and strategic planning for the construction of ecological civilization in Yancheng. They have actively promoted ecological environment governance in pollution prevention and control, ecological restoration, and capacity improvement, and have driven practical innovations in biodiversity conservation, the construction of a beautiful Yancheng, the development of beautiful bays, learning from and applying the "Xiamen Experience", and the establishment of a mechanism for realizing the value of ecological products. These efforts have resulted in a series of distinctive practices, demonstrating Yancheng's active exploration and remarkable achievements in ecological civilization construction, and providing a model for other regions to follow.

Keywords: Ecological Civilization Construction; Ecological Environment Protection; Beautiful Yancheng

Abstract: The Yancheng Municipal Party Committee and Municipal Government attach great importance to low-carbon green development, which has been established as a core strategy in the 14th Five-Year Plan, accompanied by detailed implementation plans. Yancheng has actively promoted the green and low-carbon transformation of energy, vigorously developed renewable energy sources, strictly controlled fossil fuel consumption, and comprehensively improved energy utilization efficiency. At the same time, Yancheng is also committed to advancing peak carbon emissions in key industries, constructing a green and low-carbon industrial system, piloting (near) zero-carbon industrial parks, and continuously enhancing the city's green capabilities. Through a series of innovative measures, Yancheng has achieved remarkable results in green and low-carbon development, providing replicable and scalable experiences for the entire country.

Keywords: Green and Low-carbon; Energy Transformation; Beautiful Yancheng

Abstract: The Global Coastal Forum is a concrete measure to implement global development initiatives and build a community of shared life between humans and nature. It helps to expand China's "circle of friends" in the ecological field, further enhance China's influence and voice in the global ecological protection field, and provide an international exchange platform for key issues such as coastal wetlands, migratory birds, climate change, and biodiversity. It is expected to become a global mechanism platform in the field of ecological governance. Yancheng City attaches great importance to the hosting of the Global Coastal Forum. The "14th Five Year Plan" of Yancheng proposes to promote the upgrading of the Yellow (Bohai) Sea Wetland International Conference (Seminar) to the Global Coastal Forum. The 2024 Yancheng Government Work Report emphasizes the need to host the Global Coastal Forum well. This article systematically summarizes the important achievements of the Global Forum on the Sea, the 2022 Global Forum on the Sea, and the 2023 Global Forum on the Sea as side events of the 14th Conference of the Parties to the Ramsar Convention.

Keywords: Global Coastal Forum; Yancheng Consensus; Ecological Civilization Construction; Wetland Conservation; Sustainable Development

V Cultural and Tourism

B.9 Dayang Bay Eco-tourism Scenic Area Creates a Cultural and Tourism Business Card with High-level Governance and Proteetion *Zhang Xiaomeng* / 201

Abstract: The Dayang Bay Eco-tourism Scenic Area actively carries out ecological environment protection and promotes the construction of ecological civilization. The scenic area has been awarded more than 20 national and provincial brands, becoming a renowned cultural tourism brand in the Yangtze River Delta region and even across China. Based on a systematic review of the five major relationships that need to be properly handled in the construction of ecological civilization in the new era and on the new journey, this paper elaborates in detail the practices of the Dayang Bay scenic area in promoting high-level protection from various aspects such as top-level design, biological protection, and water source protection. It introduces the ecological governance approach adopted by Dayang Bay, which combines point and area collaboration with tourism industry as the core and "tourism plus" as the means. On the foundation of strengthening the institutional mechanisms for ecological civilization construction, the scenic area implements normalized management, achieves standardized operation, and strategically plans for the harmonious coexistence between humans and nature.

Keywords: Dayang Bay Eco-tourism Scenic Area; Ecological Civilization Construction; Cultural Tourism

Abstract: Yandu Ancient Town, with its rich historical culture and unique architectural style, has become an important carrier for inheriting and promoting the excellent traditional Chinese culture. The ancient town showcases its historical and cultural charm through the innovative use of ancient buildings, allowing culture to directly touch people's hearts. The appreciation of cultural relics continues to promote the development and innovation of the cultural industry in Haiyan, bringing contemporary value to areas such as cultural heritage and protection, tourism development and economic growth, social education and public services, urban renewal and sustainable development. The protection and development of ancient towns can not only provide tourists with rich cultural experiences, but also promote local socio-economic development and cultural prosperity, injecting vitality into the local economy.

Keywords: Yandu Ancient Town; Traditional Chinese Culture; Cultural Inheritance and Protection

B.11 Dayang Bay Eco-tourism Scenic Area Supports High-quality Cultural Development with High-quality Ecological Environment

Zhang Qun / 245

Abstract: The ecological environment provides a good platform and continuous impetus for cultural display, innovation and practice. Cultural development can enhance people's awareness of environmental protection and promote the conservation and improvement of the ecological environment. The Ocean Bay Scenic Area has achieved high-quality cultural development and produced significant economic and social effects through the integration of natural beauty and cultural heritage, mutual promotion of ecological diversity and cultural diversity, mutual promotion of eco-tourism and cultural tourism, combination of environmental protection concepts with cultural innovation, and enhancement of social participation and cultural confidence. In the future, Dayang Bay Scenic Area will continue to promote cultural construction, create core IPs, improve operation and management level, optimize resource combination, attract external tourists, and strive to achieve cultural heritage and scenic spot development goals.

Keywords: Dayang Bay Eco-tourism Scenic Area; Ecological Environment; Cultural Innovation

B.12 Exploration on the High-quality Development Path of Rural Cultural Tourism in Huangjian Town

Bi Xuefeng / 259

Abstract: Huangjian Town, Tinghu District, comprehensively implements and vigorously practices Xi Jinping's thought on ecological civilization, relying on its unique ecological and cultural advantages to create a model of harmonious coexistence between man and nature, and a benchmark for green development and rural revitalization. This paper introduces in detail the unique ecological and cultural advantages of Huangjian Town, as well as its practices and experiences in protection and development, showcasing the achievements made in the high-quality development of rural cultural tourism. It provides a path for coastal towns to develop industries through culture, integrate culture and tourism, and build a new socialist countryside with modernization.

Keywords: Green and Low-carbon; Rural Cultural Tourism; Cultural Heritage

皮 书

智库成果出版与传播平台

✧ 皮书定义 ✧

皮书是对中国与世界发展状况和热点问题进行年度监测，以专业的角度、专家的视野和实证研究方法，针对某一领域或区域现状与发展态势展开分析和预测，具备前沿性、原创性、实证性、连续性、时效性等特点的公开出版物，由一系列权威研究报告组成。

✧ 皮书作者 ✧

皮书系列报告作者以国内外一流研究机构、知名高校等重点智库的研究人员为主，多为相关领域一流专家学者，他们的观点代表了当下学界对中国与世界的现实和未来最高水平的解读与分析。

✧ 皮书荣誉 ✧

皮书作为中国社会科学院基础理论研究与应用对策研究融合发展的代表性成果，不仅是哲学社会科学工作者服务中国特色社会主义现代化建设的重要成果，更是助力中国特色新型智库建设、构建中国特色哲学社会科学“三大体系”的重要平台。皮书系列先后被列入“十二五”“十三五”“十四五”时期国家重点出版物出版专项规划项目；自 2013 年起，重点皮书被列入中国社会科学院国家哲学社会科学创新工程项目。

S 基本子库
SUB DATABASE

中国社会发展数据库（下设 12 个专题子库）

紧扣人口、政治、外交、法律、教育、医疗卫生、资源环境等 12 个社会发展领域的前沿和热点，全面整合专业著作、智库报告、学术资讯、调研数据等类型资源，帮助用户追踪中国社会发展动态、研究社会发展战略与政策、了解社会热点问题、分析社会发展趋势。

中国经济发展数据库（下设 12 专题子库）

内容涵盖宏观经济、产业经济、工业经济、农业经济、财政金融、房地产经济、城市经济、商业贸易等12个重点经济领域，为把握经济运行态势、洞察经济发展规律、研判经济发展趋势、进行经济调控决策提供参考和依据。

中国行业发展数据库（下设 17 个专题子库）

以中国国民经济行业分类为依据，覆盖金融业、旅游业、交通运输业、能源矿产业、制造业等 100 多个行业，跟踪分析国民经济相关行业市场运行状况和政策导向，汇集行业发展前沿资讯，为投资、从业及各种经济决策提供理论支撑和实践指导。

中国区域发展数据库（下设 4 个专题子库）

对中国特定区域内的经济、社会、文化等领域现状与发展情况进行深度分析和预测，涉及省级行政区、城市群、城市、农村等不同维度，研究层级至县及县以下行政区，为学者研究地方经济社会宏观态势、经验模式、发展案例提供支撑，为地方政府决策提供参考。

中国文化传媒数据库（下设 18 个专题子库）

内容覆盖文化产业、新闻传播、电影娱乐、文学艺术、群众文化、图书情报等 18 个重点研究领域，聚焦文化传媒领域发展前沿、热点话题、行业实践，服务用户的教学科研、文化投资、企业规划等需要。

世界经济与国际关系数据库（下设 6 个专题子库）

整合世界经济、国际政治、世界文化与科技、全球性问题、国际组织与国际法、区域研究 6 大领域研究成果，对世界经济形势、国际形势进行连续性深度分析，对年度热点问题进行专题解读，为研判全球发展趋势提供事实和数据支持。

法律声明